农电工
操作技能*160*例
（第二版）

武继茂　张明荣　编著

中国电力出版社
CHINA ELECTRIC POWER PRESS

内 容 提 要

本书根据农村电工的工作范围，针对农村电工理论水平偏低的状况，从解决实用问题的角度出发，用一事一叙、列举实例的形式，以农村电工通俗易懂的语言，较为详细地介绍了农村电工工作中常遇到的160余个实用操作技能实例。主要包括农村电工在进行电动机、变压器、电力线路、室内外布线与照明供电、电能计量与电工仪表、低压漏电保护、常用电气安全技术、常用保护电器及低压配电电器等电气装置与设备的设计、选型、安装、检修、运行维护及事故处理中的常用操作技能。

本书具有很强的实用性，重在提高农村电工的操作技能，很适合农村电工及农电工作者阅读和参考。

图书在版编目(CIP)数据

农电工操作技能 160 例/武继茂，张明荣编著. —2 版.
北京：中国电力出版社，2013.8 (2019.6 重印)
ISBN 978-7-5123-4426-6/01

Ⅰ.①农… Ⅱ.①武… ②张… Ⅲ.①农村-电工-基本知识 Ⅳ.①TM

中国版本图书馆 CIP 数据核字(2013)第 093504 号

中国电力出版社出版、发行
(北京市东城区北京站西街 19 号 100005 http://www.cepp.sgcc.com.cn)
航远印刷有限公司印刷
各地新华书店经售

*

2005 年 1 月第一版
2013 年 8 月第二版 2019 年 6 月北京第七次印刷
850 毫米×1168 毫米 32 开本 12.875 印张 332 千字
印数 30051—31050 册 定价 36.00 元

前　言

　　《农电工操作技能160例》一书，自2005年1月第一版于北京第一次印刷以来，应广大读者要求，先后于2005年8月、2006年7月、2008年8月在北京共印刷4次，深受广大读者喜爱，为提高农村电工操作技能发挥了积极的推动作用。

　　为满足广大读者需求，紧随科技进步，我们对该书进行了一次再版编辑。在不改变原书实用操作技能风格和基本保持原有章节的基础上，对书中部分老旧的选题进行了删减，对部分不够完善的选题进行了修改，并增加了部分最新选题，使该书内容变得更加先进、充实、完善和实用。

　　借再版之际，真诚感谢广大新老读者，并恳请读者提出宝贵意见。

编　者

第一版前言

　　随着农村经济的快速发展，对农村安全、经济、可靠供电的要求也越来越高，尽快提高农村电工的业务水平，显得尤为重要。为强化农村电工分析问题和解决问题的能力，提高其操作技能，我们根据农村电工的工作范围，依照农村电工的理论水平，针对农村低压电网及常用电器设备，编写了《农电工操作技能160例》一书。期望对强化农村电工的操作技能发挥作用。

　　该书的布局突破了一般教科书的惯用形式，从实际实用的观点出发，以农村电工常遇到的工作任务为主，采用一事一叙，什么事情应该怎么办的方式，使用农村电工通俗易懂的普通语言，对每个实例进行了详细的叙述，非常便于农村电工阅读和理解，读后可直接按照书中的实例处理一些实际问题。可作为农电工培训的案例教材，可作为农村电工的自学丛书，可作为农村电工解决实际问题的备查资料，也可供农电工作者阅读参考。

　　该书按照各类实例的类型划分为电动机、配电变压器、电力线路、室内外布线与照明供电、电能计量与电工仪表、低压漏电保护、常用电气安全技术、常用保护电器及低压配电电器等共八章的内容，全书共编入了160余个农村电工操作技能的实例，基本上涵盖了农村电工日常工作中常见的一些实际操作内容。

该书在编写的过程中，得到了不少农电工作者和同行的大力支持，在此表示真诚的感谢。由于作者水平有限，书中难免有疏漏和不妥之处，望广大读者批评指正。

编　者

目 录

第一章

电 动 机

1.1 怎样正确选择电动机

1 选择电动机的一般步骤

选择电动机一般应先了解被拖动负载的情况，主要有以下几个方面：①负载的转速；②负载的工作类型（连续工作、短时工作、变负载工作、断续工作等）；③负载的工作转速以及是否需要调速（定速、有级调速、无级调速等）；④负载所需功率；⑤起动方式；⑥起动频率；⑦制动方式（是否要快速制动）；⑧是否要求反转；⑨工作环境条件（温度高低，湿度高低，有无腐蚀性、爆炸性气体或液体，灰尘和粉尘多少，室内还是室外等）；⑩负载与电动机的联结方式（直接联结，齿轮联结，皮带联结）；⑪安装型式。

根据对负载的了解，应考虑的电动机技术性能如下：①电动机的机械特性；②电动机的转速以及调速性能；③工作定额（连续、短时或断续周期定额等）；④电动机的起动转矩、最大转矩；⑤电动机的类型；⑥电动机的额定输出功率、效率、功率因数；⑦电源容量、电压、相数；⑧电动机的绝缘等级；⑨外壳防护型式；⑩安装型式，轴伸尺寸，附件；⑪使用的控制器等。

2 电动机容量的选择

电动机的容量，要根据机械负载所需要的功率和运行工况来确定。

（1）恒定负载连续工作方式电动机的容量为 P_N，可根据负载的功率 P_1，按下式计算所需电动机的功率 P

$$P = \frac{P_1}{\eta_1 \eta_2} \qquad (1-1)$$

式中　η_1——机械负载的效率；

　　　η_2——传动机构的效率。

根据所算得的 P，应使所选电动机的额定功率 $P_N \geqslant P$。

（2）短时工作定额的电动机与功率相同的连续工作定额的电动机相比，最大转矩大，质量轻，价格便宜，在条件许可时尽可能选用短时工作制的电动机是比较经济、合理的。所选用的电动机容量应等于或略大于负载功率，且时间定额应不小于但接近负载短时工作时间。若选用连续工作制电动机，在温升不超过允许值的条件下，可适当降低电动机的容量，但必须有足够的起动转矩和最大转矩。

（3）断续工作定额的机械负载应选用专门用于断续定额运行方式的电动机，其容量应按负载功率的大小选择，负载持续率也应满足要求。负载持续率 FS 计算式为

$$FS\,(\%) = \frac{t_g}{t_g + t_0} \times 100\% \qquad (1-2)$$

式中　t_g——工作时间，s；

　　　t_0——间歇时间，s；

　　$t_g + t_0$——周期，s。

$FS < 60\%$ 时，宜选用相应定额的断续工作制电动机，若选用连续工作制电动机可适当降低容量。$FS > 60\%$ 时，应选用连续工作制电动机，$FS < 10\%$ 时应选用短时工作制

电动机。

电动机的容量应与所拖动的生产机械的功率相等或稍大一些，一般以不超过 10% 为限。如果电动机容量选择过大，会造成"大马拉小车"的现象，使电动机运行效率降低、功率因数降低、损耗增加，运行不经济，造成资金和电能的双重浪费。如果电动机的容量选择过小，会形成"小马拉大车"的现象，会使电动机起动困难，常在超负载的情况下运行，工作电流超过额定电流，电动机温度升高，加速绝缘老化，缩短电动机寿命，严重时会烧坏电动机。

3　电动机电压的选择

电动机的额定电压应与电源电压相符。交流异步电动机的额定电压一般选用 380V 或 380V 和 220V 两用。如电动机铭牌上标定额定电压为 380/220V，接线方式为　/△，即电源线电压为 380V 时电动机三相定子绕组采用　联结方式，电源线电压为 220V 时电动机三相定子绕组采用△联结方式。

4　电动机转速的选择

电动机的转速应等于或略高于所拖动的生产机械的转速，以便直接传动，提高生产效率，避免传动装置复杂化。如果用皮带传动，电动机的转速和生产机械的额定转速不应相差太多，电动机的转速太高易使皮带打滑；电动机转速过低，会降低生产机械的效率。

5　电动机结构型式和种类的选择

应根据电动机的工作环境条件和负载的特性要求选择相应的电动机结构型式和种类。表 1-1 列出了常用电动机型号、结构和用途，简要说明了常用型号电动机的性能、特点和适用范围，可供选择电动机时参考。

表 1-1   常用电动机型号、结构和用途

序号	产品名称及型号	性能和结构特点	用途	老产品型号
1	异步电动机 Y	封闭式，铸铁机座，外表有散热筋，外风扇吹冷，铸铝转子	用于农业、工矿企业一般机械和设备上，如拖动水泵、鼓风机、碾米机、脱粒机、弹花以及其他机械	J、JO、JS、JK
2	绕线转子异步电动机 YR	封闭式，铸铁外壳，绕线型转子	用于电源容量不足以起动笼形异步电动机的以及要求起动转矩高的场合	JR、JRO、YL
3	高起动转矩异步电动机 YQ	定子结构同 Y 型，转子采用双笼或深槽，起动转矩大	适用于静止负载或惯性较大的机械，如压缩机、粉碎机等	JQ、JQ0
4	高转差率异步电动机 YH	定子结构同 Y 型，转子采用高电阻铝合金浇铸	适用于惯性较大且有冲击性负载机械的拖动，如剪床、冲压机、锻压机及小型起重机等	JH、JHO
5	多速异步电动机 YD	结构同 Y 型，通过改变定子绕组的接线以改变极对数，可得到多种转速，因此其引出线为 6~12 根	适用范围同 Y 型，可用在要求 2~4 种转速的场合，如机床、印染机、印刷机等需要变速的设备	JD、JDO
6	防爆安全型异步电动机 YA	在正常运行时不产生火花、电弧或危险温度的电动机，采取了适当措施，如降低各部分温升限度、增强绝缘、提高导体连接可靠性、提高对固体异物与水的防护等级等，以提高防爆安全性	适用于仅在不正常情况下才能形成爆炸混合物的场所和即使在不正常情况下，形成爆炸性混合物的可能性也较小的场所	JA、JAO

序号	产品名称及型号	性能和结构特点	用 途	老产品型号
7	隔爆型异步电动机 YB	封闭自扇冷式,增强外壳的机械强度,一旦电动机内部爆炸,也不致引起周围环境的爆炸性混合物爆炸	适用于石油、化工、煤矿井下有爆炸危险的场所	JB、JEO
8	起重冶金用异步电动机 YZ	断续定额,封闭自扇冷式,采用高电阻铝合金浇铸的笼形转子。起动转矩大,能频繁起动,过载能力大,转差率高	适用于冶金和一般起重设备	JZ
9	起重冶金用绕线转子异步电动机 YZR	转子为绕线型,其余和 YZ 型同	适用于冶金和一般起重设备	JZR
10	立式深井泵用异步电动机 YLB	立式、自扇冷、空心轴,泵轴穿过电动机的空心轴在顶端用键相连,有止逆装置,不允许逆转	专用于与长轴深井泵配套,组成深井电泵,潜入井下提水之用	JLB
11	井用潜水异步电动机(充水)YQS	电动机外径因受井径限制,其外形细长,内腔充满清水、密封,下部有压力调节装置,轴伸端有防砂密封装置	专用于与潜水泵配套组成潜水电泵,潜入井下供提水之用	JQS
12	井用潜水异步电动机(充油)YQSY	结构与 YQS 型基本相同,但内腔充以绝缘油,另有保护装置,以调节、平衡电动机内腔与外部压力,并作为贫油保护之用	专用于与潜水泵配套组成潜水电泵,潜入井下供提水之用	JQSY

续表

序号	产品名称及型号	性能和结构特点	用　途	老产品型号
13	电磁调速异步电动机 YCT	由异步电动机和电磁转差离合器组合而成，通过控制离合器的励磁电流来调节转速	适用于恒转矩和风机类设备的无级调速	JZT
14	换向器变速异步电动机 YHT	相当于反装的绕线转子异步电动机，转子上有换向器、调节绕组和放电绕组，并有特殊的移刷机构	可作恒转矩无级调速，调速范围较广，适用于印刷机、印染机以及试验设备	JZS
15	齿轮减速异步电动机 YCJ	由通用异步电动机与两级圆柱齿轮减速箱合成一体	适用于矿山、轧钢、造纸、化工等部门需要低速、大转矩的各种机械设备，电动机可用联轴器或正齿轮与传动机构联结	JTC
16	摆线针轮减速异步电动机 YXJ	由通用异步电动机与摆线针轮减速器直接合成一体，结构紧凑，体积小，质量轻，速比大，一级减速比有 9 种，范围为 11～37	适用于矿山、轧钢、造纸、化工等部门需要低速、大转矩的各种机械设备，电动机可用联轴器或正齿轮与传动机构联结	JXJ
17	傍磁制动异步电动机 YEP	带有断电制动的机构，通电时，转子端部的分磁块吸合导磁环压缩弹簧，打开制动机构	用于单梁吊车或机床进给系统	JZD
18	杆杠制动异步电动机 YEG	带有断电制动的机械，通电时，定子吸合其内圆处的衔铁，通过杆杠压缩弹簧，打开制动装置	用于单梁吊车或机床进给系统	JZD

序号	产品名称及型号	性能和结构特点	用途	老产品型号
19	锥形转子制动异步电动机 YEZ	带有断电制动的机构，定子内圆、转子外圆都呈锥形，有单速单机式和双速机组合式。通电时，定、转子间的轴向吸力压缩弹簧，打开制动装置	用于单梁吊车或机床进给系统	JZZ
20	精密机床异步电动机 YJ	振动小，对转动部分要求精密平衡；采用低噪声轴承，提高轴承室精度，用噪声较低的槽配合，以降低噪声	适用于精密机床	JJ
21	木工异步电动机 YM	电动机较细长，转动惯量小，机座用钢板或铝壳制成，轴伸有多种形状和尺寸以适应配套需要，电动机过载能力大	与各种木工机械配套使用	JM
22	电动阀门异步电动机 YDF	短时工作制，机座无散热筋，无外风扇，为端面出线结构，转子较细长，具有高起动转矩、低转动惯量，电动机与阀门组合为一整体	适用于电站、石油、化工等部门作为自动开闭输油汽管线上的阀门，用以调节管道内介质流量	YDF
23	振捣器异步电动机 YUD	封闭式结构，无轴伸，转子两端加偏心块，机壳较厚，结构坚固	混凝土振捣用	

序号	产品名称及型号	性能和结构特点	用 途	老产品型号
24	电梯异步电动机 YTD	短时工作制，开启式，双转速（一般为6/24极）；笼形转子导条采用高电阻合金，起动电流较低，起动转矩较高，转差率高。为了降低噪声，采用滑动轴承、合适的槽配合及较大气隙，无外风扇	用于电梯，作为升降动力用	JTD

1.2 怎样预防电动机的缺相运行

　　低压小容量电动机的配电线路中一般均装有熔断器、热继电器和交流接触器，以对电动机的短路、过载、失压等故障进行防护。缺相运行时，上述电器一般不能对电动机起到保护作用，常常由于此种故障未及时发现和排除而烧毁电动机。要保证电动机安全可靠地运行，防止发生缺相运行，必须了解造成电动机缺相的原因，提前预防，及时发现，及时排除，防患于未然。

1 缺相运行为什么会烧毁电动机

　　以星形联结的电动机为例分析如下。假设运行中 U 相断电，这一相电流为零，形成 V、W 两相绕组串联的单相运行状态。外加电压是380V，每相绕组的电压为190V，可见单相运行时运行的两相绕组的电压从原来 $380V/\sqrt{3} = 220V$ 降到190V。如果电动机拖动的负载功率为额定值且不变，可以推算出，单相运行后 V、W 两相绕组的电流至少将增加到额定电流的 1.73 倍，此电流比一般的过负载电流大，而比电动机的短路电流小。因此，单相运行是相当于过负载和短路之间的一种故障。

电动机的熔丝额定电流是按电动机额定电流的 1.5～2.5 倍选用的，而熔丝的熔断电流又是它本身额定电流的 1.3～2.1 倍。因此，使熔丝熔断的电流最小也应该是电动机额定电流的 1.3×1.5＝1.95 倍。也就是说，要使熔丝熔断最起码也得通入电动机额定电流的 1.95 倍电流值。单相运行后的电流只是额定电流的 1.73 倍左右，所以往往是缺相运行时熔丝不熔断。这样大幅度的过电流运行，时间长了就会烧毁电动机。

2 电动机缺相运行的原因

（1）定子绕组供电电源一相断线的情况有：①控制保护电器一相接触不良或断开；②供电电源至电动机接线盒发生一相断线。

（2）供电变压器一次侧一相断开。

（3）供电变压器二次侧一相断线。

在小容量三相交流电动机中，控制保护电器一相接触不良或断开是造成电动机缺相运行的常见原因，如交流接触器主触头一相闭合不严，熔体与熔断器或隔离开关接触不良，熔体截面损伤。特别是对于使用广泛的隔离开关及 RC1 型瓷插熔断器中的熔丝，在安装熔丝时压紧力大易造成熔丝损伤，压紧力小易造成接触不良，很容易造成一相断线故障。

3 缺相时电动机各物理量的变化

（1）缺相运行时机内气隙磁场的变化。三相电动机运行中有一相断开后，其气隙磁场由原来的圆形旋转磁场变为幅值变动、非恒速旋转的椭圆形旋转磁场。气隙磁场的椭圆度随转差率 s 变化，s 愈大，磁场的椭圆度愈大，其机电转换能力愈差。

(2) 缺相时电动机电流的变化。正常的三相电动机电路为三相对称电路，三相电流大小相等。正常运行时，电流小于或等于额定值，起动时，最大可达额定值的 4～7 倍，但时间很短。出现一相断线后，三相电流不均衡而且过大。

1) 缺相时起动，电动机不能起动，若不及时断开电源，其绕组电流长时间为额定电流的 4～7 倍，发热量为正常温升的 16～49 倍，将迅速超过允许温升而使电动机烧毁。

2) 运行中缺相，若电动机为满载运行，电动机将处于严重的过流状态，电动机转速下降甚至会堵转，长时间运行将引起电动机迅速烧毁。轻载运行电动机断相时，未断相的绕组电流也将迅速增加，转速降低，运行效率和功率因数都将变坏，还会发生振动、噪声等现象。

缺相运行对于长期工作制的笼型异步电动机危害很大，在电动机被烧毁的事故中，60%～70%是由于缺相运行造成的。故对电动机的缺相防护十分重要。

4 电动机缺相防护

(1) 运行前加强对电动机电路的检查，确保每一元件的接点连接完好，防止发生缺相故障。

(2) 运行时注意监听、监视，一经发现异常，迅速判断故障，若确认为缺相故障，应立即切断电源，防止事故扩大，保护电动机安全。

(3) 安装电动机缺相保护器，电路发生缺相时能自动断电，如安装 GDH 系列无功耗电动机保护器。

1.3 简便选择电动机保护熔丝的方法及起动时熔丝熔断的原因

中小型电动机常采用熔丝作为电动机的短路保护。所谓电动机的短路状态实际上是指堵转状态。而作为短路保护的熔丝，其作用仅仅是避免电动机损坏的更严重，引起上一级熔丝熔断或总开关跳闸，影响其他用户正常供电。因为是先发生电动机"短路"，后起到熔丝熔断"保护"，也就是说电动机短路烧坏在先，而熔丝熔断在后。从这个意义上理解，电动机短路保护的对象主要不是电动机本身，而是同一条供电线路上的其他电力用户。

由于三相感应电动机的起动电流是其额定电流的好几倍，而电动机的起动总是从短路状态开始，所以作为电动机短路保护的熔丝必须躲过起动电流。根据运行经验，在选择熔丝的时候，可以采用非常简便的方法来确定。就是将电动机的额定功率（kW）乘以 5，得到的数字就是所需选定的熔丝的额定值。然后按熔丝的规格套用即可，在套用时，宁可稍大一些，不可偏小，避免熔丝经常熔断。

电动机在起动时熔丝熔断，一般有以下几种原因：

（1）一相电源断路负载起动。

（2）熔丝太细或安装时受机械损伤导致截面变小。

（3）电动机超载起动或传动装置机械部分被卡住。

（4）定子绕组一相断路。

（5）定子绕组或转子绕组严重短路或接地。

（6）修理后的电动机一相首末端接反或内部部分线圈接反。

1.4　怎样理解异步电动机铭牌的内容

正确理解电动机铭牌中的技术参数等内容，可以帮助我们正确地选择、使用和维修它。下面结合我国目前使用最多的 Y 系列三相异步电动机铭牌（如图1-1所示）实例予以介绍。

三相异步电动机		
型号：Y-112M-4	功率：4kW	编号：×××
电压：380V	电流：8.8A	频率：50Hz
接法：△	转速：1440r/min	Lw82dB
工作制：S1	防护等级：IP44	B级绝缘
标准编号：×××××	质量：45kg	×年×月
××电机厂		

图 1-1　Y 系列三相异步电动机铭牌

（1）型号（Y-112M-4）。是用以表示电动机的类型、品种及其主要外形尺寸和性能等而引用的一种产品代号。该型号所代表的意义为

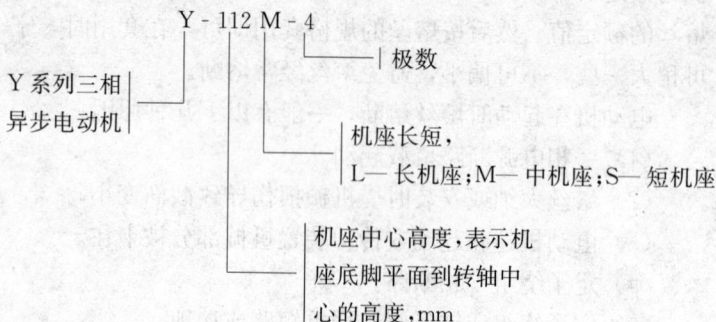

根据型号还可以从有关手册中查出电动机的其他技术数据，如功率因数、效率、堵转电流和堵转转矩，以及铁心内

外径、长度，定、转子槽数，绕组的型式、节距、线规、匝数和质量等，从而可以便于选择、安装和维修电动机。

（2）额定功率（4kW）。它表示电动机在额定工况运行时，电动机轴上所输出的机械功率值，以 kW 为单位。由于电动机在运行中定子和转子绕组中将分别产生铜耗（或铝耗），铁心中要产生铁耗（涡流和磁滞损耗），转子旋转时风扇和轴承等还将产生风损耗，另外还有一个量的杂散损耗，所有这些损耗功率都将由电源供给，并转变为热能而被白白地消耗掉，故电动机输出的机械功率不等于电动机从电源吸收的电功率。电源所供给的功率，即输入功率等于输出功率＋损耗功率。输出和输入功率之比，称为电动机的效率。若已知输出功率和效率，则不难求得其输入功率和损耗功率的大小。例如 Y-112M-4 电动机，其额定功率为 4kW，从有关手册中可查得额定效率为 84.5%，则额定工况下其输入功率 P_1 为 4/0.845kW＝4.73kW，损耗功率为（4.73－4）kW＝0.73kW。当然，若已知该电动机的额定电压 U、额定电流 I 和功率因数 $\cos\varphi$，则也能由式 $P_1 = \sqrt{3}UI\cos\varphi$ 求得额定工况下输入的电功率。

（3）额定电压（380V）。表示电动机在额定工况运行时，电动机定子绕组任意两引线端所承受电压的大小。按国家有关标准规定，电源电压与电动机额定电压的偏差一般不得超过±5%，即对 380V 的电动机，电源电压应在 361～399V 范围内。

当电源频率一定时，电动机的电磁转矩与电源电压的二次方成正比，故电源电压的高低将直接影响电动机的性能。若电源电压过低，将使电动机起动困难，运行转速降低，并由于气隙中的旋转磁场减弱，在相同负载下将引起电流增加，损耗和发热量加大，时间过长将导致绝缘老化，甚至烧毁电动机。若电源电压过高，电动机铁心磁路饱和，也将使电动机的定子总电流增加，同样可导致定子绕组过热，甚至引起烧毁。由上述可知，电动机运行时，一定要随时注意观察电源电压的变化，以免因电压过高或过低而导致电动机烧毁。

（4）额定电流（8.8A）。表示电动机额定工况运行时，流入定子绕组的线电流大小。根据这一电流，可以选择相应的控制、保护装置的元器件和配线的规格、型号及容量等。

（5）频率（50Hz）。表示电动机所使用的交流电源的频率。我国电网的频率为50Hz，故我国的电动机产品也是50Hz。

（6）连接方法。表示电动机定子三相绕组的连接方式，如图1-2所示。电动机接线盒中有一块接线板，三相绕组的六个引出线端都接在接线板的桩头上，并排成两排。图1-2（a）中上排三个接线桩头自左至右的编号为1（U1）、

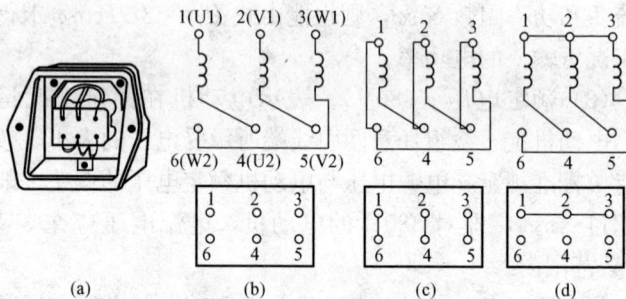

图 1-2 电动机接线盒示意图

(a) 接线板上桩头布置；(b) 三相绕组的引线端位置；

(c) △联结；(d) 联结

2（V1）、3（W1），下排桩头自左至右的编号为 6（W2）、4（U2）、5（V2），如图 1-2（b）所示。若将接线板中的 1-6、2-4、3-5 接线桩头分别短接起来，并将三相电源分别接至 6、4 和 5 三个接线桩头上，电动机为△联结，如图 1-2（c）所示。若将 1、2、3 接线桩头短接起来，6、4、5 接线桩头接三相电源，则电动机为 联结，如图 1-2（d）所示。

Y 系列电动机产品标准规定，电动机容量在 3kW 及以下者采用 联结，4kW 及以上者采用△联结。 联结时电动机的每相绕组所承受的电压只有 220V，而△联结时电动机每相绕组所承受的电压为线电压 380V，所以实际使用时一定要按铭牌规定的接法接线，不能任意更改。

（7）额定转速（1440r/min）。表示电动机额定工况运行时每分钟的转速。异步电动机的转速随负载大小而稍有变化，空载时最高，但其转速恒小于气隙旋转磁场的转速，这就是"异步"一词的由来。气隙旋转磁场的转速称为同步转速（n_1），可由式（1-3）求得

$$n_1 = \frac{60f}{p} \tag{1-3}$$

式中　f——交流电源的频率，在我国为 50Hz；

　　　p——极对数。

n_1 与电动机转速 n 之差占 n_1 的百分数称为转差率 s，即

$$s = \frac{n_1 - n}{n_1} \times 100\% \tag{1-4}$$

s 越大，表示电动机的转速越低。

（8）噪声等级（Lw82dB）。它表示了电动机在运行过程中所产生噪声的大小。噪声包括通风噪声、电磁噪声及机

械噪声三部分，噪声对环境造成污染，从而影响人的健康，故电动机噪声也是衡量电动机产品质量的一项指标，其大小可用声压级或声功率级来表示。按 Y 系列电动机产品标准的规定，其噪声的允许限值采用声功率级（以 Lw 表示），dB（分贝）为噪声的单位。

（9）定额（工作制 S1）。指电动机在额定工况下运行的方式和时间。S1 表示连续运行方式，即该电动机可以按额定工况连续运行。有些电动机则不是按连续运行方式工作的，如起重用电动机等，其工作制为断续运行方式，再如开闭闸门的电动机，其工作制为短时运行方式。我国国家标准规定电动机的工作方式通常分为 S1、S2、S3 三种，即 S1 为连续定额工作制，按额定运行，可长时间持续使用；S2 为短时定额工作制，只允许在规定的时间内按定额运行使用，标准的持续时间限值分为 10、30、60、90min 四种；S3 为断续定额工作制，间歇运行，可按一定周期重复运行，每个周期包括一个额定负载时间和一个停止时间。不同工作制的电动机，其发热情况不一样，使用时不能混同。

（10）防护等级（IP44）。表示电动机外壳的防护等级的代号，其中 IP 是防护等级标志符号，后面两位数字分别表示电动机防固体和防水的能力，数字越大防护能力越强。IP44 中第一位数字 4 表示电动机能防止 1mm 直径或 1mm 厚度的固体物进入电动机内壳，第二位数字 4 表示能承受任何方向的溅水。

（11）绝缘等级（B）。表示电动机整个绝缘结构（包括电磁线、槽绝缘、相间绝缘及浸渍漆等）的耐热等级，它与电动机允许温升有关。国家标准规定绝缘材料按其耐热性能不同，共分为七个等级，见表 1-2。目前，电动机中使用最多的为 E、B 或 F 级绝缘。绝缘材料超过最高允许温度使用，其寿命将显著缩短。

表 1-2 绝缘材料的耐热等级

绝缘等级	Y	A	E	B	F	H	C
最高允许温度（℃）	90	105	120	130	155	180	>180

（12）标准编号。"GB"表示为国家标准，"JB"表示为机械部部颁标准，数字"××××—××"表示为国家或部颁标准的编号，横线后两位数字为该标准的颁布年份。Y 系列（IP44）三相异步电动机的标准号为 ZBK2207—88，标准中规定了各种规格电动机的机械和电气性能。

（13）质量（45kg）。指电动机自身的质量。据此可以准确地选择运输和起吊设备。

（14）出厂编号及日期。是指电动机出厂时的产品编号及生产日期。据此可以直接向生产厂家索取该电动机的有关资料，以供使用或维修时参考。

1.5 怎样做好中小容量异步电动机的一般保护

中小容量异步电动机一般有短路保护、失电压保护和过载保护。

（1）短路保护。一般采用熔断器作为短路保护元件。当三相异步电动机发生短路故障（在正常供电电压下电动机堵转）时，将产生很大的短路电流，若不及时切断电源，会使电动机烧毁，甚至引起更大事故。加装了短路保护元件后，很大的短路电流就会把装在熔断器中的熔体或熔丝熔断，从而切断电源，可防止电动机及其他电气设备更严重的损坏。

常用的熔断器有 RC 插入式、RL 螺旋式和 RTO 管式等。

（2）失电压保护。电动机的磁转矩与电压的平方成正比，若电源电压过低，将使电动机的转速下降，电流增加。如果长时间低压运行，会因温升过高损坏绝缘，烧毁电动机，所以应在电源电压过低的情况下及时切断电动机的电源。当电动机正常运行中突然停电，恢复供电后也不允许电动机自行起动。为防止电动机在低压下运行、起动以及在电源恢复供电后自行起动，一般均采用失电压保护。

磁力起动器的电磁线圈在起动电动机控制回路中起失电压保护作用；自动空气开关、自耦降压补偿器一般都装有失电压脱扣装置。这些装置可在上述两种情况下对电动机起保护作用。

（3）过载保护。热继电器就是电动机的过载保护元件。当电动机因某种原因发生短时间的过载时，一般不会立即损坏电动机，但长时间的过载运行会因严重过热而损伤电动机绝缘，减少电动机寿命。为此，在电动机控制回路中需装设热继电器以实现过载保护。在电动机通过额定电流时继电器应不动作，如电动机过载 20% 运行时，热继电器应在 20min 内动作，切断控制回路并通过连锁装置断开电源，保护电动机。

热继电器的动作电流整定值，一般应为电动机额定电流的 1.2 倍。

1.6　介绍一种简单可靠的缺相保护电路

三相滑环式异步电动机和笼型异步电动机，在运行中很可能由于三相电源中的一相断路(例如,一相熔丝熔断或接触器一相接触不良等),致使三相电动机变为"单相"电动机运行。电动机缺相运行一段时间后便会造成电动机的烧毁事故,电源缺相是造成电动机烧毁事故中较为常见的原因之一。

为了保障三相电动机不因三相电源的一相断电而烧毁,使电动机在一相断电时能及时地断电而保护电动机的安全,电动机往往都装有缺相保护装置。

缺相保护电路原理接线图如图 1-3 所示,1C、2C、3C三个电容器的一端分别与 L3、L2、L1 三相电源相连接,1C、2C、3C 的另一端连接在一起并通过接地电流继电器KA 的动断触点串联在交流接触器 KM 励磁线圈的电路中。当 L1、L2、L3 三相的任何一相断路时,在接地电流继电器KA 的线圈中都要流过电流,接地电流继电器 KA 动作,动断触点 KA 打开,使接触器 KM 的线圈失磁而切断电动机的电源。对于高压电动机,可以通过电压互感器取得电压,实现对高压电动机的缺相保护。

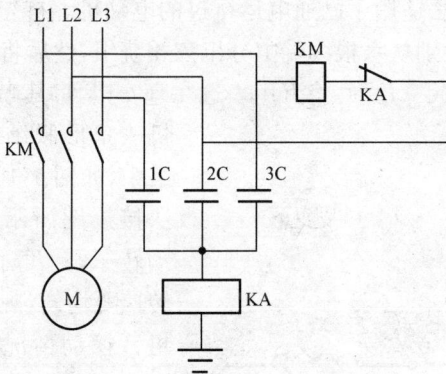

图 1-3　缺相保护电路原理接线图

该缺相保护的原理和电路都很简单,其保护原理是:三相电压对称时,星形接线负载的中性线中没有零序电流,而当三相电源缺相时,就会在其中性线中流过零序电流。利用电源缺相时的零序电流起动保护装置既简单又可靠。

本缺相保护电路与现在较多采用的微机保护和电子式保护装置相比较,具有原理简单、元件少、工作可靠、基本不用维护等优点。此电路可以用于保护电动机,也可以应用于其他三相设备的缺相保护。

1.7 电动机出线端头搞乱了怎么办

在电工的实际工作中,可能会遇到因电动机接线盒或接线柱损坏,而引起出线标记混乱的情况,这时需要首先弄清三相绕组的首尾端,然后才能正确接线。下面介绍两种快速判别电动机三相绕组首尾端的简便方法,以供参考。

1 环流判断法

这种办法适用于已通电运行过的电动机。首先用万用表R×100挡分别从六根线端中分出三相绕组,然后将三相绕组相互串联接成三角形,将万用表选在毫安挡,将其串联在电动机三角形联结的三相绕组中,如图1-4环流判断法接线图所示。用手转动转子,速度不要快,且转速要均匀,观察万用表指针摆动情况。如果指针不动或摆动的幅度不大,证明该电动机六根引

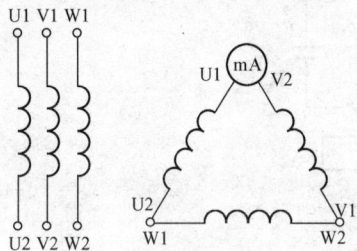

图1-4 环流判断法接线图

出线端均为首尾联结；否则应调换一个绕组的首尾端重新测试，直至正确为止。确认各相绕组的首尾端之后，便可根据要求将电动机接成星形或三角形。

2 灯泡判断法

用干电池（3V）或蓄电池和一个小灯泡，先找出每相绕组的两端，再确定三相绕组的首尾端，做法如图 1-5 所示。

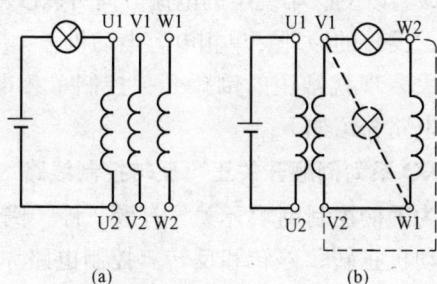

图 1-5　灯泡判断法接线图

(a) 同绕组判别图；(b) 绕组头尾判别图

先将灯泡串接在电池和绕组的一个端头上，然后将电池另一极接触绕组剩下的端头，如灯亮则说明所连接的两个端头是同一相绕组，如图 1-5（a）所示。

再将灯泡串接于两相绕组之中，构成闭合回路，将电池接于第三相首尾端之间，如果接通或断开瞬间灯泡亮，说明接灯泡的两根线端是这两相绕组的头和尾，如图 1-5（b）中实线所示；如果不亮，则说明这两个线端是两相绕组首与首或尾与尾接在一起，如图 1-5（b）的虚线所示。再将电池改接在已判明头尾的一相中，将另一相绕组和原先接电池的那相绕组与灯泡串联在一起，重复前面的测试，便可将电动机的六个出线端的头尾全部判断出来了。

1.8 怎样用倒顺开关控制单相
电动机正、反转

裂相式单相电动机定子有两个绕组（主绕组 U1U2 和副绕组 Z1Z2），改变一个绕组的电流方向可以改变转向，这就是实现正、反转的原理。单相电容电动机正、反转控制常采用倒顺开关，现就常用的倒顺开关控制单相电容电动机正、反转的电路介绍如下。

1 **KO 系列倒顺开关正、反转控制线路**

本系列为手柄控制倒顺开关，有顺、停、倒三个位置，分别控制电动机正转、停转和反转。控制电路原理如图1-6所示。

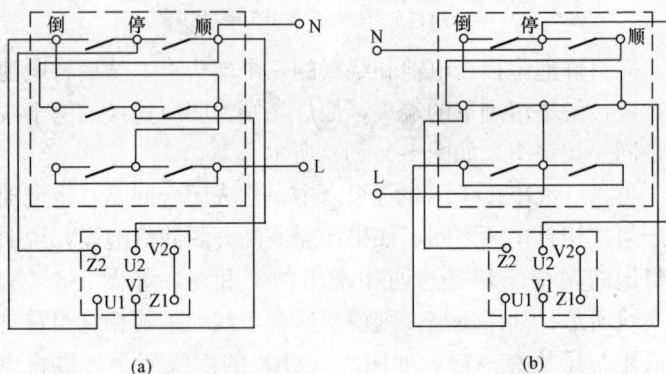

(a)   (b)

图 1-6 KO-3 型正、反转控制电路原理图

(a) 电源接于顺接线柱；(b) 电源接于停接线柱

2　LC10 系列倒顺开关正、反转控制线路

本系列为按钮控制倒顺开关，单独按下顺或倒按钮，即被锁住不能自动复位，必须按一下停按钮，则顺或倒与停按钮一同立即复位。顺、停、倒三个按钮分别控制电动机正转、停转和反转。控制电路原理如图 1-7 所示。

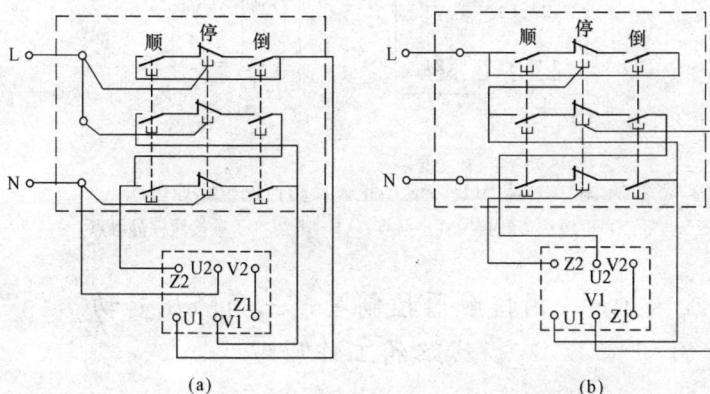

图 1-7　LC10-15-1 型正、反转控制电路原理图
(a) 电源接于停接线柱上端；(b) 电源接于停接线柱下端

3　HS11 系列倒顺开关正、反转控制线路

本系列倒顺开关是在 HS11 系列双投隔离开关基础上，增加三条接线桩连接线构成 HS11 系列双投隔离开关倒顺开关。具有向上合闸电动机正转、拉开隔离开关停止运行、向下合闸电动机反转三个操作位置。控制电路原理如图 1-8 所示。

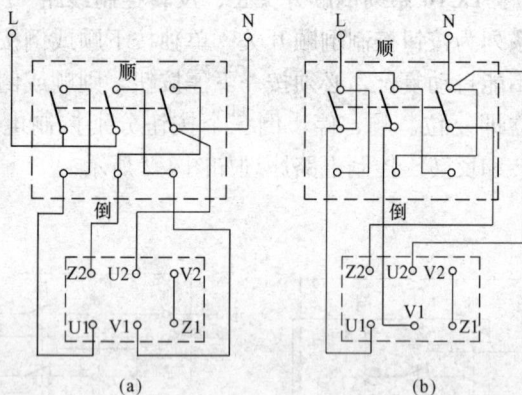

图 1-8　HS11-15/3 型正、反转控制电路原理图

（a）电源接于顺接线柱动触点；（b）电源接于顺接线柱静触点

1.9　用接触器控制星—三角降压起动线路的工作原理

当电动机容量较大，直接起动有困难时，必须采取降压起动措施，星—三角起动是常用的降压起动方式之一。如果采用接触器控制按钮控制时，其控制电路由三只接触器和一只三联按钮构成。交流接触器控制星—三角降压起动原理接线图如图 1-9 所示。

控制原理是：合上电源开关 QS，按下起动按钮 SB2，接触器 1KM 线圈通电合闸，并由其动合辅助触头 1KM1 自锁，接触器 3KM 线圈也通电合闸，其动断辅助触头 3KM1 打开，断开接触器 2KM 控制回路。此时电动机定子三个绕组的首端 U1、V1、W1 通过闭合的 1KM 主触点分别接入 L1、L2、L3 三相电源，尾端 U2、V2、W2 由

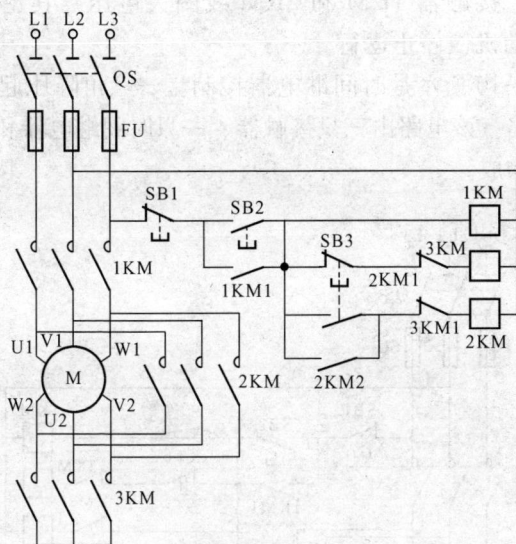

图 1-9 交流接触器控制星—三角降压
起动原理接线图

3KM 主触点连接在一起，形成星形联结，电动机在星形
联结下起动。当电动机转速趋于正常转速时，接下运行按
钮 SB3，按钮的动断触点打开，接触器 3KM 线圈失电压
跳闸，3KM1 重新闭合，为接通 2KM 线圈作准备。此时，
接触器 1KM 仍然处于合闸位置。在 SB3 动合触点闭合后，
接触器 2KM 线圈通电合闸，其动断辅助触点 2KM1 打开，
断开了 3KM 控制回路，并由其动合辅助触点 2KM2 自锁，
电动机定子三个绕组的 6 个接线端子 U1 和 W2 连接，V1
和 U2 连接，W1 和 V2 连接，形成三角形联结，电动机在
三角形联结下运行。电动机需要停止时，只要按下停止按

钮 SB1，接触器 1KM 和 2KM 线圈失电压，其主触点打开，电动机便停止运行。

图 1-10 所示是时间继电器控制星—三角降压起动自动控制电路。该电路由三只接触器、一只时间继电器和一只双联按钮构成。

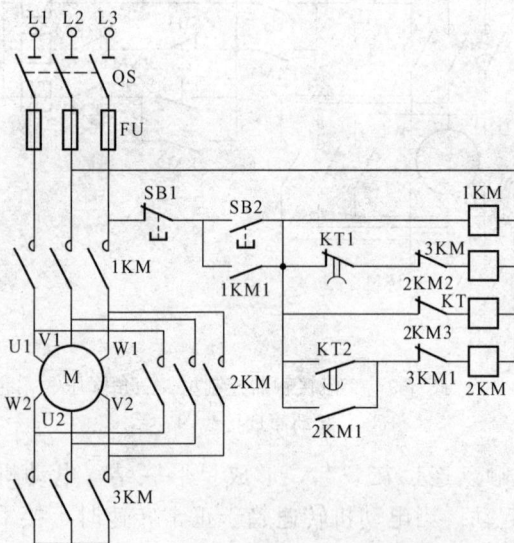

图 1-10　时间继电器控制星—三角
降压起动原理接线图

控制原理是：合上电源开关 QS，按下起动按钮 SB2，接触器 1KM 线圈通电合闸并自锁，接触器 3KM 线圈通电合闸，电动机三相定子绕组呈星形联结，电动机在星形联结下起动。同时，时间继电器 KT 线圈通电计时，在时间继电器达到整定时间后，其延时动断触点 KT1 打开，使接触器

3KM 线圈断电释放,切断星形起动电路(此时接触器 1KM 仍处于合闸位置)。与此同时,3KM 动断辅助触点 3KM1 闭合,时间继电器延时动合触点 KT2 闭合,使接触器 2KM 线圈通电合闸,并由其动合辅助触点 2KM1 自锁,电动机三相定子绕组自动转换为三角形联结,电动机在三角形联结下运行。2KM 合闸后,其动断辅助触点 2KM3 打开,断开时间继电器 KT 控制回路,KT1 又闭合。但由于接触器动断辅助触点 2KM2 已打开,所以接触器 3KM 不会通电合闸。KT2 虽已断开,但由于接触器 2KM 已由其动合辅助触点 2KM1 自锁,所以 2KM 仍处于合闸状态。如需电动机停止运行,只要按下停止按钮 SB1,接触器 1KM 和 2KM 线圈断电释放,电动机便停止运行。

1.10 单相电动机反转怎么办

在使用三相电动机时,若遇电动机反转了,只要把接入电动机的三根相线中任意两根电源线端调换即可以改变电动机的转动方向。但裂相式单相电动机反转时,把电机插头或两根电源线对调是无济于事的,那么该怎么办呢?必须把主、副绕组中任意一个的首端和末端对调,然后再与电源接通就行了。

1.11 怎样直观判断电动机的常见故障

电动机运行中经常会发生各种各样的故障,伴随着这些故障的发生,运转中的电动机往往在转速、声音、气味、电流等方面都有所变化。根据实际工作经验和相关的理论分

27

析，现将电动机几种常见故障的判断方法概述如下，供农电工参考。

（1）定子绕组绝缘性能降低。电动机在运行过程中，由于受潮或浸水、绕组不清洁、长期过载等方面的原因造成电动机定子绕组绝缘电阻降低。存在这种故障时，会出现电动机的运行电流（通过监视电动机运行的电流表显示或用钳形电流表测量）大于电动机的正常工作电流；若用电能表测量电动机的电能消耗，会发现在相同的时间段内所消耗的电能比正常情况下偏多；而电动机的转速、声音、气味等方面均没有异常。停机后用手摸电机外壳会发现温度较高（不停机的情况下，切忌用手摸电机外壳，以免发生触电事故）。电动机在运行过程中若有以上现象发生，可判定是电动机的绝缘性能有所降低。

（2）定子绕组缺相。在电动机运行中，若负载和电压等没有发生变化，而发现电动机转速突然变慢，同时发出很大的"嗡嗡"声，并且一相没有电流，停机后检查控制该电动机的主回路中熔断器的熔体、开关设备及热继电器的触点等都是完好的；且停机后再起动时，电动机只发出"嗡嗡"声而转动不起来。这些现象可判定是电动机定子绕组缺相。

（3）定子绕组接地。电动机运行中，在负载、电压等没有变化的情况下，若发现转速显著变慢，一相或两相电流显著增加，且一相或两相熔断器的熔体经常熔断。拆下接地线后用测电笔测试运转电动机，发现电机外壳带电；停机后手摸电机外壳，发现局部位置烫手厉害。根据以上现象，可判定该电动机局部绕组破损，发生了绕组通过定子铁心碰壳接地故障。

　　（4）定子绕组烧毁。电动机运行中，若发现转速变慢，电流显著增大，并伴有"嗡嗡"声，能够闻到焦煳味，有的还可以看到黑烟从电动机内冒出。停机后手摸电动机外壳感觉到十分烫手。根据这些现象，可判定是电动机定子绕组烧毁。

　　（5）定子与转子擦碰（扫膛）。电动机运行中，发现电流增大；通过改锥等物体触及电动机的外壳，能听见从电动机内部某部位发出持续"嚓嚓"声；停机后，若用手摸发出"嚓嚓"声的位置发现烫手。根据以上现象，可判定电动机的定子和转子在该部位发生了擦碰现象。

　　（6）笼型转子断条。电动机运行中，若发现转速变慢，且发出时高时低的"嗡嗡"声，同时出力减少；检查电流，发现电流时大时小，并呈周期性振荡变化；停机后手摸电机外壳，可以明显感到定子温度没有转子温度高（转子温度的高低可用手摸电机的轴承盖估计）。再次起动电动机，电动机难以转动或根本转不起来。根据以上现象，可以判定是电动机笼型转子断条。

　　（7）轴承损坏。在电动机运行中，用改锥的一端触及轴承外盖，耳朵紧贴改锥手柄监听，若在轴承部位听到周期性"咯咯"的杂音；停机后手摸轴承外盖烫手厉害；用手转动机组，发现电动机转动不灵活并且转动起来很快就停下来。根据以上现象，可判定是电机的轴承损坏。

　　（8）电动机轴承缺油或干涸。电动机在运行中，若在轴承部位通过螺钉旋具能听到"咝咝"声；有时还有冒烟或焦油味；断电停机后，手摸轴承端盖烫手厉害；转动电动机的轴承发现转动不如正常时灵活。根据以上现象可判定是电动机的轴承缺油或润滑油已经干涸。

1.12　怎样理解单相电容起动电动机工作原理，如何排除其常见故障

1　工作原理

单相电容起动电动机由定子、转子、端盖及起动元件（电容和离心开关）等构成。起动元件的电容串接在副绕组回路中，电容的作用是使副绕组电流在时间上超前主绕组电流 90°电角度。由于两个在空间互差 90°电角度的主、副绕组（这在电动机下线时就已经安置好）通以互差 90°相位角的电流所产生的两相合成磁场是一个旋转磁场，因而电动机转子能产生起动转矩。这样一来电动机在通电后便会即刻转动。单相电容起动电动机的接线原理如图 1-11 所示。

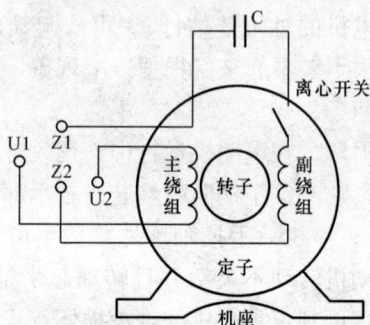

图 1-11　单相电容起动电动机接线原理图

单相电容起动电动机的旋转方向可以改变，只要将主绕组或副绕组的头尾对调，就可改变该电动机的旋转方向。

当电动机的转速达到额定转速的 80％左右时，离心开

关动作，将副绕组和电容回路断开，脱离电源，只保留主绕组正常运转。拉闸断电后，当电动机的转速降至额定转速80％左右时，离心开关在自身弹簧压力的作用下，又使动、静触点闭合，接通了副绕组和电容回路，以备下次再次起动和运转。

2 怎样排除常见故障

（1）定子绕组完好，电容和离心开关也没有故障，接上电源后电动机却不能运转。其原因可能是离心开关没有闭合。仔细检查可发现，电动机转子两个轴承位置在车削时距离车得小，在运行过程中转轴向电动机风叶一端窜动，导致离心开关动、静触点未能接通，使电机不能起动。

（2）电动机接上电源能起动和运转，但运转时电动机有明显的噪声和振动（切记这时电动机不可长时间运转下去，应立即拉闸使电动机脱离电源，否则会把电动机起动绕组烧坏）。这是由于电动机在运行中，转轴沿皮带轮一端窜动，致使离心开关靠自身的离心力不能使动、静触点分离，这样副绕组和电容回路在运转时不能断开，使得电动机在运行中产生了振动和噪声。

以上两种故障处理的办法是：用手锤将转轴的一端敲击几下，直至转轴沿轴向无位移为止，接着在敲击端做个记号；再用同样的方法在轴的另一端敲击，直至转轴沿轴向无位移为止，再做个记号。然后，细心地测量两个标记间的距离，例如间距为6mm，可找两个3mm的垫圈，分别垫在电动机两个端盖的轴承室内侧即可。

（3）还有一种故障从现象上看和上述故障相似，也是电动机在运行中有噪声和振动，但其原因不是轴发生了位移，而是离心开关的旋转部分发生了位移，使动、静触点不能分离。造成这种现象的原因是离心开关的轴套在转轴长时间高速旋转情况下发生松动所致。由于松动量不会太大，用螺钉旋具把离心开关的原始位置打毛，再重新把它安到原位，离心开关便可正常工作，电动机就可正常工作了。

1.13 怎样排除电动机的常见故障

电动机在运行中，由于各种因素可能引起故障，如不及时排除会导致电动机损坏。下面介绍几种常见运行故障的排除方法。

① 电源接通后电动机不能起动

（1）定子绕组接线错误。发生此种情况应仔细检查绕组接线，并纠正错误。

（2）定子绕组断路、短路或接地。发生此种情况应先找出故障点，然后一一排除。

（3）负载过重。在此种情况下应考虑到减轻负载，然后再起动电动机运行。

（4）传动机构被卡住。应检查整个传动机构，找出故障点，并予以排除。

（5）电源电压过低。应用万用表测量电源电压值，如果确认是电源电压过低，应更换电源。

（6）绕线转子异步电动机转子回路开路。此时应检查电刷与集电环接触是否良好、变阻器是否断路、引线连接是否完好，找出故障并一一排除。

② 运行过程中电动机温升过高或冒烟

（1）电源电压过高或过低。应调整电源电压，若为电源线电压降过大，则应尽量缩短导线长度或加大导线型号。

（2）缺相运行。应先检查熔体，再检查导线接头，最后检查开关触头，找出断路点并处理。

（3）定、转子相擦。应检查轴承、转子是否变形，若变形则应进行修理或更换。

（4）通风不良。应检查通风道是否畅通，疏通通风道，改善通风条件。

（5）对于笼型异步电动机，可能是鼠笼断条。出现这种情况，对于不同结构的笼型异步电动机应采用不同的处理方法，如果是铸铝转子，则必须更换；如果是铜条转子，既可修理也可更换。

（6）对于绕线转子异步电动机则可能是转子断相运行。此时用检查绕组断路的方法查找出故障点并加以修理。

（7）负载过重或起动过于频繁。这种情况应考虑适当减轻负载或减少起动次数。

3　电动机运行过程中机身振动

（1）底座螺栓松动。应紧固底座螺栓。

（2）皮带轮不平衡或皮带轮轴弯曲。应检查故障点并进行校正。

（3）转子不平衡。应校正使之平衡。

（4）电动机与负载轴线不对。应检查并调整机组轴线。

（5）负载突然过重。应减轻负载。

4　电动机运行中外壳带电

（1）相线触及外壳。应重点检查接线盒端头、保护铜管管口处有无绝缘不良故障。

（2）绕组受潮。应将绕组进行烘干处理，绝缘电阻合格后再运行。

（3）接地不良或接地电阻太大。应按规定安装好接地装置。

（4）绝缘有损坏、有脏物或引出线碰壳。此种情况应对绝缘损坏处进行修复并进行浸漆处理，消除脏物，重新布置引线。

1.14　怎样判断电动机外壳带电的原因

正常运行的电动机外壳是不允许带电的，否则在有人触及时，就会发生不应有的触电伤亡事故。现将引起电动机外壳带电的常见原因归纳如下。

（1）电动机引出线或接线盒绝缘损坏而造成相线碰壳。主要原因是：接线盒受磕碰损坏，连接电源线时接触不牢，局部过热烧坏接线盒处的绝缘或因出线磨损、老化等。

（2）绕组端部太长而碰擦端盖。此种情况主要发生在电动机进行大修后，是由于维修人员在下线时造成。

（3）雷电击穿绝缘而使绕组接地。主要发生在雷雨季节，因此，在雷雨季节应及时测量电动机的绝缘电阻是否符合要求。

（4）定子绕组绝缘损坏造成漏电。主要原因有：电动机使用时间太长，定子绕组绝缘老化；有异物进入电动机内部使定子绕组绝缘损坏；电动机长期过载使定子绕组烧坏；电源电压过高引起电动机定子绕组绝缘击穿等。再有，若电动机周围环境潮湿或者电动机在雨雪侵袭下，水滴进入电动机内部或者有害气体侵蚀等，这些都会使三相定子绕组绝缘性能下降，从而使电动机外壳带电。

（5）两端槽口绝缘损坏或导线松动，铁心硅钢片没有压紧或有尖刺等，在振动时擦伤导线。主要原因是生产厂家或在大修时装配工艺和绝缘处理不当所致。

（6）槽内有铁屑等杂物，导线嵌入时被擦伤而碰壳。主要原因是下线装配时未清理干净。

（7）嵌线时导线绝缘受机械损伤而碰壳。主要是装配人员不谨慎造成。

（8）定、转子铁心相擦，使铁心过热而烧焦槽楔和绝缘，致使绕组碰壳。主要原因是定、转子安装间隙不符合要求。

（9）电动机外壳保护接地或保护接零不符合要求，没有采用保护接地或保护接零的安全措施，没有采用末级漏电保护的安全措施。

（10）在统一供电系统中使用的电动机，存在保护接地和保护接零混用现象。若采用保护接地的电动机碰壳短路时，所产生的短路电流没有使熔断器或者其他保护电器动作，则中性线电位升高，会使与中性线相连接的电动机的金属外壳带上使人触电的危险电压。

1.15 怎样正确安装和使用潜水电泵

农村用的潜水电泵一般分为井用潜水电泵和普通小型潜水电泵。

1 井用潜水电泵的安装和使用

（1）电缆线需放入输水管法兰盘的凹槽内，并用耐水绑绳将电缆固定在输出管上。下井时电缆绝对不能当吊绳用，要防止电缆下井过程中擦伤。

（2）电泵在下井过程中如发现卡住现象时，应吊起少许，轻轻转动卡板再试着下落，如果各种措施都不见效时，千万不能强行下泵，否则会造成电泵零件损坏、电缆擦伤，甚至出现脱钩的严重后果。此时，应将电泵提出井外查明原因后再下井。

（3）连接输水管时，两法兰盘之间应放入密封胶垫，待胶垫放正后再紧固螺栓，螺栓应按对角方向逐步拧紧，防止法兰盘歪斜而漏水。

（4）应保证井用潜水电泵的吸入口浸没在动水位以下至少 1m 处，否则容易在运行中出现不稳定现象。

（5）整个安装下井过程中应保证环境温度在 0℃ 以上，否则应采取保温措施，防止发生电动机或电缆冻坏等不良现象。

（6）潜水电泵安装结束后，应用 500V 绝缘电阻表测量绕组之间和绕组与地之间的绝缘电阻，其值不应低于 5MΩ。

2 普通小型潜水电泵的安装和使用

普通小型潜水电泵多为临时安装，管路也大都采用灵活机动的塑料胶管，而且扬程较低，相对来说管路也较短。小型潜水电泵的安装应满足以下要求：

（1）将输水胶管连接到潜水电泵的出水管接头上时，一定要用管卡或 8 号铁丝扎牢紧固，防止松脱或漏水。

（2）潜水电泵放入水中或吊出水面时，应采用 4mm 直径的钢丝绳，或两条较粗的尼龙绳拴在泵体的提手或耳环上，慢慢将潜水电泵沉入水中或提出水面；切记不能将电缆作为起吊安装绳用，也不可乱拉电缆，以防电缆断裂破损或芯线折断，造成电缆断路、短路或影响人身安全的事故。

（3）潜水电泵入水中后，应接近垂直悬吊，不要横放着地，更不能陷入泥中，以防止轴承和轴封偏磨或电动机因散热不良而造成事故。

（4）冲油式潜水电泵潜入水中的深度在 0.35～3m 为宜，最深不得超过 10m；干式、半干式、冲水式潜水电泵，潜入深度约 1m 为宜，过深将影响机械密封作用。

（5）安装好后应将吊装的缆索及胶管固定，特别是胶管不能承受拉力，否则容易造成胶管的破口或接头松脱。

（6）安装好后电缆也应予以固定，可以分节绑扎在胶管上，应避免电缆受力或随意牵动电缆，否则容易造成电缆折断或接头松脱。

（7）对于清水型的潜水电泵，在进水滤网外面最好套上竹篮或铁丝网，防止杂草污物进入泵内堵塞叶轮或进水口。

（8）潜水电泵入水前，应先接通电源，检查旋转方向是否正确；若反转，可任意调换两相接头。注意潜水电泵在空气中的运转时间不能太长，应少于 5min，以防止潜水电动机过热造成事故。

（9）在潜水电泵附近应设"防止触电"的明显标志。严禁在电泵附近洗衣、游泳或牲畜下水等。

1.16 如何查找电动机工作温度过高的原因

目前使用的各种单相、三相电动机及各种电风扇，大部分属于异步电动机。这些电动机在使用中经常出现自身工作温度升高直至不能工作的现象。现就常见原因分析如下，以便电气工作人员根据实际情况进行分析和查找。

（1）电动机绕组匝间、相间、绕组之间、绕组和接地体之间有短路现象，因而形成绕组中电流增加使其温度急剧升高出现温度过高。

（2）电动机铁心片之间的绝缘破坏，使铁心中的涡流损耗增加，铁心发热剧增造成温度过高。

（3）三相电动机缺相工作时，使另外两相绕组中电流增加，造成绕组温度过高，单相电动机起动绕组断线时，同样会使主绕组温度过高。

（4）电动机在过载情况下长期运行，也会引起绕组电流过大，使绕组发热增加，造成温度过高。

（5）电动机过于频繁起动，由于起动时的电流是正常工作电流的 2 倍以上，同样会引起绕组发热增加，造成温度过高。

（6）电动机电气接触不良，使连接部件处的发热增加，造成温度过高。

（7）电网电压过高或过低时，使电动机绕组中的电流增加，导致发热造成温度过高。

（8）转动部位的轴承烧坏或缺油时，使转动部件摩擦阻力增加或撞击造成温度过高。

（9）电动机散热部件出故障或通风道堵塞，造成温度过高。

（10）电动机工作时环境温度过高，导致电动机温度过高。

1.17　如何预防电动机引发火灾

1　电动机引发火灾的原因

（1）过载。

1）由于机械负载过重或电网的电压过低，使电动机的出力降低，转速减慢，电流增大。

2）电动机轴承缺润滑油或太脏，轴承损坏不易转动而卡住转子。

3）电动机拖动的机械被杂物卡住不能转动或皮带过紧，使电流增大，绕组过热导致火灾。

（2）缺相。三相电动机在运转过程中，电源回路有一相断线时，电动机转速降低，其余两相电流将升高到正常工作电流的数倍，引起线圈温度升高或绝缘损坏，造成火灾。

（3）短路。电动机的定子绕组发生单相匝间短路、单相接地短路或相间短路，都会使线圈局部过热，绝缘损坏。在绝缘破损处，还可能由于对外壳放电而形成电弧和火花，引起绝缘层起火。

（4）接触不良。在电动机的接线端处，由于安装不当或接线松动，接触电阻过大，产生高温或火花，引起绝缘或附近可燃物燃烧。

（5）散热不良。电动机的维修保养不善，通风槽被粉尘或纤维物堵塞，以及风叶损坏，不能起到散热作用，使线圈过热，引发火灾。

（6）电动机质量差，安装场所通风不良等，也同样会引发火灾事故。

2 **为避免电动机引发火灾，应积极采取以下措施**

（1）安装电动机要符合防火安全要求。在潮湿、多灰尘的场所，应选用封闭型电动机。在比较干燥、清洁的场所，可选用防护型电动机；在易燃、易爆场所，应采用防爆型电动机。

（2）电动机应安装在非可燃性材料的基座上；电动机不允许安装在可燃结构内；电动机与可燃物之间应保持一定距离，周围不得堆放杂物。

（3）每台电动机必须安装独立的操作开关和适当的热继

电器作为过负荷保护，电动机电源回路选用的熔丝应适当，过小容易熔断而缺相，过大不能很好地起到保护作用；对容量较大的电动机，在三相电源线上宜安装指示灯，当发生一相断电时，便于立即发现，防止缺相运行。

（4）要对电动机经常进行检查保养，及时清扫保持清洁；润滑系统要保持良好状态；散热用风叶要完好；电刷要完整。

（5）加强巡视检查，发现故障及时断电排除。

（6）配备必要的电器灭火设备，以便及时扑灭电器火灾。

1.18 怎样避免电动机接线盒内发生错误接线

如果接线盒内发生错误接线，就会给电动机的使用带来不良后果，轻则使电动机不能正常起动，长时间通电造成起动电流过大，电动机发热严重，影响寿命；重则烧毁电动机绕组，或造成电源短路事故。为避免电动机接线盒内发生错误接线，下面分析几种常见的错误接线情况，请读者引以为戒。

1 把电动机的 联结错接成 联结

一台应接成 运行的电动机，其定子每相绕组承受的（相电压）是电动机额定电压（电源线电压）的 0.58 倍。若误接成△运行，其每相定子绕组承受的相电压就等于电动机的额定电压，则定子每相绕组所承受的相电压就升高到厂家规定电压的 1.73 倍。例如，电源电压为 380V，电动机接成 运行，绕组电压为 220V。若错接成△运行，绕组电压升高到 380V。绕组电压升高，铁心将高度磁饱和，铁心磁通的励磁电流急剧增加，可达电动机额定电流的数倍，再加上负载电流，这样大的定子回路电流，将使电动机定子绕组因严重过热而烧毁。

2 **把电动机的 △ 联结错接成 Y 联结**

误将△联结错接成 Y 后，每相定子绕组上的相电压将下降到原来的 0.58 倍。例如，电源电压为 380V，△联结时定子绕组相电压也为 380V。错接成 Y 后，每相定子绕组的相电压减小为 0.58×380V＝220V，这样电动机的转矩将减小到额定转矩的 0.33 倍。这时如果仍带上额定负载运行，为了克服负载的阻力矩，要求 Y 联结时的转矩和△联结时一样，这就迫使定子绕组中的电流增大，使转矩尽力去平衡负载阻力矩，从而造成过载发热，甚至烧毁电动机。

但是，当电动机所带的负载较轻（一般小于额定功率的40%）时，不需要较大的负载电流使转矩去克服负载阻力矩，但是因绕组电压低，励磁电流减小较多，总的定子电流还是减小，则电动机的功率因数和效率都有所提高，温升也下降。所以，有时对运行中的电动机，当负载小于额定功率的 40%（即通常说的"大马拉小车"）时，有意将△接法改为 Y 接法运行是可以的。

3 **一相绕组首端与尾端接反**

若把同一绕组的首端 U1 和尾端 U2（或 V1 和 V2、W1和 W2）相互颠倒了，叫做接反。合闸后，由于定子绕组建立的已不是对称旋转磁场，电动机会发出强烈振动和沉闷的"嗡嗡"声，出现不能起动或者转速升不上去的现象，三相电流不平衡，绕组急剧发热，如不及时断开电源，时间稍长就会烧坏绕组。

4 中性线错当相线使用

在三相四线制供电中，错把中性线当相线使用，这样在电动机的绕组上，不是对称的三相电压，其中有两相的电流过大。通过测试和计算可知，在同样的负载下，这两相的电流比正常时大 1～2 倍，即使在空载情况下，也往往会达到额定电流值。当电动机满载时，由于两相电流迅速增大，会造成电动机发热或烧毁。

因此，在进行电动机盒内接线作业时，应以"中性线错当相线使用"错误接线为戒，以避免电动机接线盒内发生错误接线。

第二章◎

变 压 器

2.1 造成农村10kV配电变压器烧坏的原因与防范措施

1 **配电变压器烧坏的原因**

烧坏配电变压器的原因大致可分为三类：①因过电流烧坏；②因过电压烧坏；③因检修维护不当烧坏。

（1）过电流烧坏。

1）过负载。负载管理是农村用电的一个薄弱环节，每当春节、农忙和抗旱时节，配电变压器烧坏的事故时有发生。其原因一般是农村电力负载增长快，受资金限制，配电变压器更换跟不上负载的增长，季节性强，长期过负载造成配电变压器烧坏。

另外，农村用电负载难以管理，计划用电意识淡薄，缺乏计划性管理，越是负载紧张的灌溉、农忙及灯峰时间，越是容易出现争用电现象，也是造成配电变压器烧坏的一个原因。

2）三相负载不平衡。如果三相负载不平衡，将会造成三相电流的不对称，中性线中将出现零序电流，而零序电流产生的零序磁通在配电变压器绕组中感应出零序电动势，使中性点电位发生位移。其中电流大的一相过负荷，使绕组绝缘烧坏，而电流小的一相则达不到额定值，影响了变压器的出力。配电变压器过负载的绕组的低压接线柱以及中性线接线柱如果压接不好就会引起发热，造成胶珠和油垫老化变形漏油和烧蚀接线柱。

3）短路故障。无论是单相接地短路还是相间短路，由于配电变压器低压绕组阻抗很小，都会产生很大的短路电流。特别是近距离短路故障，短路电流数值可达配电变压器额定电流的 20 倍以上。强大的短路电流产生很大的电磁冲击力和热量烧坏配电变压器，短路故障对配电变压器的损害最大。

造成短路故障的主要原因：①低压配电线路走廊不清理，树木等砸断线路或机动车辆碰断电杆造成短路故障；②低压断路器安装、使用及维修人员操作不当，在低压断路器进出线处造成短路事故；③安装在配电变压器上的低压计量箱安装、维修或维护不当，造成近距离短路事故。

（2）过电压烧坏。

1）雷击烧坏。配电变压器的高低压线路一般是由架空线路引入的，雷雨季节雷电流的袭击常常使配电变压器烧坏，特别是在雷电较多的地区。据有关统计表明配电变压器遭雷击烧坏比例占到了配电变压器烧坏总数的 30% 以上。当线路遭受雷击时，会在变压器绕组上产生高于额定电压几十倍的高电压。如果配电变压器的防雷装置不能有效地起到保护作用，雷击烧坏将是不可避免的。

2）发生铁磁谐振过电压烧坏。铁磁谐振过电压可以造成配电变压器内部绝缘击穿，也可以造成配电变压器套管闪络。发生这种情况的主要原因：①系统内诱发，如谐波设备增多，电焊机增多，树木碰线引起间歇放电，以及电网电压波动的诱发，引起铁磁谐振；②由于配电变压器和配电设备疏于维护管理，瓷绝缘油泥尘封脏污，线路较乱，具备了造成谐振的条件；③补偿电容器配置不合理，负荷变化较大时不能及时切除，出现临界补偿状态，造成铁磁谐振。

（3）检修维护不当造成烧坏。

1）调节电压分接头不当引发的配电变压器烧坏事故。由于农村负荷变化较大，线路电压变化也较大，农电工常常要调节配电变压器电压分接开关来改变输出电压值。农电工调节电压分接开关时完全靠经验，一般没有什么仪器来测量调整后的接触电阻值，同时还有很大的随意性，很容易造成电压分接开关不到位，因而造成电压分接开关烧坏。

2）拆、装配电变压器高低压引线不当造成配电变压器烧坏。检修和测试人员在拆、装配电变压器高低压引线时用扳手拧铜螺杆上的螺钉，操作不当，螺杆跟着转动，容易造成绕组和铜螺杆连接的软铜片断开或短路，造成配电变压器烧坏。

3）配电变压器并联运行时，由于不清楚其并联运行的条件，往往核相不准，或者配电变压器电压分接开关位置不对，并联后造成环流较大，烧毁配电变压器。

4）不按要求选择合适的保护熔体。甚至有的电工在保护熔体熔断以后，不按要求更换合格熔体，而是用铝、铁线或铜线等直接代替，也是导致变压器烧毁的原因之一。

5）避雷器损坏后不及时更换。夏天雷雨期间是变压器的危险期，有的避雷器早已损坏，而不及时更换，致使起不到避雷作用而烧毁变压器。

6）接地电阻高而得不到解决。由于土质的影响，造成接地体的腐蚀、断裂等，导致接地电阻过高而不能可靠接地，也会烧毁变压器。

2 应采取的防范措施

（1）加强农村配电变压器负荷的计划管理。定期测量配电变压器负荷电流和三相负荷电流的平衡情况，及时调整配电变压器负荷，使三相负荷平衡、经济运行。特别是在抗旱浇地、农忙和春节等用电负荷高峰季节，要经常测量配电变压器负荷电流，做好配电变压器调荷工作。同时，还要加强低压新增负荷的管理，及时增加配电变压器容量，保持合理的用电和配电变压器容量比，确保配电变压器安全、经济、合理运行。

针对农村负荷变化较大的特点，合理地选用"子母变压器"和采用变压器并联运行方式，从而有效地应对负荷的变化，确保配电变压器安全、经济运行。

（2）做好配电线路走廊的清理和线路维护工作。加大电力法规知识的普及和宣传力度，提高人们对电力法规的认识水平，自觉地维护电力设施的安全运行环境。

（3）在配电变压器高压侧装设氧化锌避雷器的同时，在配电变压器的低压侧也装设低压避雷器，这样可有效地防止过电压和雷电流对配电变压器的损坏。

（4）对配电变压器进行定期清扫、测试、维护，防止配电变压器渗、漏油，及时更换呼吸器内的干燥剂，给配电变压器高、低压熔断器配置合适的熔丝，低压断路器的电流速断保护和过电流保护定值要做到整定准确，动作可靠。

（5）正确操作配电变压器的电压分接开关，操作后进行必要的测试；及时更换已损坏的避雷器；及时测试变压器的接地电阻，使其达到规定值。

2.2 应重视配电变压器低压侧的防雷

农村配电变压器的防雷，一般都是在高压侧装设 FS 系列阀型避雷器，但很多地区却忽视了低压侧的防雷。时有配电变压器在一场雷雨之后遭雷击损坏，经检查，高压侧避雷器完好无损，但击穿的均是高压绕组，另外，还会出现击毁计量电能表、电视机、收录机的现象，现简要分析此类故障的原因。

当高压侧落雷时，避雷器迅速动作，大部分雷电流通过避雷器在接地电阻上产生一个冲击电降。如果这时接地电阻值超过了规定值，则冲击压降也增大，此冲击波沿中性点作用在低压绕组上，按变压器变比感应到高压侧也与避雷器残压叠加在高压绕组上，从而可能使变压器高压绕组绝缘击穿；如果雷落在低压侧，雷电冲击电压直接通过计量箱加在低压绕组上，按变比感应到高压侧而产生高电压。由于低压侧的绕组绝缘裕度比高压绕组大，所以，有可能首先击穿高压绕组。同时，雷电冲击电压通过低压线路侵入用户，所以还会造成家用电器的损坏。

从以上分析看出，配电变压器低压侧的防雷也是非常必要的，尤其是一些山区等多雷地带。根据运行经验，应从下面几个方面做好低压防雷保护。

（1）在低压侧装设一组 FYS 型氧化锌避雷器，以防反变换波和低压侧雷电侵入波的损害，它对变压器以及计量装置都能起到良好保护作用。

（2）加强防雷接地的巡视检查。每年雨季来临之前，一定要拆校避雷器及摇测接地电阻，以保证设备处于良好状态。一般 100kVA 及以上变压器接地电阻值不应大于 4Ω，100kVA 以下的变压器不应大于 10Ω。

（3）对于中性点不接地低压系统，可在中性点与变压器外壳之间加装 JBO 型击穿式保险器。

2.3 怎样给农村配电变压器补油

目前，在农村一些用户的配电变压器由于用电时间长，封闭橡皮垫老化，出现一些配电变压器漏油现象，这就需要进行维修和补充加油。配电变压器的补充加油，看起来是一件简单的工作，其实不然。按照规程要求，变压器的加油应从底部使用注油机进行加油，但是农村因受各种因素的制约，还没有完整的设备进行操作，因而就采取从顶部储油柜进行加油。值得注意的是，农村的配电变压器一般都是小型变压器，在生产制造时多数配电变压器没有在储油柜上安装氧化硅（石英砂）防湿呼吸器，其配电变压器在长期运行使用中，油受热膨胀，储油柜内储的油与空气频繁接触而将空气的湿气带入油内，经过日积月累形成水分并锈蚀储油柜造成杂质，沉淀在储油柜的底部。这时进行注油很容易将水分和杂质带入配电变压器内部，引起绝缘油的绝缘电阻降低，而使变压器造成故障而损坏。对这些配电变压器加油时应注意以下几点：

（1）要做好加油前准备工作。给变压器加油应由两人进行。停电后，应分别将变压器两侧三相绕组短路接地，然后松开储油柜顶部密封螺母，擦去灰尘及杂物，准备当做加油口。

变压器运行中因呼吸凝结水聚集、沉淀在储油柜底部，为防止加油时油流将这些沉淀水带进变压器本体，加油前要先松开储油柜底部螺母，将储油柜内储存的油进行放污，直到没有水分和杂质为止。若储油柜中存油较多，可先放入干净、干燥的容器内：如油色透明，油质较好，沉淀后可重新加入，但尽量不用为好。加油前应从变压器底部取样阀取少许油样，现场作初步质量鉴定。若发现油中有水分、杂质、颜色较深（如浅褐色）、混浊、透明度差，应送供电部门检定。

（2）选择与配电变压器原用同型号且经试验合格的油种，变压器储油柜和出厂说明书上一般注有使用的绝缘油牌号，常用国产变压器油有 10、25、45 号三种。使用的容器应干净无水分，应选用专用油壶或新购的油壶，壶内不得有水分和杂质。

（3）应选择在晴天、干燥、无风的中午天气进行加油，主要是防湿、防尘，从储油柜顶部加油口缓缓加入。

（4）加油量应按照油位刻度，加至合适的位置。

（5）加油后应检查油孔螺钉是否旋紧；并检查进出气孔是否通畅，防止雨水进入。一般情况下，加油结束后变压器即可投入运行，如能静止 2h 则更好。若一次加入量超过总油量的 1/4，加油后应静止 6~8h，让加油时混入的空气充分排出本体，然后再投入运行较为合适。

2.4 怎样摇测配电变压器的绝缘电阻

运行中的配电变压器，在定期预防性试验中或发生异常现象之后，都需要停电后摇测它的绝缘电阻，以检查绕组的绝缘是否损坏。摇测绝缘电阻时，首先要把瓷套清扫干净，拆去全部引线和零相套管接地线，用 1000V 绝缘电阻表以 120r/min 的转速摇测高压绕组对地（外壳）、低压绕组对地和高、低压绕组之间的绝缘电阻值。当测得的绝缘电阻非常小时，还应分别摇测 R_{15} 和 R_{60} 两个数值，测出吸收比，以便判断是绝缘损坏还是绝缘受潮。

测量绝缘电阻的过程中，不许接触带电体或拆接绝缘电阻表线，读取绝缘值之后，不应立即停止摇动，应先取下相线再停摇，否则易损坏绝缘电阻表。摇完绝缘电阻，还应将变压器绕组放电，以防发生触电。

2.5　无载分接开关的故障原因及处理方法

（1）由于分接开关触头弹簧压力不足，滚轮压力不均，使有效接触面积减少，以及镀银层机械强度不够而严重磨损等，引起分接开关在运行中被烧坏。

（2）分接开关接触不良，引线连接和焊接不良，经受短路电流冲击力的作用造成分接开关断路故障。

（3）倒换分接头时，由于分接头位置切换错误，引起分接开关烧坏。

（4）由于三相引线相间距离不够，或者绝缘材料的电气绝缘强度低，在过电压的情况下绝缘击穿，造成分接开关相间短路。

值班人员根据变压器运行情况，如电流、电压、温度、油位、油色和声音等的变化，立即取油样进行气相色谱分析，以鉴定故障性质。同时，应将分接开关切换到预定的位置运行。

2.6 变压器负载电流值快速近似计算法

在农电工作实践中，对变压器负载电流的计算有时并不要求很精确，但需快速计算变压器的额定电流值，以供选择导线、熔丝、开关、接触器、继电器规格时参考。现介绍一种快速近似计算变压器额定电流的计算式。

变压器高或低压侧的额定电流

$$I \approx \frac{0.6}{U} \times S \qquad (2-1)$$

式中 S——变压器额定容量，kVA；

U——高或低压侧额定电压，kV。

【例 2-1】 S9-1000 型 1000kVA 变压器，$S = 1000$kVA 高压侧额定电压为 6kV，低压侧 0.4kV。按上述近似计算式计算高压侧额定电流为

$$I_1 \approx \frac{0.6}{U_1} \times S \approx \frac{0.6}{6} \times 1000 \approx 100 \quad (A)$$

低压侧额定电流为

$$I_2 \approx \frac{0.6}{U_2} \times S \approx \frac{0.6}{0.4} \times 1000 \approx 1500 \quad (A)$$

若按准确公式计算，高压侧额定电流为

$$I_1' = \frac{S}{\sqrt{3}U_1} = \frac{1000}{\sqrt{3} \times 6} = 96.23 \quad (A)$$

低压侧额定电流为

$$I_2' = \frac{S}{\sqrt{3}U_2} = \frac{1000}{\sqrt{3} \times 0.4} = 1445.09 \quad (A)$$

近似计算与准确计算的误差，高压侧为

$$\frac{100-96.23}{96.23}\times100\% = 3.29\%$$

低压侧为

$$\frac{1500-1445.09}{1445.09}\times100\% = 3.29\%$$

可见近似计算误差不大，但近似计算要简便得多，故很实用。

2.7 怎样安装农村配电变压器的接地装置

我国农村低压配电系统绝大多数是中性点接地系统。在这种系统中，配电变压器高压侧避雷器接地端、低压绕组中性点和配电变压器外壳共用一套接地装置。规程规定：当配电变压器容量为 100kVA 及以下时，接地电阻不得大于10Ω；当配电变压器容量大于 100kVA 时，接地电阻不得大于 4Ω。

配电变压器接地不良或接地电阻超过上述规定值，虽然危险，但由于它不像相线那样，一有故障就会造成停电，因而常常被人们忽视。

为了保证设备和人身安全，对配电变压器接地装置不应忽视，而应该认真对待。现根据规程规定和各地实践对农村配电变压器接地装置的安装、维护方法及其技术要求，作简要介绍。

1 接地装置对土壤的要求

接地装置要敷设在低电阻率的区域里。因为接地装置的接地电阻和土壤电阻率近似成正比关系。相同的接地装置，土壤电阻率越小，则接地电阻越小；反之，则接地电阻越大。在选择配电变压器安装位置时，除考虑靠近负载中心外，还应尽可能避开高电阻率区域。

现将农村常见土壤和水的电阻率 ρ 的近似值列于表2-1中，以供参考。

表 2-1　　　　　土壤和水的电阻率 ρ 近似值　　　　($\Omega \cdot m$)

土质或水的类别	电阻率近似值
金属矿藏	0.01
陶黏土	10
墨土、园田土、陶土、白垩土	50
黏土	60
砂质黏土	100
黄土	200
含砂黏土、砂土	300
多石土壤	400
砂、砂砾	1000
海水	1～5
湖水、池水	30
泉水	40～50
溪水	50～100
河水	30～280

应当注意，对于相同的土壤，含水量越高，则土壤电阻率越低；反之，电阻率就越大。所以接地装置应敷设在地下水位高或潮湿的区域。

2　接地装置所用材料及规格要求

接地装置应尽可能利用自然接地极，如电力排灌站厂房的结构钢筋、水泵的管道系统等，但应保证接头处有可靠的电气连接。

采用人工接地体时，接地极可采用水平敷设和垂直敷设的角钢、圆钢等。钢接地极和接地线的最小规格应符合表2-2的规定。

表 2-2 钢接地极和接地线的最小规格

类别		地　　上		地　下
		屋　内	屋　外	
圆钢直径（mm）		5	6	8
扁钢截面积（mm²）		24	48	48
扁钢厚度（mm）		3	4	4
角钢厚度（mm）		2	2.5	4
钢管管壁厚度（mm）	作为接地极	2.5	2.5	2.5
	作为接地线	1.6	2.5	1.6

常用垂直接地极材料为 L5mm × 50mm 等边角钢或 ϕ50mm 钢管；常用水平接地极材料为 ϕ10mm、ϕ12mm 圆钢或 4mm×20mm、4mm×25mm 扁钢。

接地线从机械强度出发最好采用钢线，其导体截面积应符合表2-2的规定。常用材料是 ϕ8mm 圆钢，4mm×20mm 扁钢以及 GJ-25 镀锌钢绞线。

为延长接地极的使用寿命，并使接地电流能顺利地流散，接地极可以用热镀铜、热镀锌或热镀锡的方法防锈，绝不可采用刷漆、涂沥青的防锈方法。在腐蚀性特别严重的土壤如盐碱地中，可考虑采用铜料。

3 **对人工接地极连接的要求**

（1）水平接地极的连接宜采用焊接。当用搭接方法时，其搭接长度必须是搭接宽度（扁钢）的2倍和圆钢直径的6倍，并且至少在3个棱边施焊，如图2-1所示。

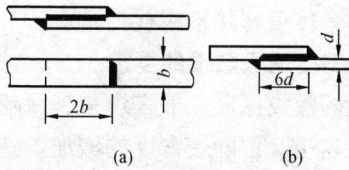

图 2-1 水平接地极的连接示意图

(a) 扁钢的连接；(b) 圆钢的连接

(2) 水平接地极与垂直接地极的连接，也应采用焊接。为保证焊接牢固并增大焊接接触面，除两侧焊接外，一般还要焊一弯成弧形或直角形的卡子，如图 2-2 所示；或者直接由钢带本身弯成弧形或直角形与钢管或角钢焊接。

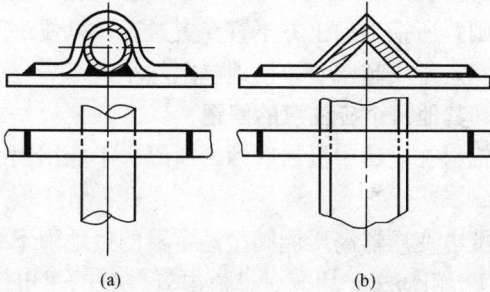

图 2-2 水平接地极与垂直接地极的连接示意图

(a) 扁钢与钢管的连接；(b) 扁钢与角钢的连接

(3) 接地引下线与接地极的连接最好也采用焊接。如用螺栓连接时，应有防松螺母或防松垫片。连接时应将接触面除锈擦净至发出金属光泽，并涂以一薄层中性凡士林，然后拧紧。有条件的地方，接触面最好搪锡。接地引下线与设备的连接，是将引下线接至设备的接地螺栓上，接触面应除锈

55

后涂中性凡士林，然后将接地螺栓拧紧。

4 对人工接地极敷设的要求

人工接地极的敷设深度一般来说是越深越好。因为埋的越深，接地电阻越小。但随着深度的增加，施工难度增加很大，而接地电阻却降低甚微，得不偿失。故规程建议埋深为0.6～0.8m。所谓埋深，是指接地极最高点的深度。

人工垂直接地极长度一般取2～2.5m。为降低屏蔽系数，其间距最好是20m。不得已时，最小不能小于其长度的2倍。垂直接地极一般不应少于2根，为便于打入土壤中，其一端应做成尖形。

人工水平接地极的间距一般不宜小于5m。

接地沟的尺寸没有严格要求，以节省土方工作量和便于施工为原则。所挖出的土方不宜弃置过远，以便于回填。回填土应夯实，土壤越密实，接地电阻越小。

5 其他几个应注意的问题

（1）铝材在土壤中极易腐蚀，所以决不能用铝线或铝排作接地极。

（2）配电变压器高压侧阀型避雷器的接地引下线的接地电阻应按 DL/T 620—1997《交流电气装置的过电压保护和绝缘配合》所规定的要求进行，不能接在独立的接地极上，否则雷电流在接地电阻上产生的电压将和避雷器的残压叠加，加在变压器高压绕组上，可能击穿高压绕组。

（3）如配电变压器坐落在高电阻率区域内，可用外引接地极引至近处土壤电阻率较低的地方，如低洼地或池塘、湖泊、江河、溪流边。如外引接地有困难，可在接地极周围放置木炭、化工厂弱腐蚀性废渣或接地专用降阻剂。

2.8 农村配电变压器选址时应掌握的
原则和注意事项

农村变压器台的选址定位应慎重。现将有关原则和注意事项说明如下。

1 农村变压器台选址的五个原则

(1) 在用电负载中心。台区变压器的容量确定以后,其选址定点的首要条件是应安装在用电负载中心。农村的用电负载主要有三大类,即村民生活用电、农业生产用电、加工动力用电。一般这三类负载也不在一个地方,负载分布分散。这就要考虑主要的用电负载在哪里,选择装在负载中心的目的是尽量发挥变压器的效能,减少远距离送电引起的线损与电器线路材料消耗。

(2) 电压稳。因变压器台选址不当致使远距离送电或过载运行将带来电压不稳或低电压供电,因而不利于保证电能质量。根据 DL/T 499—2001《农村低压电力技术规程》规定,配电变压器的供电网络内电压偏差应满足以下要求:

1) 380V 三相供电电压允许偏差为额定电压的 $\pm 7\%$;

2) 220V 单相供电电压允许偏差为额定电压的 $+7\%$、-10%。

电压降过大,必定要影响负载的正常运行,致使电机转不动,照明灯光不亮。电压不稳定将严重影响供电和用电。

(3) 有线路通道。所谓通道是指敷设进出线路安全运行的空间。要考虑高压进线能否引入,它对周围环境是否安全或能否达到安全距离要求;低压出线是否能架空引出(农村一般是架空线为主),不同负载的各路低压线从不同方向能否架线引出。那种只考虑配电变压器有地方安装，不考虑高、低压线路安全和架空通道的做法是不妥的。

（4）变压器台有足够的工作空间。变压器一旦定址就位以后，一般不再有大的移动。而运行后的巡视、检修、操作等工作，每年都要进行，因此必须有一定的工作空间，特别是高压跌落式熔断器的操作，如果没有一定的操作空间和安全距离，将是十分危险的。

（5）考虑发展余地。当前农村经济的发展较快，用电负载和用电量每年递增。因此对变压器台选址还要有发展的眼光。要考虑增容、增线路等情况，一般最少要考虑今后五年发展的要求。这样既不盲目定址，也不至于因重新搬址而造成人力、物力的浪费。

2 八点注意事项

（1）负载中心并不是乡村地理位置中心。鉴于一般变压器台都是集体资产，是村民集资办起来的，心理要求放到乡村中心位置，这种理解是错误的。

（2）避开雷区地带。经验告诉我们，农村变压器台的损坏主要是过载和雷害。因此，在经常有雷击的地方不宜设置变压器台。

（3）不宜选在村民集中居住点。变压器台设在村民集中居住点，因房屋建筑多，使线路难以架设，线路安全距离达不到要求，极易造成各种事故。

（4）不要在污染源选址。污染源处的气体容易腐蚀变压器的接线桩头和高、低压导线，造成线路电阻大、断线甚至倒杆现象。污染源处排放的污水严重腐蚀变压器台接地装置，因而可能引起中性点电压飘移和避雷器不起作用，雷击时烧毁配电变压器。

（5）不宜在爆破地带、砖窑场、化工厂房附近选址。因这些地方一般为危险点、污染源及雷击区，对变压器的运行、保护都很不利。

（6）不要靠近电视差转台选址。由于农村电视事业的发展，许多山区乡村都安装有电视差转台，而且一般都设在较高一点的地理位置。如果将变压器台安装在其附近，每遇雷雨季节，差转台的避雷针将雷电引入大地，其部分雷电流能通过接地装置窜入并反击到电力变压器绕组，由于"反变换"作用，极易使配电变压器损坏。

（7）禁止在校园内选址。农村因儿童攀登变压器台或用物体戳捣变压器造成人身伤亡及烧毁配电变压器事故时有发生。变压器台应远离校园，禁止在学校内（或附近）选址，也是保护儿童、安全供电的有效措施。

（8）不宜在河道口、水库堤下选址。在这些地方设置变压器台，一旦遇水灾会带来毁灭性的破坏。

2.9 怎样正确调整配电变压器的无载调压分接开关

由于农村配电变压器的安装位置较分散，加之农村电网用电峰、谷差较大，使得在用电旺季、远离变电站处于电网末端的配电变压器输出电压较低，在用电淡季、距变电站较近的配电变压器输出电压较高，单靠变电站调压难以保证用电设备的正常运行。通常是依靠分别调整各配电变压器分接开关的位置来保证配电变压器的输出电压在合理范围之内。其调整方法和步骤如下：

（1）因普通电力变压器是无载调压，其分接开关设置在高压侧回路之中,所以,在调整分接开关时,应先将变压器从电网中退出运行,确保变压器无电,并做好相应的安全措施。

(2) 旋出风雨罩上的圆头螺钉,取下风雨罩。

(3) 切换分接头前,应看清各分接头的位置标志,分清挡位。一般对于农用变压器来说共有 3 个挡位。Ⅱ挡代表变压器的额定电压,Ⅰ挡代表较额定电压增加 5% 匝数,Ⅲ挡代表较额定电压减少 5% 匝数。如要想使配电变压器的输出电压升高,则将变压器的分接开关由Ⅱ挡调至Ⅲ挡;否则调至Ⅰ挡。

(4) 因分接开关的分接头长期运行在变压器油中,很可能产生氧化膜,容易造成调整后接触不良。所以在变换分接头时,应正反方向转动几次,以便消除触头上的氧化膜及油污,然后再将分接头固定在所需要的位置。

(5) 为防止调整后接触不良,切换完分接头后,还应测量直流电阻,其值应合格。测量直流电阻前应把开关动触头往复旋动几次,使之和静触头接触良好。测量数值的各相差值不能超过 2%。

(6) 调整完毕后,检查锁紧位置,盖上风雨罩,并对分接头的变换情况做好记录。

2.10 配电变压器接、拆线中引起的人为故障及预防对策

在农用配电变压器的检修中,常常发现由于维修及操作人员不慎或方法欠妥,造成套管下桩头接线或软铜接线片松动、扭转的人为事故。

1 引起故障的原因

（1）在接、拆变压器引线的紧固或松动螺母过程中，螺杆跟着转动，导致变压器壳内绕组出线端软铜接线片相间短路。此类原因约占接、拆变压器引线引起故障的50％。

（2）紧固或松动螺母时，由于螺杆跟着转动，使导电杆的下螺母松动，造成软铜接线片与导电杆接触不良而发热，或者由于装螺母时将软铜接线片扭伤、折断，形成内部断路。

（3）变压器引出线为铜导电杆，而农村负载引接线一般采用地埋线或铝芯橡皮线，铜铝之间容易产生电化腐蚀，接触电阻逐渐增大，引起发热，导致螺杆、螺母、引线烧坏熔化在一起。因此，在接、拆变压器引线时，很容易将螺杆拧断。

2 防止对策

（1）配电变压器投运前，必须严格按照有关规定进行检查、试验，合格后再接线运行。这样一旦发生异常，能迅速判断和处理。

（2）接、拆变压器引线时，扳手大小要合适，用力要均匀。拧不动的螺母应在螺杆上加点润滑油，螺杆已烧坏或螺纹乱扣可用扳手顺一下扣，以便紧固或松动。注意不要让螺杆转动，直到两个螺母把引线压紧或把上螺母松动为止。

（3）接、拆引线时，可用两把扳手，一把卡住引线下面的螺母不动，一把卡住引线上面的螺母紧固或松动。注意不要让螺杆转动，直到两个螺母把引线压紧或把上螺母松动为止。

（4）合理选择低压侧导线截面积及接线方式。如较大容量的变压器使用母线板，小容量的使用铜铝过渡接线鼻或接线板，以增大接触面积，防止发热氧化。此外，要经常巡视检查，发现发热、松动等问题应及时处理。

2.11 分接开关故障造成配电变压器
烧坏的原因及对策

农用配电变压器因电压分接开关使用不当或维护不良导致整台变压器被烧坏的现象时有发生，现就其原因和防范对策分述如下。

1 分接开关故障造成配电变压器烧坏的原因

（1）变压器出现假油面。变压器渗油（如箱盖、油标密封垫、放油阀、焊缝处以及导电杆螺帽紧固不牢等）出现假油面后会使无载分接开关裸露在空气中，使之逐渐受潮。这是因为电力变压器的油指示处在储油柜中部，变压器在运行中产生的炭化物受热后又产生油焦等物质，将油标呼吸孔堵死会造成假油面，少量的变压器油留在油标内，使人们误认为油面不是很低而不及时加油，时间一长，裸露的分接开关绝缘受潮后性能下降，导致放电短路，损坏变压器。

（2）无载分接开关的制造质量差。如结构不合理、压力不够、接触不可靠；外部字轮位置与内部实际位置不完全一致，引起星形动触头位置不完全接触，错位的动、静触头使两抽头间的绝缘距离变小，会在两触头之间的电动势作用下发生短路或对地短路放电，短路电流很快就把抽头线匝烧坏，甚至导致整个绕组损坏。

（3）运行中的变压器无载分接开关长期浸在高于常温的油中。特别是偏远地区的线路长，电压降大，会使分接开关长期处于过负荷状态中运行，高于常温的油老化后可能会引起分接开关触头出现炭化膜和油垢，导致触头发热，进而使弹簧压力降低或零件变形；因油温过高使导电部位接触电阻增大，产生发热和电弧烧伤，电弧还将产生大量气体，分解出具有导电性能的炭化物和被熔化的铜微粒，引起短路烧坏变压器。

（4）安装工艺差。对各部位紧固螺栓的安装、检查不仔细，造成变压器箱体进水，使分接开关绝缘受潮，烧坏变压器。

（5）调整分接开关位置时操作不当。有的电工不清楚无载分接开关的原理和操作要领，又无测量工器具，则因操作不当，引起分接开关不完全到位或扭断动触头的绝缘轴，星形动触片和断落的轴有时能导致静触头间短路或使相线对地短路而烧坏变压器。

（6）变压器油位过低。变压器油位过低时，造成分接开关裸露在空气中，降低了绝缘水平，有可能导致放电短路乃至爆炸而烧坏变压器。

2　防止对策

（1）严格执行 DL/T 572—2010《电力变压器运行规程》及 DL/T 596—1996《电力设备预防性试验规程》的有关规定。配电变压器在交接、大修、变更分接头位置后，或运行 1～2 年后等情况下，必须用绝缘电阻表测量绝缘电阻值，用万用表或测量用电桥测量直流电阻值，检查回路的完整性及三相电阻的平衡性。对 630kVA 以下的变压器，要求直流电阻相间误差值＜4％，线间误差值＜2％。对容量在 100kVA 及以下的配电变压器，可直接用准确度较高的万用表测量其直流电阻值。测量时，应注意接触电阻的影响和绕组电感的作用，需待指针稳定后（约数分钟）再读取数值。

（2）要切实加强变压器的运行管理，定期对绝缘油进行取样化验，经常巡视检查油面实际位置，不被虚假油位所误。

（3）定期对变压器绝缘油取样化验，经常检查储油柜中的实际油面位置，不要被假油标指示所误。

（4）倒、换无载分接开关前后，必须用电桥测量出前后两次直流电阻值，并做好记录。观察三相直流电阻是否平衡，是否在允许范围内，将倒换后的直流电阻与倒换前两次记录进行比较，判断是否正常。通过比较可以诊断出是否存在故障。

（5）对运行中的变压器无载分接开关进行就地调挡后，在测试直流电阻的同时，还应测试变压器上层油温，并把所测试的直流电阻值换算到20℃时的油温值，看其是否正常。

2.12 配电变压器高压侧断一相熔体，造成损坏电器设备的原因与防范

农村电网配电变压器运行中，断一相高压跌落式熔断器是一种频发性的故障。此类故障造成三相用电设备缺相运行，因此引起低压侧电压的变化，造成居民家用电器和单相设备损坏的情况时有发生。

1 断一相跌落式熔断器后，变压器高压侧情况

对 Yyn 联结的 10/0.4kV 的配电变压器，若变压器高压侧 U 相熔体熔断，这时高压侧 V、W 两相绕组串联后承受线电压，其绕组接线方式变成了单相绕组的运行状态，如图 2-3 所示。因中性点产生漂移，由原来的 N 点移至 N′ 点。

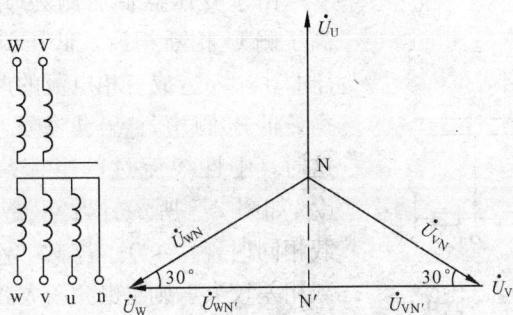

图 2-3 高压侧 U 相熔体熔断后,高压绕组工作
状态及三相电压的变化

这时 $\dot{U}_{WN}$、$\dot{U}_{VN}$ 变成了 $\dot{U}_{WN'}$ 和 $\dot{U}_{VN'}$。其电压值降到了原来的
$\sqrt{3}/2$ 倍,约为 5000V,相位也分别向前、向后各移动 30°,
$\dot{U}_{VN'}$ 与 $\dot{U}_{WN'}$ 相位互差 180°,但线电压 $\dot{U}_{VW}$ 仍为 10kV。

2 断一相跌落式熔断器后,变压器低压侧情况

高压侧断一相熔断器后,变压器高压侧三相电压的变化
必然反映到低压侧。这时低压侧 u 相电压应当为零。但由于
变压器三相铁心是闭合的,故有部分漏磁使 u 相绕组中产生
很小的电压,漏磁越大产生的电压越高,一般节能系列变压
器 u 相电压约为几十伏。u、w 两相由于对应的高压侧相电
压降低至 $\sqrt{3}/2$ 倍,相应的低压侧空载电压也降低至 $\sqrt{3}/2$
倍,约为 200V。由此引起三相动力设备的电流增大,甚至
烧坏。

当变压器 U 相高压熔体熔断后,v、w 两相继续对外供
电。低压侧 u 相因电压近似为零不能对外供电,变压器呈缺
相运行状态,如图 2-4 所示。

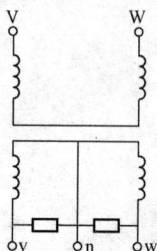

图 2-4 高压侧
U 相熔体熔断后
低压绕组的运行
状态示意图

由于变压器低压侧为 Y0 接线，高压侧 U 相断相后，低压侧 u 相电压 $U_u \approx 0$，造成三相电流的严重不平衡，低压侧中性点也将发生漂移。这时，中性线流过的电流 $i_N' = i_w' + i_v'$，如图 2-5 所示。当 v、w 两相负载相同时，$i_N' \approx 0$；若 v、w 两相负载相差较大，则 i_N' 也会较大。

3　防范措施

（1）提高变压器高压跌落式熔断器本身的品质，防止非故障时跌落断相，可考虑单相重合式跌落式熔断器的引进和使用。

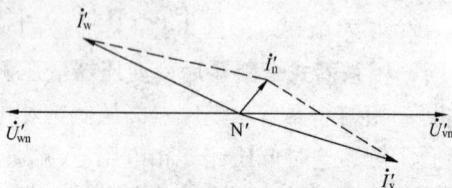

图 2-5　高压侧 U 相融体熔断后低压侧
简化相量示意图

（2）对人口密集、集中供电的城镇，尽量使用三相开关控制变压器高压侧，以减少单相跌落式熔断器断开造成的事故。

（3）及时掌握、调整配电变压器的三相负载，减小中性线电流，尽量保持三相负载的平衡。通过定期对功率因数的测试，调节低压电容的投入量。

2.13 怎样选择配电变压器

配电变压器的选择与应用，关系到整个供电系统的可靠性和供电质量。农村用电具有负载小、分散、供电半径长、季节性强、最大负载利用小时数低（一般为 2000～3000h）的特点，而且农业用电设备主要是中小容量的三相异步电动机，负载率低，电网无功需求量大，电压质量差。因此必须根据负载的类型、大小和分布情况，以及环境特点等因素全面考虑选择配电变压器。

1 变压器容量选择

根据目前对变压器内部损失与效率的分析，一般油浸电力配电变压器的负载率在 0.5～0.6 之间，其铁损近似等于铜损，效率最高，这时变压器的容量可谓是经济容量。因此，在负载比较稳定、连续生产的情况下，可按经济容量选用变压器，即

$$S_{jj} = A(\sqrt{K_s / T_f T_{jd}})\cos\varphi_2 \qquad (2\text{-}2)$$

式中　S_{jj}——变压器的最佳经济容量，kVA；

　　　A——年用电量，kWh；

　　$\cos\varphi_2$——负载的年平均功率因数；

　　　K_s——变压器的损耗比（额定短路损耗与空载损耗的比）；

　　　T_f——变压器全年带负载时间（通常按负载率大于 10% 的负载时间计算），h；

　　　T_{jd}——变压器全年供电时间，h。

对于主要向动力负载供电的排灌等专用变压器，因异步电动机铭牌上所标的功率是电动机输出的有功功率，这时供

67

给电动机的功率需要考虑电动机的效率和功率因数，一般可按异步电动机铭牌功率总和的 1.2 倍计算变压器的容量。

对于供给照明、农副产品加工等综合用变压器的容量，一般可按实际高峰负载的 1.25 倍选取。

当选择对感性负载供电的变压器容量时，如有全压起动的异步电动机，还应考虑变压器能否承受电动机起动时的冲击。一般单台全压起动电动机的功率不宜超过配电变压器容量的 30%，同时应保证在同一台配电变压器供电范围内，容量最大的一台全压起动电动机起动时，其他用电设备的电压不能低于额定电压的 75%。否则，全压起动的电动机应改用降压起动。

值得注意的是：为了减少电能损失，除选用低损耗变压器外，排灌专用变压器不应接入其他负载，以便在非排灌期及时停运。另外，确定变压器容量时，还应考虑 3～5 年内的生产和生活用电发展的需要，负载无特殊要求仅设一台变压器的用电单位，应按计算容量加大 15%～25% 来确定变压器容量。因此，在计算出变压器理论容量的基础上，查变压器产品目录，选用标称容量与计算容量较接近的变压器，并应求大舍小。

用电单位的变压器（低压侧为 0.4kV）的容量不宜大于 1000kVA，但当用电设备容量较大、负载集中且运行合理时，也可选用较大容量的变压器。

确定变压器容量时，应考虑到变压器的经济运行，对昼夜或季节性负载较大的用电单位，经过技术经济比较后，可采用子母变压器配置方式。

2 变压器选型

（1）普通电力变压器的一般选用条件。

1) 环境温度(周围气温变化值)。最高气温 40℃,最高日平均气温 30℃,最高年平均气温 20℃,最低气温－30℃。

2) 海拔高度。变压器安装地点的海拔高度一般不超过 1000m。

3) 空气最大相对湿度。当空气温度为 25℃时,相对湿度不超过 90%。

4) 安装场所无严重影响变压器绝缘的气体、蒸汽、化学性沉积物、灰尘、污垢及其他爆炸性和侵蚀性介质。

5) 安装场所无严重的振动。

(2) 特殊变压器的选型。

1) 在防火要求较高的场所,应尽可能选用不燃或难燃的变压器。当环境潮湿或多尘时,宜选用环氧树脂浇注式等干式变压器。选用干式变压器时,变压器进出线应采用电缆。

2) 在具有化学腐蚀性气体、蒸汽或具有导电、可燃粉尘或纤维,会严重影响变压器安全运行的场所,以及露天安装的变压器处于多尘或多雪环境时,宜采用密闭式变压器。

3) 在多雷区及土壤电阻率较高的山区,宜选用防雷变压器。

4) 当单相负载使变压器的三相负载平衡度超过 25% 时,应设单相变压器。

3 变压器安装形式的选择

对小城镇居住区、工厂生活区供电时,宜采用杆上或露天安装。乡村地区配电变压器可采用杆上式、台墩式、配电室落地式等几种形式。

杆上式变压器简称变台,又分为单杆式变台和双杆式变台两种。杆上式变台适用于 50～315kVA 范围内变压器的

69

安装。

台墩式变压器是用砖、块石砌筑而成的高 2.5m 的建筑物，将变压器直接安装在台墩上。

配电室落地式变压器的变压器台筑成 0.5～1m 高，周围用一定高度和宽度的固定围栏保护。

4 **选择配电变压器安装地点的原则**

（1）高压进线方便，尽量靠近高压电源。

（2）尽量设在负载中心，以减少电能损耗、电压损失及有色金属消耗量。

（3）选择无腐蚀性气体、运输方便、易于安装的地方。

（4）避开交通和人畜活动中心，以确保用电安全。

（5）配电电压为 380V 时，其供电半径应不超过 500m。

5 **变压器的并列运行**

用电单位如装有多台变压器时，一般宜分别运行。当负载变化较大或运行需要将两台或两台以上变压器并列运行时，应满足下列条件：

（1）并列运行的变压器的联结组别必须相同。这样，当它们一次绕组上电压相同时，二次绕组电压值和相位才相同。

（2）并列运行的变压器的短路电压必须相等。这样才能使两台变压器负载分配和它的额定容量成正比。否则，会造成一台负载重，一台负载轻，破坏了两台变压器并列运行的经济性。

（3）并列运行的变压器的电压比应相等，这样当一次绕组输入电压相等时，二次绕组的输出电压也相等，不会在变压器之间产生环流。

2.14 农村配电变压器应采取哪些防雷措施

在农村电网中如何避免配电变压器遭受雷害呢？规程明确规定：

(1) 3～10kV 配电变压器，应采用阀型避雷器，并尽量靠近变压器安装。其接地线应与变压器中性点及金属外壳连在一起共同接地。也就是人们常说的"三位一体"接地方法。

(2) 在多雷地区，配电变压器低压侧出线处，应安装一组低压避雷器。

(3) 避雷器应安装在高压跌落式熔断器与变压器之间。农村配电变压器一般采用接线方式为 Yyn0 的 10/0.4kV 变压器。之所以要"三位一体"接地，是因为若为避雷器单独接地，当雷击 10kV 高压线路时，雷电电流流过接地电阻所形成的压降将与避雷器的残压共同作用到变压器绕组绝缘上。FS-10 型避雷器技术指标表明，在冲击电流为 5kA 时，避雷器残压为 50kV。也就是说，避雷器的等值电阻为 10Ω，而变压器接地电阻一般也在 $4～10\Omega$ 之间，若按 10Ω 计算，则接地电阻压降为 50kV，二者叠加到变压器上将是 100kV。但是，如果把避雷器的接地线与配电变压器的接地线连在一起后再共同接地，作用在变压器绕组与外壳间的电压就由 100kV 降为避雷器的残压 50kV 了。同理，如果把低压绕组中性点也连在变压器外壳上与高压侧避雷器共同接地，也就是实现"三位一体"，则作用在变压器高压侧绕组与低压侧绕组绝缘上的电压，也将由 100kV 降为 50kV。从而可达到保护配电变压器不遭受雷击损坏的目的。

　　为什么还要在低压侧装设避雷器呢？在配电变压器高压侧落雷时，FS-10 型避雷器动作，在接地电阻上产生电压降，以冲击电流为 5kA、接地电阻为 8Ω 计，则 $U_{jd}=5kA×8Ω=40kV$。这一电压通过低压绕组中性点作用到低压绕组上，经过电磁感应，在高压绕组上将按配电变压器变压比感应出很高的电压，例如：10/0.4kV 变压器，电压比为 25，高压侧冲击电压将达到（40×25）kV＝1000kV，由于高压侧出线端的电位受避雷器钳制，这个高电压将全部加在高压绕组中性点的绝缘上，很可能将该点绝缘击穿。这就是所说的反变换过电压。安装了低压侧避雷器，就使低压绕组上可能出现的过电压受到限制，抑制了反变换过电压，从而起到保护高压绕组的作用。另外，在配电变压器低压侧遭到雷击时，低压侧避雷器同样能起到保护高、低压绕组免遭雷害的作用。

　　有些避雷器的安装位置离配电变压器电气距离较远，当雷电波沿线路袭来时，有人误认为避雷器在前方越远，后边的变压器就越能得到可靠保护。其实不然，当雷电波沿高压线路入侵时，由于避雷器与变压器之间存在一段距离，避雷器上的电压与配电变压器高压侧电压并不相等，而且配电变压器受到的冲击电压的最大值要高于避雷器残压，其高出值与避雷器和配电变压器之间的距离成正比。两者之间电气距离越大，配电变压器比避雷器所承受的冲击电压就越高。这是由于避雷器动作后产生的电压波，在避雷器与配电变压器高压侧间发生多次反射形成振荡引起的。因此规程规定：避雷器应尽量靠近配电变压器安装。

　　在农村电网配电变压器的防雷措施上，根据运行经验，提出如下建议：

(1) 严格按照规程规定办事，采用"三位一体"接地方法，即避雷器引下线、配电变压器低压侧中性点与配电变压器金属外壳连在一起共同接地，避免正反变换电压的危害。

(2) 避雷器引下线（即避雷器、配电变压器外壳、配电变压器低压侧中性点对地的连线）一般应采用不小于 25mm² 的钢绞线或 8 号以上的圆钢，或 4mm×25mm 以上的扁铁，越短越好，以减少接地电阻，增大机械强度，严禁用铝线代用。

(3) 避雷器应垂直安装在跌落式熔断器下侧，距配电变压器 0.8~1.5m，尽量靠近但不可太近，以免避雷器爆炸损坏配电变压器瓷套管；应装于距跌落式熔断器下口 1.5~0.8m 处。装在跌落式熔断器下侧可以减短接地引下线的长度，并给安装、预防性试验带来方便，同时当避雷器损坏，放电不能熄弧时，跌落式熔断器熔管自动脱落，可避免影响高压线路供电，也便于查寻事故点。

(4) 安装配电变压器时，在避雷器与距配电变压器高压套管间，利用二者间的连线，在每相上绕一个直径为 8~100mm，7~15 匝的空心线圈，可起到限制雷电波陡度的作用。

(5) 防雷接地电阻应满足规程要求。100kVA 以上的配电变压器接地电阻应不大于 4Ω，100kVA 及以下的配电变压器接地电阻应不大于 10Ω，并且按规定在每年雷雨季节到来之前进行一次测试。

(6) 把好避雷器质量关，严禁假冒伪劣避雷器进入电网，在安装前应做全面检查及试验。

(7) 在多雷地区，为防止反变换过电压，在配电变压器

73

的低压侧出线上，也应装设 FS-0.22 型低压避雷器，其安装位置应在低压配电盘内。如果装有电流型漏电保护器，应将低压避雷器装在执行开关（空气开关或接触器）上侧，以免开关断开的同时也切除了低压避雷器，达不到保护配电变压器的目的。

2.15 停用的变压器再投运时应注意什么

农用季节性配电变压器停运一段时间后，再送电时，必须要做到一看二查三听。

（1）看——看变台有无倾斜，变压器有无渗油现象，油质是否合乎要求，各部分连接是否完整正常，特别是三相四线制系统，接地线是否连接牢固等。

（2）查——用绝缘电阻表（2500V）摇测高低压绕组对地、高低压绕组之间绝缘电阻是否合格，如果未发现问题，便可在空载下进行试送电。

（3）听——送电后听一听变压器发出的声音是否正常。由于野外噪声较大，且大多采用 S7 型变压器，很难直接听清，一般可借助送电用的绝缘杆测听，即将其一端触及在变压器箱体外壳上，耳朵贴在绝缘杆的另一端，即可清晰地听到变压器发出的声音。如果是嗡嗡的均匀响声，说明正常，可带负载，否则就要停下变压器，做进一步的检查。

2.16 农村配电变压器损坏率高
的原因和预防对策

农村配电变压器损坏率很高，据部分地区统计，年损坏率按台数计算，要超过 10％，有的年份达 15％。究其原因，可以概括为：诱发因素多，管理水平低。

1　农村配电变压器损坏的诱发因素

（1）雷击。农村配电变压器高、低压线路较长，且大都是野外架空线，遭受直击雷和感应雷的机会多。还有，由于某些原因，有的配电变压器坐落在雷电活动频繁的河口、山谷或不同导电率岩层的结合部等处，易遭雷击。

（2）过载。农忙季节，变压器负载重，可能出现长时间过载运行，而此时大气温度又较高，配电变压器散热困难，极易烧坏配电变压器。这种情况，尤以南方抗旱季节为甚。

（3）漏油。农村配电变压器在安装起吊中，因缺乏起重工具，有的采用肩扛手抬的方法，加上农民缺乏安装知识，有时用散热管承重，导致焊缝破坏，造成渗油或漏油。另外，小孩打弹弓、抛石块，有时打坏瓷套管，也引起渗油漏油。长期渗油或漏油，使配电变压器油压面过低，从而导致烧坏变压器。

（4）三相负载严重不平衡。三相负载严重不平衡，引起中性点位移，轻载相电压偏高，导致用电器具烧坏，可能形成短路而烧坏变压器。

（5）私拉乱接电线。在农村，私设电网防鼠、防盗的现象也经常发生。由于缺乏用电常识，接错线引起短路，也可能烧坏变压器。

2　管理水平低

（1）对配电变压器保护装置的缺陷听之任之，不予处理。避雷器损坏，不修理，不更换，甚至干脆拆去不用；接地装置的接地电阻不测量；高、低压侧熔断器损坏不及时修复或更换；熔丝不按规定选用等现象经常发生。

(2) 对变压器的运行情况不闻不问，漠不关心。有的地方配电变压器烧坏后才发现长期渗油，使绕组露出了油面。有的变压器油悬浮物质多，绝缘油形同浆糊，直至烧坏变压器才罢休。

3　应采取的措施

(1) 经常保持配电变压器保护装置的完好。农村小型配电变压器，采用高、低压侧各安装一组避雷器，以防止在大气过电压时损坏；高、低压侧各安装一组熔断器以作过流和短路保护，基本上能保证配电变压器的安全。但应保持它们的完好，特别要注意的是：

1) 避雷器损坏了，要及时修理或更换，不能拆去不用。这一点对多雷区尤其重要。

2) 要每年测量一次配电变压器接地电阻，接地电阻值要保持在规程规定的范围内，即 100kVA 及以下配电变压器不大于 10Ω，100kVA 以上的配电变压器不大于 4Ω。

3) 高、低压熔断器要完好，熔丝要按规定选用。一般高压熔丝可按 3 倍高压侧额定电流选用，低压熔丝则按 1.2 倍低压侧额定电流选用。决不能用铝丝、铁丝和铜线代替熔丝。

(2) 经常检查配电变压器运行情况。

1) 油量。从油标看油面，应在 1/4～3/4 的范围内。油面低了应及时加油。

2) 油质。从油标看，变压器油应是淡红或浅黄色，如发现浑浊或悬浮物，应取样送检，发现问题及时处理。

3) 油温。配电变压器上层油温应不超过 85℃，特殊情况下，不应超过 95℃。如配电变压器无温度计，可用酒精温度计紧贴配电变压器外壳测量温度。这样测得的温度，应不超过 75～80℃。

4）声音。正常运行的配电变压器声音应是均匀、轻微的嗡嗡声，否则要加强观察，找出原因，及时处理。

（3）加强用电管理。严禁私拉乱接电线，并经常检查三相负载不平衡程度，如发现三相不平衡程度持续超过 10％，要尽可能采取措施，保持三相负载基本平衡。还要经常检查低压线路的绝缘电阻，及时消除隐患。

2.17　怎样正确安装农用配电变压器的避雷器

配电变压器避雷器的安装位置，以往的通用设计是安装在配电变压器保护熔丝的上侧。实践证明，避雷器安装在熔丝的下侧更为合理，理由如下。

1　保护效果不变

（1）不会损坏线路设备。把避雷器安装在熔丝的上侧，目的是对线路设备同时起保护作用。而把避雷器改装到熔丝的下侧，也不会损坏线路设备。因为雷电流幅值的大小由雷云的电荷量来决定，但实际雷落到电力线路上，雷电波经过电瓷表面的泄放和线路电感的衰减，对线路侧均为纯瓷的设备来说，并不构成威胁。如果当较大的雷电对纯瓷设备造成损坏，即使避雷器安装在上侧，仅靠 FS 型避雷器的性能，也是无济于事的。

（2）雷电流不会导致熔丝熔断、影响用电。避雷器安装在熔丝上侧的另一个原因，是防止避雷器泄放雷电流时熔断配电变压器熔丝，造成配电变压器停电。其实雷电流的幅值虽然较大，但它的泄放时间是短暂的，通常在毫秒级，所以根据一般熔丝的安秒特性分析,雷电流是不会导致熔丝熔断的。

2 提高供电可靠性

(1)正常拆装避雷器可减少停电时间。按《电气设备试验规程》规定,避雷器运行1年,应在雷雨季节前做一次预防性试验。当避雷器安装在熔丝上侧时,每次拆装都必须把整条线路先停电,待全部工作结束后才能送电,增加了停电时间。如果把避雷器改装到熔丝下侧,拆装避雷器时,只要对单台变压器短时停电即可。

(2)避雷器故障检修时可减少停电时间。当避雷器自身发生故障时,不必对全线路进行停电,只要把本台配电变压器熔丝管取下,即可对故障点进行处理。

(3)隔离故障点,减少停电机会。当避雷器性能下降、雷电后通过工频续流增加时,必然导致避雷器自身故障。在这种情况下,配电变压器熔丝会熔断,起到隔离故障点的作用,减少线路单相接地或短路跳闸的机会。

3 安装注意事项

(1)避雷器的安装点距熔丝应大于0.7m,以保证检修时满足GB 26164.1—2010《电业安全工作规程》规定的安全距离。

(2)避雷器的引线长度应尽可能短,截面积铝线应大于35mm²,减小引线电抗,降低残压。

(3)避雷器距离变压器应大于2.5m,增加引线上的电感,可提高变压器的相对耐雷水平。也防止避雷器爆炸时损坏变压器。

2.18 怎样做好农村变压器安全 运行的技术管理

我国农村广阔，农用配电变压器多。但由于农村技术力量比较薄弱，使得配电变压器的管理不够完善，致使设备达不到应有的设计使用寿命，有的甚至因管理不善而出现事故，造成重大损失。应加强对农村变压器安全运行的技术管理。

1 正确安装保护设施

（1）短路保护。由于农村配电变压器的容量小（一般为 20～315kVA），一般未装设复杂的继电保护，只采用熔断器作短路保护。对于高压侧的熔丝选择，必须要保证变压器以及高压引线等出现故障时能切断电源；对于低压侧的熔丝选择，必须要保证低压配电线路出现故障以及变压器较长时间超负载运行时切断负载。经验表明：高压侧熔丝的额定电流按变压器高压侧额定电流的 2～3 倍选择，低压侧熔丝的额定电流按变压器低压侧额定电流的 1.2～1.5 倍选择较为恰当，过大过小都不能很好地起到短路保护的作用。另外，严禁用铜线、铝线等代替熔断器熔丝。

（2）防雷保护。农村配电变压器多为 10kV，变压器高压侧必须安装避雷器，一般三相采用阀型避雷器，少数情况也有两相采用阀型避雷器一相用保护间隙或三相均用保护间隙的。对于多雷区（雷暴日＞40 天/年），为防止低压侧雷电侵入波变换到高压侧损坏变压器的绝缘，以及为了防止反变换波损坏变压器的绝缘，低压侧也应装一组低压阀型避雷器。安装时：①要把高、低压侧避雷器的接地引下线、变压器的外壳、低压侧中性点连接在一起，然后共用接地装置。

其接地装置距人行道的距离应大于或等于 3m，当小于 3m 时应采取接地体局部深埋、隔以沥青绝缘层或敷设地下均压条等安全措施。接地装置的接地电阻应小于或等于 4Ω。②高、低压侧避雷器都要尽量靠近变压器安装。另外，在高、低压线路上离变压器第 8～10 基杆塔处要各设置一组保护间隙。

2　正确使用分接开关

（1）当电网电压发生较大的波动时，应对配电变压器的输出电压进行调整。若电网电压偏低，要把变压器的分接开关调到低挡位置，即"－5％"挡；若电网电压偏高，则把分接开关调到较高挡的位置。

（2）分接开关调整前，必须先把变压器退出运行，然后才能操作。因为农村变压器一般为无载调压式。操作时，应先往返转动分接开关几次，以增强分接头动、静触头接触的可靠性。

（3）分接开关调整后，还要用电桥测量变压器高压侧三相绕组的电阻值，只有当电阻值符合要求后变压器才能投入运行。一般来说，变压器各相绕组直流电阻，相间差别不大于三相平均值的 4％、线间差别不大于三相平均值的 2％时可视为合格。要注意，由于变压器存在电感，时间常数较大，测量线路接好后，必须经过一定时间的等待，让电流趋于稳定后再读数。

如果变压器高压侧三相电阻值不符合上述要求，则说明分接开关调整后触头接触不良，必须处理。否则变压器投入运行后，动、静触头过热，甚至放电而损坏变压器。

3　加强巡视检查

（1）观察变压器油的情况。在变压器运行中，要经常仔细观察变压器是否有渗漏油现象、油位高低、油色的变化情况及油温。如果有渗漏油现象，一方面会使变压器内油量减少，另一方面会使变压器油受到空气中氧气的氧化作用而劣化，从而影响散热与绝缘，应立即进行处理；如果油位过低，将会造成空气与水汽的渗入，也会加速油的氧化而劣化，应及时查明原因进行处理，并补充合格的变压器油到油位正常位置。如果油位过高，可能是变压器内部发生某些故障的预兆，应立即退出变压器的运行，查明原因进行处理；若变压器油由初期的淡黄色逐步变成橙色、棕色，并进一步检查油的黏度变大，则说明变压器油已劣化，必须进行净化处理或更换。要知道，变压器油一旦开始劣化、黏度变大，这会使油的对流速度降低，影响散热，使温升加快，又进一步加速油的劣化，同时劣化后的油酸性增强，对变压器的绝缘有很大的破坏作用；变压器由于经常超载运行等情况会使油温升高，也能加速油的劣化，因此还要定期检查油温。如果上层油温超过 90℃，必须查明原因进行处理。

（2）听变压器运行的声音。变压器正常运行时具有一定的噪声，其表现为连续均匀的"嗡嗡"声，噪声大小为40～70dB，如果出现异常声音，则说明变压器铁心、绕组或外部线路、负载及电网电压这几个方面有问题，应查明原因及时处理。

2.19 维护好农村配电变压器的几点做法

1 合理选择高、低压熔丝

高、低压熔丝的正确选择，对变压器的正常运行是非常必要的。有的个别用户将高压跌落式熔断器直接用铝线或铜线连接，根本起不到保护作用，低压侧直接出线，即无熔断器又无自动空气开关。这样，当用户线路或变压器本身发生短路或其他故障时，变压器就会烧坏，影响运行。因此，高压侧一定要装用跌落式熔断器，并选择安装合适的熔体；低压侧装用瓷插式熔断器或螺旋式熔断器，额定电流可按下面的经验算法确定。

（1）高压侧。高压侧容量除以 10，就是该熔丝的额定电流。例如：50kVA 变压器，应选择（50/10）A＝5A 的熔丝。

（2）低压侧。低压侧容量乘以 2。例如：50kVA 变压器应选择（50×2）A＝100A 的熔体。

2 挡位的调节方法

一般的农村配电变压器分接开关都有三个挡位，低压侧电压太低或太高时，要考虑调整变压器的挡位。如果低压侧电压太低，就要使其挡位从一挡调节至二挡或三挡；如果低压侧电压太高，就要使其挡位从三挡调至二挡或一挡。具体做法是：

（1）把低压侧负载断掉，再拉开高压侧跌落式熔断器。

（2）拧开变压器分接开关风雨罩。

（3）确认各挡位的位置，调至所需要的挡位。

（4）调到所需挡位后，还要来回转动几下，使其接触良好。

（5）用直流电桥或万用表测量高压侧电阻，看三相之间电阻是否平衡。

电阻值相差很大，证明接触不好或绕组匝间有短路或没有调好挡位位置，直到三相电阻达到基本平衡时方可送电。

3 变压器油

（1）如果油位太低，会使变压器绕组绝缘降低。这时就应加油至变压器油枕所标油位刻度。

（2）如果漏油，就应尽早处理。首先寻找漏油点，从上端箱盖渗油，就应紧固上端盖大螺钉；油从高、低压套管渗出，就应拧紧固定瓷套的螺钉；如从挡位处渗出，就应拧开挡位盖，紧固里面的固定螺钉；绝缘垫老化，应该更换绝缘油垫。

（3）变压器油每运行1～3年应做一次耐压试验，如果油质达不到要求，应尽量早更换或过滤。

4 三相负载不对称运行

有很多农村配电变压器三相负载分配不均匀，使其三相不能对称运行，产生零序电流，这样会造成变压器损耗增加，同时变压器出力也会降低，容易造成变压器过负载，使变压器加快老化。因此，一定要尽量调整三相负载的分配，使其三相平衡。

5 器身清洁

变压器器身及高、低压瓷套管太脏时，应该先把高、低压侧开关拉开，再擦拭变压器器身和瓷套，使其保持清洁，从而减少泄漏电流。

2.20 怎样简单选配10kV变压器的高压熔丝

为便于记忆，现将10kV变压器高压熔丝的选择变成如下口诀，可供读者参考。

"容量被除17.3，电流乘以二倍半。

最小不能低 5 安，熔丝选配较安全"。

"容量被除 17.3，电流乘以二倍半"。这一句是说计算高压熔丝的简便方法，即变压器容量千伏安数被 17.3 除，再乘以 2.5 倍等于选配熔丝的近似值数（A）。如一台 10kV、50kVA 的配电变压器选配熔丝应为（50/17.3 ×2.5）A＝7.23A（近似值），根据熔丝规格应选配 7.5A。

"最小不能低 5 安，熔丝选配较安全。"这句话把选配熔丝的技术要求和熔丝选配的重要性作了说明。考虑熔丝的机械强度，选配时一般不能小于 5A。只有按照技术要求选配高压熔丝，在使用中才是比较安全可靠的。

2.21 农用配电变压器的保护

中小型配电变压器的保护包括两个方面，一是高压侧保护；二是低压侧的保护。

1 配电变压器高压侧的保护

目前配电变压器高压侧较广泛地采用了高压跌落式熔断器（也称跌落式开关或跌落保险），来作为它的控制与保护设备。高压跌落式熔断器特点是结构简单、维护方便、体积小、重量轻、价格低，同时它具有明显的断开点。它既可用于配电变压器的停、送电操作，也可用作高压配电分支线路的开关与保护。当它用作配电变压器保护时，若配电变压器绕组或引出线发生短路故障时，其熔丝熔断，熔丝管自动跌开，切除电源，使变压器得到保护。

（1）高压跌落式熔断器熔丝的选择。配电变压器高压侧熔丝的选择，应能保证在配电变压器内部或引出线发生短路时迅速熔断，熔丝的额定电流可依据配电变压器高压侧额定电流来确定。一般配电变压器容量在 125kVA 及以下者，可按配电变压器高压侧额定电流值的 2～3 倍选择熔丝的额定电流。例：50kVA 配电变压器，高压 10kV 侧额定电流为 2.87A，则熔丝的额定电流可选择 7.5A。当配电变压器容量在 125～400kVA 之间时，熔丝可按配电变压器高压侧额定电流值的 1.5～2.0 倍选择。当配电变压器容量大于 400kVA 时，可按配电变压器高压侧额定电流值的 1.5 倍选择熔丝的额定电流。若配电变压器容量较小，熔丝也不可选得过细，当计算出的熔丝额定电流低于 5A 时，应考虑机械强度的要求，最好选用 5A 熔丝。应当指出的是熔断器本身的额定电压应以被保护配电变压器的额定电压来选择，熔断器的类型应以安装地点的条件及被保护配电变压器的技术要求来选择，熔管的额定电流也可参照附表选择。

（2）高压跌落式熔断器的安装与维护。高压跌落式熔断器通常是利用钢板和螺钉安装在靠近配电变压器高压侧的横担上，安装高度应当便于地面操作，一般可取 4.5～5.0m，安装后倾斜角为 15°～30°，相间水平距离不得小于 0.5m。安装后必须检查熔丝管的操作是否灵活，熔丝在安装时须检查有无机械损伤，运行中要经常检查各接触部位，保证接触良好，否则接触不良将使接触部位的发热传至熔丝，导致熔丝温升过高而误动作。在拆换熔断器时，应检查新的熔丝是否与原来的一致。

（3）高压跌落式熔断器的操作。操作高压跌落式熔断器必须使用合格的绝缘杆（又称令克棒、拉杆）。拉闸时只要用拉杆顶一下鸭嘴形的静触片，熔管即可跌落下来；合闸时用拉杆顶住熔杆夹头使熔管上动触点迅速合入鸭嘴形静触片内卡住即可。特别需指出的是，为了避免发生相间弧光短路，在操作跌落式熔断器时应当按以下程序进行：在拉闸时应先拉开中间一相，再拉开背风的一相，最后拉开迎风的一相；合闸时顺序与拉闸时相反。

2 配电变压器低压侧的保护

配电变压器低压侧多采用低压熔断器作为低压侧出线上发生短路或过载的保护。配电变压器低压总熔断器熔丝的额定电流，通常按配电变压器低压侧额定电流值选择。例如容量为100kVA的配电变压器，低压侧（0.4kV）额定电流是144.3A，熔丝的额定电流则可选150A。若选择大一级的熔丝时，也不应该超过低压侧额定电流的30%。配电变压器低压侧熔丝应按表2-3选择，使用时将其串入配电变压器低压引出线上。配电变压器的低压熔断器与低压分支线熔断器以及高压熔断器的熔断顺序应配合好。如低压侧供电分支线发生短路或过载时，分支线熔断器熔丝应先熔断；低压侧出线端附近短路时，低压侧总熔断器熔丝应先熔断；当配电变压器内部或高压引线发生短路时，高压熔断器熔丝该迅速熔断。

此外，配电变压器还有可能受到雷击过电压的侵袭，导致配电变压器绝缘击穿，甚至烧坏。因此，防止配电变压器受过电压的侵害也是配电变压器保护的重要一环。配电变压器常用的防雷装置是阀型避雷器，把它连接在配电变压器高压跌落式熔断器的下端并与大地之间连接（一组为三只），当有过电压入侵时，它将先行放电，将雷电电流引入大地内，从而保证配电变压器免受侵害。

10～320kVA配电变压器熔丝选择见表2-3。

表 2-3	10～320kVA 配电变压器熔丝选择					(A)
变压器容量 （kVA）	10kV		6kV		0.4kV	
	额定 电流	熔丝 容量	额定 电流	熔丝 容量	额定 电流	熔丝 容量
10	0.58	5	0.97	5	14.4	15
20	1.16	5	1.94	5	28.8	30
30	1.74	5	2.9	5	43.3	50
50	2.87	5	4.83	10	72.2	75
75	4.33	10	7.24	15	108	100～125
100	5.78	15	9.66	20	144	150
180	10.4	25	17.4	25	260	250～300
320	18.5	35	30.9	40	462	450～500

2.22　配电变压器渗、漏油及处理方法

不少农村配电变压器在不同程度上存在着渗、漏油现象，导致油位下降、绝缘损坏、烧毁变压器事故的发生。因此，配电变压器的渗、漏油问题，应引起供电部门、乡（镇）电管站及农村电工的高度重视。

1　渗、漏油原因

（1）出厂时焊缝有砂眼，螺钉松紧不匀，密封胶垫不合格（不是耐胶垫）；运输当中未采取必要的防振、防碰措施。

（2）超负载运行，"小马拉大车"，造成胶垫受热老化、变形损坏。

（3）运行维护人员检查不仔细，不到位。

（4）长期失修。

2　防渗、漏油措施

（1）新买的变压器要进行全面仔细检查。检查是否有

渗、漏点，螺钉是否有松动现象，散热管是否有砂眼，胶垫是否有破损等，如有要及时向厂家反映或更换。

（2）严格控制负载，不能有超负载运行等现象发生。一般配电变压器允许负载（以千瓦计）以该配电变压器额定容量的80％为宜。如一台50kVA的配电变压器带40kW的负载为正常运行（功率因数 $\cos\varphi=0.8$ 的情况下）。

（3）运行维护人员应加强巡视，定期检查。如发现渗、漏或缺油时，要进行及时处理，避免因长期失修而造成配电变压器渗、漏油。

（4）配电变压器的高、低压引线应采用铜铝过渡线夹，以减小接触电阻，防止因接触不良，引起导电杆发热烧坏胶垫、胶珠而发生渗、漏油。

（5）储油柜注油孔上面的盖子，一般有 2～4 个小孔，是用来起呼吸作用的，拧紧时要把小孔留在外面，不要拧得太紧。因为在变压器油热胀冷缩时，要进行吸气和排气，如果把小孔堵死，夏天就会造成内部气压增大而发生渗、漏油现象。

3 堵漏处理

（1）对于渗、漏油比较严重的变压器，首先要退出运行，对其进行一次彻底清扫。把附着在上面的尘土清擦干净，然后用洗餐具的洗洁精（洗洁精可除变压器油）洗刷，在怀疑渗、漏油的位置涂上滑石粉进行观察。

（2）如果是胶垫问题，要进行放油吊心，更换胶垫即可。

（3）如果是焊缝有砂眼，就要进行焊接处理。所焊部位要彻底清理油污，最好先用铆的方法把它处理到最小程度，这样有利于封闭。补焊时要特别加强监护，做好安全措施，以免引起着火爆炸。电焊机电流要调到最小位置。

（4）如果是松动现象造成的渗、漏，在紧螺钉时要用力匀称，不可用力过猛、过大，以免损伤套管或造成大盖变形等。

2.23 配电变压器三相负载不平衡运行的危害及预防对策

农村普遍采用三相四线制供电方式，由于三相负载和单相负载并存，如果三相负载分配不均，配电变压器在运行中就存在着三相负载不平衡问题。

1 配电变压器三相负载不平衡运行的危害

（1）增加了变压器的损耗。配电变压器功率损耗包括空载损耗（也叫铁损）和负载损耗（也叫铜损）。对称负载时，空载损耗是指铁心内交变磁通引起的损耗，基本是个恒量。不对称负载运行时，零序磁通还将在变压器外壳、器身的螺栓、夹铁中产生铁损。所以配电变压器在相同输出功率的情况下，不对称运行时损耗增大了。

（2）降低了变压器的出力。由于变压器各相绕组是按对称运行情况设计制造的，其各相绕组的结构性能都是一样的。变压器的最大出力只能按三相负载中最大一相不超过额定容量为限。因此，变压器不对称运行时出力将受到限制。与输出功率降低的道理相同，当运行中的变压器遇有过载时，就可能引起变压器过热，甚至烧毁变压器。

（3）三相输出电压不平衡，对用电设备造成损害。变压器是按照在对称负载条件运行下设计制造的，每相绕组的电阻、漏抗、励磁阻抗基本一样。三相负载对称时，各相电流

89

大小相等，则变压器内部各相电压降是相同的。所以，其输出电压也是对称的。

当变压器三相负载不对称时，各相电流就不对称，在变压器内部各相电压降也不相同，负载大的相电压降就大，负载小的相电压降也小，形成不对称电压分量，造成三相输出电压不对称。若中性线接地不符合要求，中性点就会随负载不对称的程度而漂移，形成有的相电压过低，而有的相电压过高，有时甚至升高到接近线电压。这将使负载不能正常工作，造成一些家用电器使用寿命缩短，甚至烧毁事故。

（4）降低电动机的出力。由于变压器三相负载不平衡，引起三相电压不对称，输出电压存在着正序、负序、零序三个电压分量。不对称的三相电压通入电动机以后，负序电压产生与正序电压相反的旋转磁场，起制动作用。一般正序磁场比负序磁场强，电动机仍能按正序磁场旋转方向转动，但由于存在负序磁场的制动作用，电机输出功率减小，降低了出力。

（5）增加了配电线路的损耗。电流通过导体产生的功率损耗与线路通过电流的平方成正比。当三相四线制供电时，其有功功率损耗为

$$\Delta P = I_A^2 R_A + I_B^2 R_B + I_C^2 R_C + I_0^2 R_0 \qquad (2\text{-}3)$$

式中　I_A、I_B、I_C——各相线路的输送电流，A；

　　　　I_0——中性线电流，A；

　　R_A、R_B、R_C——各相线路的电阻，Ω；

　　　　R_0——中性线电阻，Ω。

当三相负载平衡时，$I_A = I_B = I_C = I$，$I_0 = 0$

即线路损耗为

$$\Delta P = 3I^2 R \qquad (2\text{-}4)$$

式中 I——线路输送电流，A；

R——输电线每相电阻，Ω。

由式（2-3）和式（2-4）可见，输送相同容量的功率时，不对称运行增加了中性线的损耗，则总的损耗是较大的，这是很不经济的。

（6）变压器局部金属件温升增高。变压器三相负载不对称时，存在零序电流分量，这个零序电流分量随变压器负载不对称程度的大小而变化，三相负载不对称程度越大，零序电流也就越大。

在变压器内部，由于零序电流的存在，就在铁心中产生零序磁通。由于高压侧没有零序电流，所以不能由高压侧的零序磁动势来抵消低压侧的零序磁动势，其零序磁动势又只能沿变压器的钢构件产生零序磁通。由于这些钢构件在设计时并不考虑导磁效应，故其磁滞和涡流损耗会造成钢构件发热，使变压器局部金属件温升增高。

2 三相负载不对称的基本类型

（1）三相负载不对称，负载大的相总是大，负载小的相总是小，相差的比例在一天的各个时段没有多大变化。这一类型的负载中三相动力所占比例很少，基本上都是单相用电器。三相不对称是负载在三相上分配不均造成的。

（2）在白天负载时段，三相负载基本对称，晚上负载高峰时段不对称程度相当严重。这类负载的特点是三相生产和单相生活用电量都很大。白天主要是生产用电负载，因此三相负载较对称。因单相生活用电在三相上分配不均，则晚上生活用电高峰时段三相电流相差很大，造成三相负载不对称。

（3）有的配电变压器三相负载不对称随季节而变化。这是由于各季节三相生产用电和单相的生活用电的比例在变化，而单相负载在三相上的分配又不均造成的。

（4）有的配电变压器不但每相的负载电流大小随时间而变化，在某一时间段里这一相电流大，在另一时间段里另一相电流又相对大。这反映了单相负载的波动幅度大，而这一波动在三相上是不同步的。

3 解决变压器三相负载不对称运行的方法

（1）总的原则是单相负载的分配要保证在一天大部分时间和高峰期三相基本平衡。达到"三相负载电流不平衡度不大于15％，中性线电流不得超过额定电流的25％"的规定。

（2）新安装的负载接线时，要按实际负载统计，把三相负载配置均衡。

（3）注意观察测量负载电流。装有分相电流表的，随时都可以看出负载分配情况；没装分相电流表的，可用钳形电流表测量各相或中性线中的电流。及时把负载调整到基本平衡状态。

2.24 农用配电变压器的常见故障及处理

在配电变压器的运行过程中，由于安装和管理不当及自身使用寿命等原因，经常会出现各种故障，现就农用配电变压器的常见故障及处理办法简述如下。

1 绝缘老化

变压器在正常负载下，绝缘材料使用期限一般在20年左右。当绝缘枯焦、变黑失去原有的弹性而变得脆弱时，只要绕组稍受震动或绕组间略有相对摩擦，已老化的绝缘就容易损坏，造成匝间或层间短路，引起变压器烧坏事故。因

此，必须认真监测变压器的负载和油温，不允许超过规定的
过负载运行，以免加速绝缘老化和缩短变压器的使用寿命。

2　绝缘油劣化

绝缘油有很好的电气性能和合适的黏度。它能增加绕组
相间、层间以及绕组与铁心、外壳之间的绝缘强度，使运行
中变压器的绕组、铁心得到冷却，另外，绝缘油能使变压器
主绝缘保持原有的化学性能和物理性能，保护金属不受腐
蚀。油质劣化后其性能丧失，会导致变压器发生故障。因
此，我们要加强对绝缘油的监视。

（1）严格按规定按期取样和做简化试验，发现不合格时
应立即处理。

（2）监视变压器的负载和上层油温有无异常。

（3）减少油与空气接触的机会，防止水分渗入。

3　过电压

过电压一般分外部过电压和内部过电压。外部过电压主
要由雷击引起，主要预防措施是安装避雷器；内部过电压是
当电力系统中的参数发生变化时，电磁振荡和积聚引起的。
安装避雷器也能起到一定的防护作用。

4　套管绝缘子损坏

因为测试、维护、检修工作做得不好而引起的占多数。
为了避免套管绝缘子损坏事故，应加强对套管绝缘子的预防
性试验，维护、检修工作人员应严格按照规程操作，防止人
为损坏。

5　引线及绝缘故障

（1）引线连接处焊接不牢或引线与接头处接触不良、接
头的螺栓未拧紧，均能引起局部发热而使接点熔毁，造成引
线断线。

（2）水分或大量潮气进入变压器内，使绝缘损坏而击穿。

（3）变压器出口处短路，绕组匝间绝缘损坏。

（4）在高压绕组加强段或低压绕组端部处，因线包绝缘膨胀，堵塞油道，使内部绝缘老化而引起匝间短路。

6 磁路故障

（1）穿心螺栓及夹板碰触铁心。

（2）硅钢片间绝缘损坏。

（3）铁心未接地或接地不当。

7 声音异常

变压器正常运行时，铁心振动而发出清晰有规律的"嗡嗡"声。但当变压器负载有变化或变压器本身发生异常及故障时，将产生异常声响。

（1）声音比平时沉重，但无杂音，一般为变压器过负载引起。变压器长期过负载是烧坏变压器的主要原因，这是不允许的。当发生变压器过负载运行时，要设法减少一些次要负载以减轻变压器的负担。

（2）声音尖，一般为变压器电源电压过高引起，电源电压过高不利于变压器的运行，对用户用电设备也不利，而且会增加变压器的铁损。因此，应及时向有关部门报告处理。

（3）声音嘈杂、混乱。可能是变压器内部结构有松动，主要部件松动会影响变压器的正常运行，要注意及时检修。

（4）发出"噼叭"的爆裂声，这可能是变压器绕组或铁心的绝缘有击穿现象。这种情况会造成严重事故，因此要立即停电检修。

（5）由于系统短路或接地，通过大量短路电流，会使变压器产生很大的噪声。

（6）铁心谐振会使变压器发出粗细不均的噪声。

8 变压器油温过高

变压器上层油温超过允许温度可能是变压器过负载、散热不好或内部故障造成的。油温过高会损坏变压器的绝缘，严重的甚至会烧毁整个变压器。因此，一旦发现变压器油温过高，应及时查明原因采取相应措施。

9 油位显著下降

正常时的油位上升或下降是由温度变化造成的，变化不会太大。当油位下降显著，甚至从油位计中看不见油位时，则可能是因为变压器出现了渗、漏油现象，这往往是由于变压器油箱损坏、放油阀门没有拧紧、变压器顶盖没有盖严、油位计损坏等原因造成的。油位太低会加速变压器油的老化，使变压器绝缘情况恶化，进而引起严重后果，所以要多巡视、多维护，及时补油，如渗、漏油严重，应及时将变压器停止运行并进行检修。

10 油色异常，有焦臭味

新变压器油呈微透明、淡黄色，运行一段时间后油色会变为浅红色。如油色变暗，说明变压器的绝缘老化；如油色变黑（油中含有碳质）甚至有焦臭味，说明变压器内部有故障（铁心局部烧毁、绕组相间短路等），这将会导致严重后果，应将变压器停止运行进行检修，并对变压器油进行处理或更换合格的新油。

11 套管绝缘子对地放电

套管绝缘子表面不清洁或有裂纹、破损时，会造成套管绝缘子表面存在泄漏电流，发出"吱吱"的闪络声，阴雨大雾天还会发出"噼噼"放电声，极易引起对地放电击穿套管绝缘子，造成变压器引出线一相接地。因此，发现套管绝缘子对地放电时，应将变压器停止运行更换套管绝缘子。若套管绝缘子之间搭接有导电的杂物，可能会造成套管绝缘子间放电，应注意及时清理。

12 变压器着火

变压器在运行中发生火灾的主要原因有：铁心穿心螺栓绝缘损坏，铁心硅钢片绝缘损坏，高压或低压绕组层间短路，引出线混线或引线碰油箱及过负载等。

当变压器着火时，应首先切断电源，然后灭火，若是变压器顶盖上部着火，应立即打开下部放油阀，将油放至着火点以下或全部放出，同时用不导电的灭火器（如四氯化碳、二氧化碳、干粉灭火器等）或干燥的沙子灭火，严禁用水或其他导电的灭火器灭火。

2.25 配电变压器的异常运行及处理办法

如果运行维护不当，配电变压器易出现以下异常运行情况。

（1）声音异常。变压器在正常运行时，会发出连续均匀的"嗡嗡"声。如果产生的声音不均匀或有其他特殊的响声，就应视为变压器运行不正常，并可根据声音的不同查找出故障，进行及时处理。通常有以下几方面的故障：

1）电网发生过电压。电网发生单相接地或电磁共振时，变压器声音比平常尖锐。出现这种情况时，可结合电压表计的指示进行综合判断，严重时应暂停运行。

2）变压器过负载运行。负荷变化大，又因谐波作用，变压器内瞬间发生"哇哇"声或"咯咯"的间歇声，监视测量仪表指针发生摆动，且音调高、音量大。这时应适当减轻变压器的负载，使其在额定负载状态运行。

3）变压器夹件或螺钉松动。声音比平常大且有明显的杂音，但电流、电压又无明显异常时，则可能是内部夹件或压紧铁心的螺钉松动，导致砖钢片振动增大。出现这种现象时应及时对变压器进行维修。

4）变压器局部放电。若变压器的跌落式熔断器或分接开关接触不良时，会有"吱吱"的放电声；若变压器的瓷套管脏污，表面釉质脱落或有裂纹存在，可听到"嘶嘶"声；若变压器内部局部放电则会发出"吱吱"或"噼啪"声，而这种声音会随离故障的远近而变化，这时，应对变压器马上进行停电检测。

5）变压器绕组发生短路。声音变大，温度急剧变化，油位升高，则应判断为变压器绕组发生短路故障，严重时会有巨大轰鸣声，随后可能起火。这时，应立即停用变压器进行检查。

6）变压器外壳闪络放电。当变压器绕组高压引起出线相互间或它们对外壳闪络放电时，会出现此声。这时，应对变压器进行停电检查。

（2）气味、颜色异常。

1）防爆管防爆膜破裂。防爆管防爆膜破裂会引起水和潮气进入变压器内，导致绝缘油乳化及变压器的绝缘强度降低。出现这种情况应及时修复防爆管的防爆膜。

2）套管闪络放电。套管污损会产生电晕、闪络并发出臭氧味，套管闪络放电会造成发热导致老化，绝缘受损甚至引起爆炸。这时应停运并更换瓷套管。

3）引线接线头、线卡处过热引起异常；套管接线端部紧固部分松动或引线头线鼻子不牢固等，使接触面发生严重氧化、过热，颜色变暗失去光泽，表面镀层遭到破坏，这时应停电进行维修。

4）吸潮过度、垫圈损坏、进入油室的水量太多等原因会造成吸湿剂变色。这时应对吸湿剂进行干燥或更换。

（3）油温异常。发现在正常条件下，油温比平时高出10℃以上或负载不变而温度不断上升，则可判断为变压器内部出现异常。

1）内部故障引起温度异常。其内部故障，如绕组匝间或层间短路、线圈放电、内部引线接头发热、铁心多点接地使涡流增大过热；零序不平衡电流等漏磁通过与铁件油箱形成回路而发热等因素引起变压器温度异常。发生这些情况时，有可能使防爆管喷油，这时应立即将变压器停用检修。

2）冷却器不正常所引起的温度异常。冷却器运行不正常，如散热器管道积垢、冷却效果不佳等引起温度升高，应对冷却器系统进行维护和冲洗，以提高其冷却效果。

（4）油位异常。变压器在运行过程中油位异常和渗漏油现象比较普遍，应不定期地进行巡视和检查，其中主要表现有以下两方面。

1）假油位：油标管堵塞；储油柜吸管器堵塞；防爆管道气孔堵塞。

2）油面低：变压器严重漏油；气温过低油位下降或是储油柜容量偏小未能满足运行的需求。

这时应及时进行维护和补油。

2.26　如何检测和处理配电变压器常见故障

1　绕组至桩柱引线部分故障

检测方法：检测变压器三相直流电阻时，其三相直流电阻不平衡率大大超过 4%或某相根本不通。

处理方法：应进行吊芯检查，确定故障具体部位，对接触不良者可以重新打磨压紧；对焊接不良者应重新焊接；对焊接面不足的应增大焊接面；对引线截面不足者应更换大截面的引线。

2　电压分接开关故障

检测方法：测量电压分接开关的不同分接头直流电阻，如果完全不通，说明是开关已烧毁；如果某相分接头直流电阻不平衡，说明是个别触头烧毁；焦煳味较重，说明存在过热或电弧放电现象。

处理方法：应进行吊芯检查，如果是分接开关触头仅发生过热、接触不良或存在轻微电弧放电痕迹，可拆下经检修后复用。如烧伤严重或触头间对地放电应更换新分接开关。若触头对地放电，一般会引起高压绕组调压段线匝变形，严重者应检修或更换绕组。

3　绕组故障

检测方法：通常发生绕组故障时多出现储油柜喷油，箱体胀鼓，焦煳油味。可测量绝缘电阻和直流电阻，其绝缘电阻为"零"，直流电阻增大并不稳定。

处理方法：进行吊芯检查，确定故障具体情况。如果损坏轻微，可修复使用。如果故障严重，应更换绕组。

4 绝缘水平下降

检测方法：应定期对变压器作绝缘电阻及绝缘油试验，如测量值变化大或低于 JB/T 501—2006《电力变压器试验导则》要求，可确定为变压器受潮或油绝缘电阻下降。

处理方法：变压器绝缘电阻下降时应对其进行彻底干燥，若变压器油绝缘下降，可更换变压器油或对变压器油进行过滤。同时对变压器密封不严及吸潮器故障应进行修复。

5 铁心故障

检测方法：测量穿芯螺杆绝缘电阻，如小于 10MΩ 应进行检修。

处理方法：吊芯后抽出损坏的穿芯螺杆，更换绝缘件。

2.27 如何从绝缘油的外观状态判断其质量

良好的变压器油应该是清洁而透明的，不得有沉淀、机械杂质、悬浮物及棉絮状物质，其颜色为淡黄色。由于受污染和氧化产生的树脂和沉淀物的影响，变压器油油质则劣化，颜色会逐渐变深。当变压器有故障时，也会使其油的颜色发生改变。运行中，可根据变压器油的外观状态对变压器油及变压器的运行状况作出大致判断，以便及时采取相应措施。

存有缺陷的变压器油的颜色通常表现为油色浑浊发白、油色发暗、油色发黑。通常情况下，若变压器油呈棕色或褐色时，就应引起注意或不宜再继续使用了。

（1）若变压器油色浑浊发白，一般情况下，表明油中含有水分，大致可诊断为变压器内部进水受潮，是其 H_2 气体含量的增高和击穿电压降低的特征。

（2）若变压器油色变暗，这种情况属于变压器油正常老化现象，而变压器内部并无故障，说明变压器油绝缘老化，是其酸值和水溶性酸均严重超标的表现。

（3）若变压器油色变黑，甚至有焦臭味，这种现象是其H_2和C_2H_2含量增高的特征，说明变压器内部有故障。因此，通过对变压器油的外观颜色观察可对变压器油的质量有一个大致的了解，并对变压器内部是否存在故障有一个初步推测，从而可及早判断变压器存在的潜伏性故障。电弧放电故障是由于放电能量密度大，产气急剧，常导致绝缘纸穿孔，烧焦或炭化，使金属材料变形或融化烧毁，严重时会造成设备烧毁，甚至发生爆炸事故。闪点过低也会导致变压器发生火灾，甚至爆炸，所以对油色发黑，且闪点过低的变压器油应特别引起注意。

2.28 如何防止配电变压器烧坏

雷雨季节和用电负荷高峰期，极易发生配电变压器烧坏事故，如何做好预防措施，防止配电变压器烧坏，可从以下几个方而进行防范。

1 合理选择配电变压器的安装地点

配电变压器的安装既要满足向用户供电要求，又应尽量避免将配电变压器安装在易遭雷电袭击的地方。

2 合理选择配电变压器的容量

合理选择配电变压器的容量是十分重要的，要做到既不能因容量太小造成配电变压器过负载烧坏，又不能因容量太大造成"大马拉小车"式的浪费。应根据用户负载情况，统计用电容量，合理选择配电变压器容量。如：一台100kVA

的配电变压器，功率因数为 0.85 时，它的额定容量能带 85kW 负载。

3 加强用电负荷的测量

在用电负荷高峰期，应加强对每台配电变压器负荷的测量，必要时增加测量次数。对超载运行的配电变压器应及时调整负荷，适当减轻用电容量；对三相电流不平衡的配电变压器应及时调整三相负载，使其尽量处于三相平衡状态。

4 避免在配电变压器上安装简易低压计量箱

配电变压器台区的低压计量装置应尽可能安装在室内，这样可有效避免因计量箱玻璃或配电变压器低压桩头损坏等原因导致漏雨水等烧坏配电变压器。

5 合理选配配电变压器高、低压熔断器熔体

配电变压器高、低压熔断器熔体配置不合理，容易造成配电变压器严重过载而烧坏配电变压器。高、低压熔体配置应遵循：①容量在 100kVA 以下的变压器配置2.0～3.0 倍额定电流的熔体；②容量在 100kVA 以上的变压器配置 1.5～2.0 倍额定电流的熔体；③低压侧熔体应按额定电流稍大一点配置。

6 不得随意调整电压分接开关

由于冬夏两季用电负荷的差异较大，电压高低也出现差异，为满足用电设备电压的需求，有的农村电工不进行相关测试，就随意调节电压分接开关，易造成电压分接开关不到位，引起相间短路而烧坏配电变压器。因此，在调节电压分接开关时必须按要求进行相关的测试。

7 配电变压器加装高、低压绝缘罩

为防止自然灾害和外力破坏，必要时对道路狭窄的小区和森林保护区等处的配电变压器加装高、低压绝缘罩，防止配电变压器上掉落杂物引起短路烧坏变压器。

8 配电变压器高、低压侧均应加装避雷器

配电变压器高、低侧均应加装合格避雷器。避雷器质量不合格或故障后不及时更换，易遭雷电袭击烧坏变压器。每年雷雨季节前，应对避雷器进行一次试验并及时安装，禁止使用不合格的避雷器。

9 定期测量配电变压器的接地电阻

配电变压器经长期运行后其接地装置会出现氧化现象，使接地电阻增大，若地埋接地体严重锈蚀、断裂，会造成中性点电位偏移，当雷击或过电压时，易引发变压器烧坏事故。配电变压器的接地电阻值应满足：100kVA 以下的配电变压器接地电阻值不应大于 10Ω，100kVA 以上配电变压器接地电阻值不应大于 4Ω 的要求。

10 加强日常管理

定期巡视线路，砍伐树木，防止树枝或其他异物触碰或掉落在导线上引起低压线路短路烧坏配电变压器。定期巡视配电变压器，防止变压器缺油运行、未安装呼吸器、不及时更换硅胶等异常现象的发生，以防配电变压器过热、进水受潮等引发配电变压器烧毁事故。

11 定期检查配电变压器低压引线

配电变压器低压引线应用铜铝过渡线夹固定在变压器低压桩柱上，要定期检查、坚固引线与配电变压器桩柱头的接点，防止因松动而烧坏配电变压器低压桩柱头。

○ 第三章

电 力 线 路

3.1 导线接头过热的原因及处理方法

1 导线接头过热的原因

在线路运行过程中，导线接头常因氧化、腐蚀等原因而产生接触不良，使接头处的电阻远远大于同长度导线的电阻。这样当电流通过时，由于电流的热效应使接头处导线的温度升高，造成接头处过热。

2 导线接头处过热的检查

检查导线接头过热的方法，一般是观察导线有无变色现象。在雨雪天气，观察接头处雨水的蒸发及积雪融化的情况，也可以用贴"示温蜡片"的方法监测导线接头有无过热的现象。如果发现导线接头过热时，应首先设法减轻线路的供电负载，把一部分负载电流倒至其他线路上去，同时还要继续观察，增加夜间巡视，观察导线接头处有无发红或放电等现象。如果发现导线接头严重过热时，应及时通知有关部门将线路停电进行处理。导线接头重新连接并经过测试合格后，线路方可再次投入运行。

3 导线接头过热的处理方法

在铜、铝导线直接连接时，由于这二者间的电位差，当接头处有水分浸入时，即形成了电解液，产生了局部电解现象，使铝线腐蚀，接触电阻增大，导线接头处发热，严重时会使导线接头烧断而造成事故。因此，铜线与铝线连接时，必须用闪光焊或摩擦焊方能连接，但技术要求高，一般不容易做到。实践中多数采用了一端镀锡的铜线作过渡接头，铝与镀锡的铜线连接，由于锡铝的电位差较小，电化腐蚀情况会有所改善。

此外，一般导线接头的连接，可采取简易的方法进行处理。先将导线接头打开，除掉接触面的氧化层，然后再用细砂布打光进行连接，并在接头处涂些中性凡士林油即可。

3.2　选择配电线路路径和杆位的一般原则

用电地点和输送容量确定后，根据现场勘测，应该选出一个既在经济、技术上合理，又施工方便、运行可靠的路径。线路路径和杆位的选择应符合下列要求：

(1) 选择线路路径时应尽量选择距离最短、转角和跨越少、水文和地质条件较好的地段。

(2) 线路应尽量靠近道路两侧，为施工创造有利条件。

(3) 线路应尽量少占农田，避开森林和绿化区以及公园、果园、防护林等。如必须穿越这些地带时，也要设法减少砍伐树木的数量。

(4) 线路要尽量避开洼地、冲刷地带以及易被车辆碰撞的地方。

(5) 要避开有爆炸物、易燃物和可燃液（气）体的生产厂房、仓库、储存罐。

(6) 线路通过山区时，应避免通过陡坡、滑坡、悬崖峭壁和不稳定岩石地区；线路沿山麓通过时，应避开山洪排水的冲刷；不宜沿山涧、干河架设线路，如必须通过时，杆塔位置应设在常年最高洪水位以上的地方。

（7）线路应避开沼泽地、水草地、已积水及盐碱地带。

（8）线路通过矿区时，应考虑塌陷的危险，尽量绕行矿区边沿通过。

（9）转角点选择。转角点应选择在平坦地带或山麓缓坡上，并应考虑有足够的施工紧线场地。转角点前后两档杆塔的位置应合理地安排，以免造成相邻两档的档距过大或过小。

（10）跨越河流的选择。架空输电线路跨越河流时，应尽量选择在河道窄、河床平直和河岸稳定的地方；杆塔位置应选在地层稳定、无严重河岸冲刷和坍塌的地区；应尽量避免在码头、河道转弯处和支流入口处跨越河流。

3.3 各种导线绝缘颜色的含义

1 按导线绝缘颜色标志电路

（1）黑色表示装置和设备的内部布线。

（2）棕色表示直流电路的正极。

（3）红色表示三相电路的 W 相，半导体三极管的集电极，二极管、整流二极管或晶闸管的阴极。

（4）黄色表示三相电路中的 U 相、晶闸管和双向晶闸管的控制极。

（5）绿色表示三相电路的 V 相。

（6）蓝色表示直流电路的负极，半导体三极管的发射极，半导体二极管、整流二极管或晶闸管的阳极，三相电路的零线或中性线，直流电路中的接地线。

（7）白色表示双向晶闸管的主电极、无指定用色的半导体电路。

（8）黄绿双色（每种色宽 15～100mm 交替贴接）表示安全用的接地线。

（9）红、黑并行表示双心导线或双根绞线连接的电路。

2 按电路选择导线颜色

（1）交流三相电路的 U 相用黄色表示，V 相用绿色表示，W 相用红色表示，零线或中性线用淡蓝色表示，安全用电的接地线用黄绿双色表示；

（2）直流电路的正极接地线用淡蓝色表示；

（3）整个装置及设备的内部布线一般用黑色，半导体电路用白色表示。

3.4 照明、动力混合线路中存在的问题及应对措施

农村供电系统，多数情况下照明与动力共用一条线路。这样的配电方法，虽然给配电带来方便，节省了线路投资，但却存在以下应注意的问题：

（1）照明电路多为单相负载，而动力设备多为三相负载。如果照明设备配置不当，大量的照明设备集中于一相，使线路三相负载不对称，将造成中性点电位偏移，中性线电流过大。中性点电位偏移将引起三相电压的不对称，严重影响动力设备的运行，也会造成某相电压过高，使该相电器烧毁。由于中性线长期通过大电流，而一般情况下中性线截面小于相线截面，易使中性线断线。

（2）动力设备的起动与停止，会造成线路电压大幅度升降，这必然会影响照明设备的照明效果与照明功率，影响到照明设备的寿命。

（3）电压的变化对动力设备的影响不同。例如：电压降低 10%，异步电动机的转矩将下降近 20%，重载的电机难以起动。同时，长期欠电压运行，电机会严重发热，甚至烧毁，据统计，农用异步电动机近一半是毁于长期欠电压运行；而此时，照明设备的照度（以白炽灯为例）降低 35%。如电压升高 5%，对电动机影响不明显；白炽灯却明显变亮，而寿命将减少一半。

上述问题，在农村电网中是普遍存在的，必须引起足够的重视。

为避免上述现象发生或减弱其影响，对此类线路可采取下列措施：

（1）中性线必须保证有足够的截面积和强度，从而保证流过较大的中性线电流时中性线不断线，严禁无中性线运行。

（2）合理配置单相照明负载，将全部照明负载尽可能等分接于三相，避免发生中性点电位过大的偏移。同时，对相线截面的选择必须保证一定的容量，选择导线截面时，应保证电压损耗小于 5%。此外，还应根据本地区电网电压变化的特点，在不同季节时，合理调整配电变压器的一次绕组调压分接头，以取得尽可能适中的供电电压。

3.5　怎样处理农村低压线路漏电故障

线路漏电可用测电笔直接测出。正常运行的线路，用测电笔测试时，氖管亮度一致。若某一相相线表现为不太亮或根本不亮，可证明该一相相线漏电或直接接地，故障点就在这一相相线的某一位置。

查找故障点时，首先根据所掌握的低压网络状况，认真分析有可能发生故障的位置。可采取先分路拉闸进行测试，以确定某一支线相线漏电。有地埋线线路的低压网路，应首先断电并用地埋线故障探测仪查找。还可对动力线路的电动机等用电设备进行测试。

通过以上查找，仍没有找到故障点时，就要查找照明线路及照明设备和电器。认真分析故障有可能会在哪个范围。在确定某一路某一相之后，把漏电相的相线从大体 1/2 处断开分段测试，如果测试前半部分线路仍表现为漏电，则可对前半部分电路再分段查找，如此逐段测试，直至找出漏电故障点为止。

在查找照明用户漏电时，可将接户线处安装的熔断器断开，然后进行测试，故障点即可找到。这里应注意的是：应把电能表本身的潜动与线路漏电转动区别开来。

在查找泄漏故障时，不要忽视裸铝线与绝缘子、金具接触处的一些不安全因素导致的泄漏故障及配电屏上某些元器件、导线接头失修或电工误动留下的一些隐患导致的泄漏接地。

3.6 安装、检修农村低压接户线的安全要求

农村供电线路中私拉乱接现象较为严重，有的用电村低压进户线档距太大，有的低压导线截面积太小，有的低压接户线配电箱安装不符合安全技术要求，还有的接户线线间距离和对地距离不够，这些问题严重威胁着人身和用电设备的安全。现就农村低压接户线安装、检修的安全要求，介绍如下。

1 安装低压接户线的安全要求

（1）从低压电力线路到用户建筑物外墙第一支持点之间的一段架空线路，或由一个用户接到另一用户的一段线路称为接户线。低压接户线的档距不宜大于25m，档距超过25m时需架设接户杆，接户杆的档距不应超过40m。沿墙敷设的接户线，档距不宜大于6m。

（2）低压接户线自电杆上引下的绝缘导线最小允许截面积是：10m 及以下档距，绝缘铜线为 2.5mm^2，绝缘铝线为 4.0mm^2；10～25m 档距，绝缘铜线为 4.0mm^2，绝缘铝线为10mm^2；沿墙敷设 6m 及以下档距，绝缘铜线不应小于 2.5mm^2，绝缘铝线不应小于 4.0mm^2。

（3）接户线自电杆上引下最小线间距离不应小于 0.15m，沿墙敷设不应小于 0.1m。

（4）自电杆上引下接户线，两端均应绑扎在绝缘子上，导线截面积在 16mm^2 以上时，应采用蝶式绝缘子，横担采用不小于 50mm×50mm×5mm 的角钢；导线截面积在 16mm^2 及以下时，可采用针式绝缘子，横担采用不小于 40mm×40mm×4mm 的角钢。

（5）接户配电箱外壳应采用 1.5～2.0mm 厚的铁板配制并作防腐处理。配电箱内应该设具有明显断开点的开关、过电流保护装置和电能计量装置，必要时还需装设漏电保护开关。配电箱的进出线应采用有绝缘护套的绝缘电线，穿越箱壳时应加套管保护。

（6）每一接户线，最大负载电流不宜大于 10A，所带户数不得超过 5 户，且所有用户必须由接户配电箱内的配电装置所控制。

（7）低压接户线跨越公路、街道和人行道时对地最小垂直距离：公路路面为 6m；通车困难的街道、人行道为 5m；不通车的人行道、胡同为 3m。

（8）低压接户线与建筑物的距离：与下方窗户的垂直距离为 0.3m；与上方窗户或阳台的垂直距离为 0.8m；与下方阳台垂直距离为 2.5m；与窗户或阳台的水平距离为 0.75m；与墙壁、构架的距离为 0.05m。接户线不宜跨越建筑物，如必须跨越时，在最大弧垂处，对建筑物的垂直距离不应小于 2.5m。

（9）低压接户线与通信线、广播线交叉时的距离不应小于下列数值：低压接户线在上方时为 0.6m；在下方时为 0.3m。

（10）低压接户线对树木的垂直距离和水平最小距离为 1.25m。

② 检修低压接户线的安全要求

（1）低压接户线应每季度巡视检查一次，每年春灌、麦收之前，对电力线路设备、接户线进行一次全面的检修。

（2）对断股或绝缘损坏的接户线进行更换和修补，处理接触不良的接头，更换松脱的绑线。

（3）调整导线弧垂，调整过引线、引下线对地面和相邻部件的距离。

（4）清扫和更换不合格的绝缘子。

（5）对断、裂的电杆要进行修补或更换。

（6）对倾斜的电杆和横担进行调整，杆根培土、夯实，横担防腐处理。

（7）修剪触碰线路的树枝。

（8）低压接户线不要从高压配电线引下线间穿过，不得跨越铁路。

（9）两个电源引入的接户线不宜同杆架设，以防检修中发生触电事故。

（10）接户线与导线为铜铝连接时，应有可靠的铜铝过渡措施。

（11）不同金属、不同规格的接户线不得在档距内连接。

（12）跨越公路、街道的接户线不应有接头。

（13）绝缘线接头不准外露导体，必须用绝缘胶布缠包。

（14）接户线与电力线连接时，应注意相线和中性线不能接错。检修前应将各接户线连接头位置做好记录，检修完后按原位置连接。

3.7 怎样做好农村低压架空线路的维修与管理

目前农村大都采用架空电力线路输送和分配电能，但是，架空线路暴露于室外，极易遭受不良气象条件的影响和外力的破坏。为了保证供电的可靠性、安全性，必须经常对线路进行检查和维护，发现缺陷，及时消除。

1 低压架空线路常见的缺陷

（1）电杆倾斜。大多是由于杆根培土松动和不均匀下沉或风雨影响或电杆埋深不够而引起。

（2）横担倾斜。由于横担的固定抱箍或螺栓的松动，两端重力不平衡等原因造成。

（3）拉线松弛。由于拉线盘埋深过浅或抗拉面积不够，在风雨作用下被拉出或人为的扭动造成。拉线松弛极易造成电杆歪斜甚至倒杆断线。

（4）导线的碰线或非金属搭接。由于风雨的作用、鸟类筑巢、风筝及树枝搭接等，容易造成导线短路、漏电和接地跳闸事故。

（5）导线腐蚀或断线。导线中铜和铝两种不同的金属相接触的地方，极易产生电化学腐蚀现象，引起接触电阻增加，导致运行中断线。在腐蚀气体较浓的场所可使导线锈蚀或导线接头不良，遇阴雨天气放电断落。

（6）绝缘子老化或损坏引起漏电。耐张绝缘子在设备联合作用下易老化，其他绝缘子因污秽过重或遭外力破坏时，可能造成绝缘性能降低，引起漏电。

2 低压架空线路的巡视及维护

架空线路的损坏同其他设备一样，也是由小到大、由轻到重逐步形成的。农村电工应重视日常的巡视及一般缺陷的及时消除，以确保设备和人身安全。日常巡视每月应不少于一次。暴风雨过后、最高气温及最低气温等异常情况出现时，应进行巡视。巡视内容主要有以下几点：

（1）电杆、横担有无歪斜、变形、裂缝、锈蚀等现象。

（2）线路导线有无断线、断股、松脱、锈蚀、碰线、树枝搭连、鸟类筑巢、弧垂过大或过小等现象。

（3）绝缘子是否完好无损，污秽是否严重。

（4）拉线松紧程度是否适宜。

（5）杆基周围有无因取土或流水冲刷而危及电杆安全的情况。

3 防止缺陷发生应采取的措施

（1）为防止电杆倾斜，水泥杆埋深一般应不小于杆高的1/6，倾斜一般不允许超过杆高的1/200。同时，应经常培土夯实，该项工作至少应在每年春季进行一次。

（2）对镀锌脱落的金具或铁件，应经常加涂防锈剂。

（3）对部分失去绝缘能力的绝缘子和破损的导线，应设法恢复其性能，不能恢复的应更换绝缘子和导线。

（4）修整线路下及两侧的树枝，以防碰触导线。清除线路上的鸟窝及导线上的抛挂物件。

（5）调整拉线、电杆及横担。横担倾斜不允许超过其长度的 1/100。

（6）杆基周围禁止挖沟取土，线路附近严禁采石放炮。

3.8 怎样正确使用脚扣进行杆上作业

1 上杆

在地面套好脚扣，登杆时根据自身方便，可用任意一只脚向上跨扣（跨距大小根据自身条件而定），同时用与上跨脚同侧的手向上扶住电杆，然后另一只脚再向上跨扣，同时另一只手也向上扶住电杆，以后步骤重复，直至登至杆顶需要作业的部位。

2 杆上作业

（1）作业者在电杆左侧作业。此时作业者左脚在下，右脚在上，即身体重心放在左脚，右脚辅助。估测好人体与作业点的距离，找好角度，系牢安全带即可开始作业。

（2）作业者在电杆右侧作业。此时作业者右脚在下，左脚在上，即身体重心放在右脚，以左脚辅助。同样也是估测好人体与作业点上下、左右的距离和角度，系牢安全带后即可开始作业。

（3）作业者在电杆正面作业。此时作业者可根据自身方便采用第（1）的方式或采用第（2）的方式进行作业，也可以根据负荷轻重、材料大小采取一点定位，即两只脚同在一条水平线上，用一只脚扣的扣身压扣在另一只脚的扣身上，扣稳之后，同样要选好距离和角度，系牢安全带后进行作业。

3 下杆

杆上工作结束后，作业者应检查确认工作点工作全部结束后再行下杆。下杆可根据用脚扣在杆上作业的三种方式，首先解脱安全带，然后将置于电杆上方侧的（或外边的）脚先向下跨扣，同时与向下跨扣的脚的同侧手向下扶住电杆，然后再将另一只脚向下跨扣，同时另一只手也向下扶住电杆，以后步骤重复，直到着地。下杆过程中，作业者应始终将安全带绕杆系好。

3.9 选择农用地埋线及电缆应注意的事项

农用电线电缆因其特殊的工作环境，与其他用途的电线电缆比较，在选用时应注意以下五点：

（1）地埋线和移动式电线电缆，其线路电压降不宜过大，以保证终端电压不致过低，否则会引起电机无法起动或烧毁。对于长线路，电压降的问题更为突出，导线截面积可选择稍大一点的。但也不宜过大，因过大虽可减少电压降，但投资大，不经济。

（2）塑料绝缘地埋线，在运输过程中不允许拉伤碰伤塑料绝缘，存放地点不宜选择在潮湿及光照过强的地方，库存时间以不超过一年为宜，否则易使绝缘自然老化。堆放也不宜过高，以免下层电线受压变形。

（3）地埋线的埋设深度一般不宜小于 1m，以防止农业生产中可能发生的外伤。在寒冷地区，埋设深度不宜小于冻土层以下 100mm。

地埋线埋设方式可按图 3-1 选择。图中，h 为埋设深度

(mm)，d 为电线直径（mm），$B=d+$ （5～10）mm。

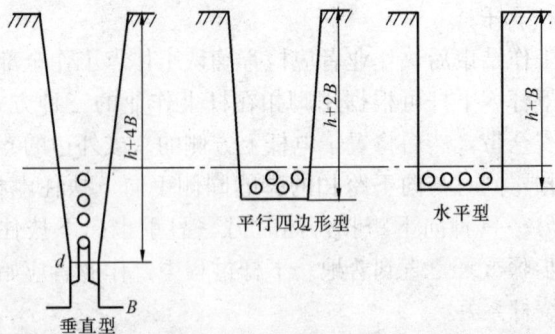

图 3-1 地埋线埋设方式图

（4）移动式或橡套电缆不允许用外力拖拽或受重物滚压（如拖拉机），以免损坏电缆，造成故障。

（5）在沿海盐雾严重的地区，不宜采用架空铝线，应尽量采用地埋线以防腐蚀。

3.10 选择低压架空线路导线截面积的简便算法

选择低压架空线路的导线截面积应满足的三个基本条件如下：

（1）保证用户的电压质量。三相供电电压，允许偏差为额定电压的 ±7%；220V 单相供电电压，允许偏差为 +7%、−10%。

（2）满足热稳定的要求。导线通过电流时就会发热，使温度升高，过高的温度会降低导线的机械强度和损坏导线接头。导线允许通过的电流受其材质和周围环境温度的限制，因此导线的电流不允许超过稳定的安全载流量。

116

(3) 必须具有一定的机械强度。为满足施工时机械强度的要求和运行中耐受恶劣气候的作用，导线需要有不小于某一限值的截面积，以保证最低的机械强度。规程规定架空线路导线不得小于 16mm²。

在选择低压架空导线截面积时，必须满足上述三个基本条件。实际计算起来虽说不很复杂，但对于农村电工来说也是比较困难的。这里介绍一种不用逐项计算的一个简单公式，以求得低压架空导线的截面积。公式如下

$$S = \frac{PL}{3} \qquad (3-1)$$

式中　S——铝绞线截面积，mm²；

　　　　P——电动机的额定功率，kW；

　　　　L——电动机到配电变压器的距离，m。

【例 3-1】　距配电变压器 500m 处有一台 28kW 电动机用于提水灌溉，问需多大截面积的铝导线才能使 28kW 电动机安全运行？

$$S = \frac{28 \times 5}{3} \approx 46.7 \ (\text{mm}^2)$$

因导线规格中没有 46.7mm² 的，所以取接近的线号即为 50mm²。

【例 3-2】　有一米面加工房距变压器 200m，其电动机功率为 7kW，求架一条线路需用多大截面积的铝导线才能使电动机正常运行？

$$S = \frac{7 \times 2}{3} \approx 4.6 \ (\text{mm}^2)$$

按计算结果和导线规格截面积为 6mm² 的导线就能满足供电要求，但因规程规定：低压架空导线的最小截面积不能小于 16mm²，所以该线路不能用 6mm² 导线，必须用截面

积为 16mm² 的铝绞线。

这里应注意，因该经验公式电压损失是按 6.5% 考虑的，比规程规定的 ±7% 略小，所以经计算不足 16mm² 的导线要采用 16mm² 导线。

3.11　怎样定位和安装低压拉线绝缘子

拉线绝缘子究竟应安装在拉线的什么位置上，应根据电杆的高度来确定。有关规程规定："拉线绝缘子对地垂直距离不能低于 2.5m。"这并不是说拉线绝缘子就装在对地 2.5m 的位置，而是说当拉线"断线"时，拉线绝缘子对地的垂直距离不能低于 2.5m。这样，8m 电杆和 10m 电杆拉线绝缘子的安装位置就不相同，必须通过计算才能确定。

现以一根 10m 圆水泥电杆为例，计算拉线绝缘子的定位与安装。

10m 圆水泥电杆，电杆的埋深为 1.8m，拉线上端距电杆杆梢的距离为 0.2m，拉线与地面的夹角为 45°。试计算拉线绝缘子应定位在拉线的什么位置处，对地的垂直距离又是多少。

拉线绝缘子定位如图 3-2 所示。设该拉线绝缘子装在拉线的 E 点上。根据规程规定，拉线断线时绝缘子对地的垂直距离不能低于 2.5m，所以当拉线断线时，拉线绝缘子 E 点就落到电杆上一点 E'，则 $E'C = 2.5m$。又因为，电杆埋深为 1.8m，且上把距杆梢的距离为 0.2m，则拉线上把到地面的垂直距离为 $AC = (10 - 0.2 - 1.8)$ m = 8m。因为拉线与地面的夹角为 45°，所以三角形 ABC 是一个等腰直角三角形，即 $AC = BC = 8m$。又据勾股定理可得　$AB =$

$\sqrt{AC^2+BC^2}=11.3$m，而 $AE=AE'=AC-E'C=8-2.5$m $=5.5$m，所以 $EB=AB-AE=5.8$m，又因为 $\sin45°=EF/EB$，则 $EF=EB\sin45°=0.707\times5.8m=4.1$m。

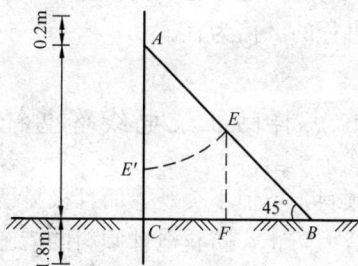

图 3-2　拉线绝缘子定位图

　　计算可得：拉线绝缘子应安装在拉线上段 5.5m 的位置上，对地的垂直距离为 4.1m。

　　拉线绝缘子是为防止低压线路导线碰及拉线造成拉线带电的一项技术措施。安装拉线绝缘子时应做好以下几点：

　　（1）电杆拉线必须装设与线路电压等级相同的拉线绝缘子，拉线绝缘子应装在最低导线以下，距地面垂直距离 2.5m 以上。

　　（2）拉线绝缘子按其拉力不同分几种型号，使用时应选择与拉线型号相适应的绝缘子，以保证绝缘子的拉力达到线路要求。

　　（3）在拉线穿越绝缘子孔眼时，应上下交叉穿越，这样即使绝缘子破碎，上、下把拉线应能相互勾连起来，以免发生事故。

　　（4）拉线绝缘子处的上、下把拉线接头应选用合格的钢绞线卡子，每根接头应连接不少于两只卡子，同时还应用12号镀锌铁丝进行绑扎，并涂上油漆防锈。

（5）钢绞线卡子位置不宜过分靠近拉线绝缘子，以防拉线受力后由于夹角过大把绝缘子夹破。卡子距绝缘子的距离以拉线绝缘子直径的2倍为宜。

3.12　怎样防止配电线路电杆倾斜

线路电杆倾斜，不但不美观，而且极易诱发倒杆、断线事故，所以应努力防止。防止电杆倾斜的措施有以下几项。

1　电杆要有足够的埋深

电杆埋深一般约取电杆全长的1/6。不同规格的电杆埋深应取下列数据（横线左边的数字为电杆全长，右边的数字为埋深）：7m—1.2m；8m—1.5m；9m—1.6m；10m—1.7m；12m—1.9m；15m—2.3m。

2　电杆要立得正

规程规定，混凝土电杆的倾斜度不得超过其地面以上高度的3‰，木电杆的倾斜度不得超过其地面以上高度的5‰。在立杆时，要严格掌握标准，细心观察，不能马虎从事。

对转角杆和终端杆，要预计电杆受力后的倾斜量，立杆时宜向受力的反方向稍作倾斜，使电杆受力后正好归于正位，不得向内侧倾斜。

3　回填土要夯实

电杆就位并调正后，要立即回填土。回填时，每回填300mm土层就要夯实一次。回填土中不宜有树皮、草根等易腐烂的杂物以及冰、雪块。回填冻土时，应将冻土敲碎，填满杆坑以后，余土应全部堆在电杆根部周围作为防沉层。

4 正确设置拉线

拉线是为了平衡电杆所受外力而设置的。当电杆受外力作用时，如无拉线平衡外力，电杆就要弯曲或倾斜。一般说，对于转角杆，要在分角线的反方向设置转角拉线，以平衡两侧导线的拉力，如图 3-3（a）所示。对于终端杆，要在导线的反方向设置拉线，以平衡单侧导线的拉力，如图 3-3（b）所示。对于耐张杆，要在顺线路方向电杆两侧设置拉线，以平衡导线紧线时和断线时的拉力，如图 3-3（c）所示。当低压导线和高压导线同杆架设时，因低压导线的耐张

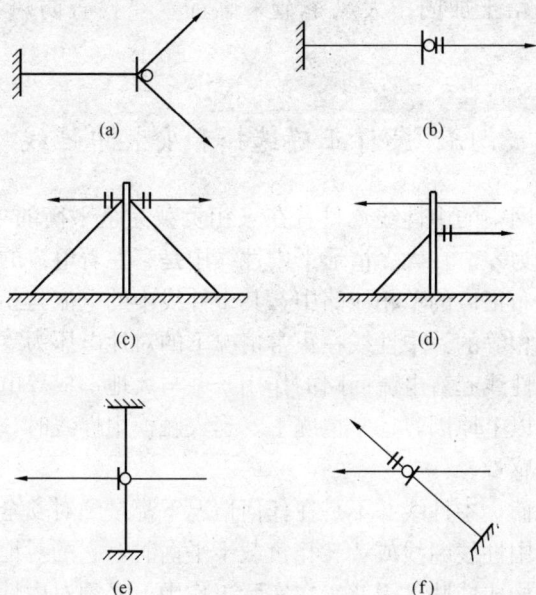

图 3-3　拉线示意图
（a）转角杆；（b）终端杆；（c）耐张杆；（d）低压耐张杆；
（e）防风拉线；（f）分支杆

121

杆不一定和高压导线的耐张杆同杆，故在低压耐张杆
（对高压线来说是直线杆）上应设置拉线，以平衡低压导
线的拉力，如图 3-3（d）所示。为了平衡风力对导线和
电杆的作用力，保持线路稳定，一般每 6～7 基电杆应设
置一对防风拉线，如图 3-3（e）所示。当线路分支时，
在分支线的反方向要设置拉线，以平衡分支线的拉力，
如图 3-3（f）所示。

5 发现电杆倾斜要及时扶正

若拉线松弛或断裂，要及时修复；若电杆基础被冲
刷，要培土加固；大风季节来临前，要检查防风拉线是
否合适。

3.13 怎样正确选择和安装中性线

电网中的中性线，只有在三相负载完全平衡的条件下，
电流才为零。在大多情形下中性线中是存在着电流的，特别
是在分布很广的单相线路中，其中性线中的电流与相线中的
电流是相等的。中性线在正常情况下的对地电压为零，这是
由于中性线起着电流回路的作用，并与大地形成等电位。正
是基于以上原因，正常情况下，当人触摸中性线时，并没有
触电的感觉。

然而，中性线并不是在任何情况下都是绝对安全的。比
如，当中性线断线或者三相负载不平衡时，它的对地电压足
以对人构成威胁。因此，在实际工作中，必须对中性线有高
度的重视，决不能因为是中性线，在材料选用上便降低其绝
缘要求及机械性能的标准，特别是在单相供电线路中，中性
线的要求必须与相线完全一致。

1 在低压三相四线系统中，不同情况下通过中性线的电流是不同的

（1）当三相负载平衡对称时，中性线电流几乎等于零，所以中性线的选择主要应考虑机械强度。

（2）当一相断线或熔丝熔断时，中性线通过其他两相电流的向量和基本与相线电流相同，这时中性线的截面积应等于相线截面积。

（3）当两相熔丝熔断时，中性线电流等于相线电流，中性线应选用与相线相同的截面积。

（4）单相用电回路的中性线电流等于相线电流。

除上述几种情况外，尤其应该注意的是在农村低压电网中，居民用电实行集表箱管理时，往往是多家公用一根中性线。在这种情况下，通过中性线的电流情况是：在公共中性线的首端等于各用户相线电流的总和，中性线的电流由首端至末端逐渐减小，只有最末端一户中性线电流与相线电流相等。所以，采用集表箱时，必须使公用中性线截面积大于用户相线截面积，否则会因中性线过电流，造成用户末端电压降过大且中性线过载发热，致使损坏绝缘而导致短路或发生火灾。

2 中性线截面积的选择

（1）在单相供电线路中，中性线截面积应与相线截面积相等。

（2）在380/220V供电线路中，若照明灯为白炽灯时，中性线截面积可按相线截面积的50%选择，为保证安全最好采用中性线与相线相同的截面积；当照明为气体放电灯时，中性线截面积可按最大负载相的电流选择。

（3）在采用逐相切断控制的三相照明电路中，中性线与

相线截面积应相等；若数条线路共用一条中性线时，中性线截面积应按最大负载相的电流选择。

（4）按机械强度要求：绝缘铝线应不小于 16mm²，绝缘铜线应不小于 10mm²。

3 中性线的安装要求

（1）中性线和配电变压器的中性点要同时作可靠接地。当配电变压器容量在 100kVA 以下时，其接地电阻值不应大于 10Ω；当配电变压器容量大于 100kVA 时，其接地电阻值不应大于 4Ω。

（2）中性线与相线的排列。垂直排列时，相线在上，中性线在下。水平排列时，面向负载侧，左侧第二根为中性线，即从左侧起按 L1、N、L2、L3 的顺序排列。若线路附近有建筑物，则中性线应靠近建筑物一侧。同一供电区域内中性线位置应一致，色标也应一致。

（3）中性线的连接要紧密牢固。在一个档距内只允许有一个接头。跨越公路、河流时，不得有接头。

（4）中性线上不允许装设熔断器和单独的开关装置。

（5）自备电源不得共用电网的中性线。

（6）严禁用大地作中性线。

（7）中性线要进行重复接地。

4 中性线的运行维护

（1）按标准设计、施工。验收合格送电运行后的配电台区，要在用电高峰时间测量低压侧出口各相负载电流，并调整平衡三相负载，使中性线电流达到标准规定的范围，并尽可能达到最小。

（2）因农村居住分散，大多数用户用电负载较小，单相供电线路较长，很难做到三相负载稳定平衡。因此应每季度测量一次负载电流，根据负载变化情况，及时进行调整。

（3）坚持每月巡视一次设备（特殊巡视除外），对导线接头处、导线固定点等要详细查看，发现缺陷及时处理。

（4）对配电变压器二次侧中性点引出线与变压器台接地体的连接点等处，要重点检查其是否有松动，有无接触不良，接地体外露部分有无锈蚀、断裂，应保证连接牢固可靠。

3.14　架空配电线路常用技术数据的估算法

（1）锥形钢筋混凝土电杆重心的确定。公式为

$$电杆重心点（距杆底）＝0.4H＋0.5 \qquad (3-2)$$

式中　H——电杆长度，m。

如：梢径为 190mm，长为 12m 的环形水泥电杆的重心点为

$$0.4×12＋0.5＝5.3 \quad (m)$$

（2）电杆埋深的确定。公式为

$$电杆埋深 h＝\frac{1}{6}H \qquad (3-3)$$

如：一根 10m 的电杆埋深应是

$$h＝\frac{1}{6}×10＝1.66 \quad (m)$$

（3）锥形电杆各部位直径的确定。公式为

$$\phi_X＝\phi_梢＋\frac{1}{75}X \qquad (3-4)$$

式中　ϕ_X——电杆从顶部至 Xm 处的直径，mm；

$\phi_梢$——电杆梢径，mm；

X——电杆从顶部至需测算处的长度，mm。

如：梢径 $\phi_{梢}$ 为 190mm 的锥形电杆，从杆顶下降 0.75m 处的电杆直径应为

$$\phi_X = 190 + \frac{750}{75} = 200 \quad (\text{mm})$$

（4）拉线地锚埋深的估算。公式为

拉线地锚埋深＝80×拉线棒直径 （3-5）

如：一拉线棒直径为 16mm，拉线地锚埋深应为

$$80 \times 0.016 = 1.28 \quad (\text{m})$$

（5）拉线长度的估算。公式为

拉线长度＝1.4×杆中心至拉线坑中心距离 （3-6）

如：一电杆中心至拉线坑中心距离为 8m，则拉线长应为

$$1.4 \times 8 = 11.2 \quad (\text{m})$$

（6）估算高压架空线路的线间距离。公式为

线间距离 $L = 0.06U_N + 0.3$ （3-7）

式中 U_N——配电线路的额定电压，kV。

如：一条 10kV 的配电线路，导线间的距离为

$$L = 0.06 \times 10 + 0.3 = 0.9 \quad (\text{m})$$

（7）低压配电线路导线截面积的估算及选择。公式为

$$S = \frac{\text{负载容量(kW)} \times \text{负载至变压器的距离(m)}}{3} \quad (3-8)$$

如：在距变压器 500m 处欲安装 20kW 的水泵，应选择的导线截面积为

$$S = \frac{20 \times 5}{3} = 33.3 (\text{mm}^2)$$

可选用 LJ-35 导线。

（8）导线质量的估算。公式分别为

126

$$铜导线的质量 = 导线截面积(mm^2)$$
$$× 导线长度(m) × 9 \quad (3-9)$$

$$铝导线的质量 = 导线截面积(mm^2)$$
$$× 导线长度(m) × 3 \quad (3-10)$$

$$钢心铝导线的质量 = 导线截面积(mm^2)$$
$$× 导线长度(m) × 4 \quad (3-11)$$

3.15 农业排灌电网中怎样应用地埋线

1 地埋线路的规划与设计

（1）地埋线路的路径要尽量选择在地边、路边和渠边。要尽量避开机耕地或人为经常挖坑刨土的地段，要避开易受山洪、雨水冲刷的地方，要避开集中堆肥和沤肥的场所。

（2）接线箱的位置应根据用电需要设置在线路的分支、终端处和便于管理、不易受碰撞的地方。供电距离超过0.5km的线路，宜在中间设接线箱，接线箱内应装设开关和熔丝等控制和保护设备。

（3）地埋电力线路的最大供电半径，应通过技术经济比较后确定，最大不宜超过1km。

（4）蚁类聚居、鼠类活动频繁、土壤里明显含有能破坏塑料性能的物质、岩石结构以及含有大量尖硬杂物的地区等，不宜采用地埋电力线路。

2 地埋线的选择

选择地埋线时要根据用电负荷计算出负载电流，并按不少于5年的农村用电发展计划选择截面积。

（1）地埋线型号选择。北方宜采用耐寒护套或聚乙烯护套型；南方宜采用普通护套型。选用的地埋线要采用国家定点厂生产的优质地埋线，外皮应光滑，绝缘应良好，技术数据应达到部颁标准。严禁用无护套的普通塑料绝缘线代替。

（2）线路的最大工作电流。线路的最大工作电流不应大于地埋线长期允许通过的电流。

（3）三相四线制的中性线截面积，不宜小于相线截面积的 50%，单相制的中性线截面积应与相线的截面积相同。

（4）地埋线的最小截面积为 10mm^2，要防止因设计导线截面积偏小不能适应负载增长需求、电气性能达不到要求、电压低、线损高，致使运行周期达不到设计年限的问题。

3 地埋线路的施工

（1）埋设前的检查和测试。埋设前要检查地埋线的绝缘情况和保护层外部情况，将缺陷处理在施工之前。展放地埋线前应进行绝缘电阻测试。将地埋线放在水池中浸渍 24h（两个线头应从水池内拉出）后，再用 2500V 绝缘电阻表摇测 1min，其稳定绝缘电阻值每千米不应小于 $10\text{M}\Omega$，并要求地埋线外表无明显损伤。

（2）挖沟。开挖地埋线沟槽前，应先进行测量并用白石灰放样，按先干线，后支线，到接线箱再到接户线的顺序挖沟。挖沟应符合下列要求：一般海拔在 2000m 以下沟深为1m 左右，海拔在 2000m 以上的在 1.5m 左右，寒冷地区必须保障挖至冻土层以下，沟的深度应基本一致，不应有高低陡坡。沟底宽度应满足导线水平布置要求。沟底宽度一般动力线路为 0.6m，照明线路为 0.5m。沟底应平直结实，硬杂物要清理干净，并应铺放一层 $100\sim200\text{mm}$ 厚的松软细土或细砂。当地面出现高差时，应挖成平滑斜坡，上下成圆弧形，转角处的弯曲半径不应小于地埋线直径的 15 倍，以免导线弯曲过度。

（3）放线与排线。放线前要检查验收地埋线沟槽是否合格；检查导线型号是否符合设计要求，导线外观有无机械损伤。无论采用哪种放线方法，都要严禁在地面上拖线前进，防止打卷、扭折、交叉、拧绞或机械损伤。

在放线过程中，放线者要随时注意检查导线有无缺陷，要一边放，一边用手摸，眼睛注意看。若发现机械损伤、芯线断股、接头等应立即做出明显标志，并在填土前及时处理。三根相线必须采用同一截面积的导线。放线时要留有一定的裕度，以备接头和膨胀伸缩用。为了防止鼠类咬伤地埋线，放线时在地埋线周围铺设一定厚度的细砂或其他保护层。放线时周围环境温度不能低于 0℃，防止因气温过低，护套塑料变硬变脆，放线时拉伸而发生龟裂。

排线时要核准相序，排好线间距离，留好适当裕度。地埋线在地沟内一般为水平布置，排列应均匀，线间距离一般为 50～100mm。相序的规定为：面向受电侧，左侧为 L1相、中间为 L2 相、右侧为 L3 相。

排线应从放线的末端开始，逐渐向始端进行。两个人在沟底，相距 3～5m，前面的人面向放线始端，负责核准相序，把各导线按排列要求分开，并向后面的人通报。沟底有不平的地方，用脚踏平。后面的人面向末端侧，负责把每条线按相序排列及线间距离要求布置在地沟内。导线不可拉得太紧，应留有 2‰～3‰的裕度。在线路转角与沟底有高低差的地方，导线也要留有一定裕度。摆好线后用脚踩住，待沟上面的人铲土压住导线后，再换脚移步。

线路的始端、末端线头，要留足接入控制开关或接线箱的长度。在线路中间如有分支或出现接头时，宜采用 U 形布线法，即把接线引出地面，在接线箱内接线，以减少地下接头。如需在地下做接头的地方，线端应留出 1.5～2.0m 的长度。

线路的始端和末端、U 形布线的引入和引出部分、穿越公路、河渠地段应加装硬质保护管。如水泥管、金属管、硬质塑料管等。

（4）引线的安装。从线路埋深处至地面以及至开关这一段引进或引出线虽然不长，但它经过的路径情况变化比较大。从地面以下 500mm，这一段是老鼠和蚂蚁活动比较频繁的地方，必须加强防范，可加装套管，套管埋入地下部分长度应大于 500mm，露出地面的长度应考虑安全的需要。为了避免导线接头埋在地下时间长了发生漏电现象，应把接头提到地面以上连接。接好后用绝缘防水胶布包好。

（5）回填土。回填土时要小心谨慎，并把挖出的石块、砖头、瓦砾等坚硬物选出，以免损伤电线。应按挖土顺序将沟填好，即从下面挖出的土还应填在下面，以减少塑料导线氧化程度。

回填土分两步进行。第一步，随排线逐渐进行。待沟下排线人把线排好后，沟上人铲松软细土或细沙压住地埋线，排线人继续向前排线，沟上人继续铲土压线，相互配合。其他人在后面向地沟内填 100～200mm 厚的松软细土或细沙。在线路有地下接头的地方，要留一段距离暂不填土。在 U 形布线处，要待排线人将线留够长度固定好后再填土。第二步，经复测无问题后，即可将沟填平。如施工现场附近有水源，最好向沟内适当放水，将土夯实。回填土应略高于周围地面。

回填土完毕后，再复测一次绝缘电阻值。将测试的数值做好记录，填入施工记录表中。

（6）扫尾工作。

1）用水泥、细砂和砖块，在地埋线路的各接线头和出线头处砌上接线箱。

2）应根据具体情况在不同的地段埋设线路标志，以防人为损坏。

3）地埋线出地后至终端杆端头接架空线处一定要装设避雷器，防止过电压对地埋线损坏。

4）绘制线路图，以备检修时用。

（7）严把质量关和验收关。每道工序完成后都要严格检查，符合要求后才能进行下一工序，做到无桩不开沟、沟浅不放线、排线再回填、测试再送电。试送电以后要进行全面验收，做好投产的交接试验，测试好有关电气参数。

（8）运行管理与维护。

1）地埋线路巡视与检查的周期为：定期巡视检查为每季一次；埋设初期、雷雨过后、农忙季节和农田基本建设期间，要加强巡视和检查；绝缘电阻测量为每年一次。巡视与检查的内容为：①接线箱和门锁有无损坏，箱内有无渗漏雨水现象；②接线箱内的接头有无松动、脱落、发热和烧灼痕迹；③引出线保护管是否完好，出土部位绝缘是否老化、变质；④熔丝的选择是否符合要求；⑤裸露部分有无明显的绝缘破坏，连接部分有无氧化，地埋线路泄漏电情况。

2）应经常检查负荷情况，不允许地埋线过负荷运行。

3）在地埋电力线路两侧各 1m 的范围内，有无洪水冲刷、沉陷塌方、违章开挖、掘沟、打井、植树、建房、集中堆肥、沤肥和烧土灰等现象，有关标志是否完好。

3.16　低压照明线路的常见故障及检修方法

照明线路可能发生的故障，主要有短路、断路和漏电三种。

1　短路

短路时，线路电流很大，熔丝迅速熔断，电路被切断。若熔丝选择太粗，则会烧毁导线，甚至引起火灾。其原因多为接线错误，使相线与中性线相碰接所致；或导线绝缘层损坏，在损坏处碰线或接地；或用电器具有内部损坏，灯头内部松动致使金属片相碰短路，灯头进水等。检修时，应先找出短路点，可用万用表的电阻挡在断电情况下进行电路分段、分区域检测。排除短路故障点后，装接合格的熔丝再送电。

2　断路

断路时，电路无电压，照明灯不亮，用电器具不能工作。其原因有：熔丝熔断、导线断线、线头松脱、开关损坏、导线接头锈蚀严重等。检查时，若同一线路中的其他灯泡都亮，仅一个灯泡不亮，则为此段电路故障。应注意检查灯丝、灯头及开关，一般大多为灯丝烧断；荧光灯应查镇流器和起辉器。若同一线路的所有灯泡不亮，应检查该路熔丝是否烧断及有无电源电压；若熔丝没断而相线上无电压，则应检查前一级熔丝是否烧断。

3　漏电

漏电时，用电量增多，人触及漏电处会感到发麻。测绝缘电阻时阻值变小。其原因是因绝缘导线受潮、污染或电线及电气设备长期使用绝缘已老化所致。查找漏电方法有四步：

（1）判断是否确是漏电。用绝缘电阻表摇测其绝缘电阻的大小，或在总闸刀上接一只电流表，接通全部开关，取下所有灯泡，若电流表指针摆动，则表示漏电。

（2）判断是相线与中性线间漏电，还是相线与大地间漏电，或两者兼而有之。方法是切断中性线，若电流表指示不变，则是相线与大地间漏电；若电流表指示为零，是相线与中性线间漏电；若电流表指示变小但不为零，则表示两者兼而有之。

（3）确定漏电范围。取下分路熔断器或拉开隔离开关，若电流表指示不变，则是总线漏电；若电流表指示为零，则为分路漏电；若电流表指示变小但不为零，则表明是总线、分线均有漏电。

（4）找出漏电点。经上述检查后，再依次拉开该线路灯具的开关。当拉开某一开关时，若电流表指示返零，则是该分支线漏电；若变小则说明除这一分支线漏电外，还有别处漏电；若所有的灯具开关都拉开后，电流表仍指示不变，则说明该段干线漏电。依此法把故障范围逐步缩小，便可找到漏电点。

为了及时发现漏电，应对线路作定期检查，测量其绝缘电阻值，如发现绝缘电阻值变小，应及时找到故障点，予以排除。

3.17 怎样架设农村低压电力线路的导线

农村低压电力线路施工，主要有测量定位、杆坑开挖、杆塔组装、导线的架设五道工序，这里要讲的是最后一道工序，即导线的架设工作。

1　在导线架设前应注意的事项

检查导线的规格型号是否符合设计要求；有无严重的机械损伤、断股、破股、背花等损伤；有无氧化腐蚀现象。

2　线盘的布置与安放

在导线展放的前一天，应到线路施工的现场仔细察看一遍，尽量选择交通便利、紧线方便的耐张杆处放置线盘，并把长度大致相等的线盘放在一起。预先计算好所用导线的长度，放好线后应使余线剩的不要过长。导线的长度应比档距增加适当的裕度，平地应增加 1%，山地应增加 2%。

3　跨越架的搭设

在导线的展放过程中，当线路与铁路、公路、通信线、电力线等交叉跨越时，为了使导线不受损伤，又不影响被跨越物的安全，需要提前搭设跨越架。搭跨越架所用材料一般为毛竹竿、细杉木等，并用铁丝绑扎牢固。跨越架的宽度应比两边线宽出一定的距离，一般为 1m。放线时，在各跨越处均应设 1~2 人进行看护，防止架子变形、移动或倒塌，监视导线是否可能落到架子以外而碰触跨越物。

4　导线的展放

农村低压电力线路施工放线的方法，通常是地面拖放。在导线展放时，线盘要放在放线架上，且放线架应支架牢固，导线头应从线盘的上方抽出，并有专人负责和看护。在导线展放前，要彻底清除沿线障碍物，导线与岩石等坚硬地面接触处应采取相应的保护措施，如垫树枝、柴草等，以防止磨伤导线。在放线过程中，应有专人护线，一旦发生了导线磨伤、断股、背花等情况，应及时发出信号停止牵引，然后采取措施进行处理。每基杆塔处也应设 1~2 人进行监护，注意电杆上悬挂导线的铝制开口滑轮转动是否灵活，导线是否出槽，导线接头穿过滑轮处是否被卡住。如果发生不正常情况，应立即传出停止牵引的信号，防止拉倒电杆。

5 紧线

（1）紧线前应做好耐张杆、转角杆和终端杆的拉线。在终端杆挂线的另一侧，做好临时拉线，拉线对地夹角应不大于30°，目的是防止紧线时终端杆朝紧线方向倾倒。紧线时，根据导线截面积的大小和耐张段长短，可分别采用人力紧线、紧器器紧线、绞磨紧线等方法。为了防止横担扭转，宜同时紧两根线，或者三根线同时紧。

（2）紧线前应检查导线是否都放在铝滑轮中，线径较小的线路紧线时也可放在针式绝缘子的顶部沟槽中，但不允许将导线放在横担上，以免磨伤导线。

（3）紧线时应做到每基杆塔有人，以便及时松动导线使导线接头顺利通过滑轮或绝缘子，并要有统一指挥和明确信号。指挥人员要根据当时气温，核对弧垂观测结果，指挥松紧导线，防止盲目凭经验紧线。

（4）紧线时应考虑导线初伸长对弧垂的影响。一般可采用减少弧垂的方法，弧垂减少量：铝绞线为20%；钢芯铝绞线为12%。

3.18 农村10kV配电线路交叉跨越和对地距离的有关规定

在农村，10kV配电线路面大量广，其交叉跨越和对地距离是线路设计的重要内容，也是薄弱环节。设计不合理将会造成人员伤亡、用户设备烧损、供电质量不合格等严重后果。根据有关线路事故统计，10kV 配电线路由于交叉跨越和对地距离不够而造成的事故占 15%；在线路下面违章建房和建其他建筑物而造成的事故占 70%；因设计不合理，从而造成人员伤亡的占 15%。这些隐患严重地影响设备的安全运行和人们的生命安全。因此在施工中要严格执行有关规程规定。现就有关规定简述如下：

（1）导线对地面的最小距离：居民区为 6.5m，非居民区为 5.5m，交通困难地区为 4.5m。

（2）导线与水面的最小距离：①不能通航也不能浮运的河、湖（冬季水面）为 5.0m；②不能通航也不能浮运的河、湖（50 年一遇洪水位）为 3.0m。

（3）导线在最大风偏情况下与山坡、峭壁、岩石的最小净距：①步行可以到达的山坡为 4.5m；②步行不能到达的山坡、峭壁、岩石为 1.5m。

（4）导线在最大计算弧垂情况下与建筑物的最小垂直距离为 3.0m；在最大风偏下，架空电力线路边导线与建筑物的最小距离为 1.5m。

（5）电力线路通过公园、绿化区域或防护林带，导线与树木的最小净距为 3.0m。架空电力线路通过果林、经济作物以及城市灌木林时，导线与果林、经济作物林以及城市灌木林之间的最小垂直距离在最大弧垂时不能小于 1.5m，最大计算风偏情况下的水平距离为 2.0m。

（6）架空电力线路跨越弱电线路时交叉角为：一级大于或等于 45°；二级大于或等于 30°；三级不限。

（7）10kV 配电线路与其他线路的安全距离：10kV 线路与 1kV 以下线路为 2.0m；10kV 线路与 10kV 线路为 2.0m；10kV 线路与 35～110kV 线路为 3.0m；10kV 线路

与 220kV 线路为 4.0m；10kV 线路与 330kV 线路为 5.0m。

（8）架空电力线路最大弧垂情况下与道路的最小净距为 7.0m，与乡间小路为 5.5m。

（9）10kV 配电线路与铁路在最大弧垂情况下最小垂直距离：至标准轨顶为 7.5m；至窄轨顶为 6.0m；至承力索或滑触线为 3.0m。最小水平距离：最高杆（塔）高加 3.0m。

3.19 怎样巡视架空电力线路

要保证农村架空电力线路安全运行，必须做好对架空电力线路的巡视工作。架空电力线路的巡视工作主要有以下几个方面。

1 巡视项目

（1）定期巡视。定期巡视应每月进行一次。通过检查及时掌握架空线路各部分的运行情况及沿线情况。

（2）特殊巡视。在遇到天气突变，如导线结冰、大雾、大雨雪、汛潮等情况，应对架空线路某段或全部进行详细察看。这种巡视不规定具体时间。

（3）夜间巡视。在夜间对运行中的设备进行巡视，重点检查导体接触部位接触不良和局部放电等现象，白天不易发现，在夜间容易查找。夜间巡线应每半年进行一次，最好安排在线路负荷较重时进行。

（4）故障巡视。当线路发生故障时，应专门进行对事故点的巡视与检查。

2 巡视检查内容

（1）检查线路走廊。检查线路防护走廊内有无建房和其他新建建筑物和构筑物，有无柴草和危及线路安全运行的树木、高秆作物等；沿线附近有无打靶、爆破和挖掘土方等。

(2) 检查电杆与横担。检查电杆有无倾斜、横担歪扭及各部件变形；杆塔部件是否完整；螺栓有无缺螺母和松动；绑线、铝包带是否牢固完整；电杆焊接处有无裂纹开焊；基础是否下沉；杆塔上有无鸟巢及其他蔓藤植物附生和杂物；横担有无锈蚀；水泥电杆裂纹情况是否超出标准要求、水泥层是否有剥落、钢筋是否有外露；基坑培土是否正常；易受碰撞杆塔的保护桩、警示标志是否有效。

(3) 检查导线。检查导线有无锈蚀、断股、损伤或闪烁烧伤的痕迹；导线弛度有无异常变化，对地距离是否符合规定要求；导线接头处有无过热烧痕、接头是否变形等；跳线有无断股、歪扭，与杆塔的距离是否合乎要求；对各种架空线路的交叉跨越，其相对距离是否符合规程规定的要求；导线上是否悬挂有各种异物。

(4) 检查绝缘子与金具。绝缘子表面有无脏污、破损、裂纹、歪斜现象；绝缘子钢帽、钢脚有无锈蚀或变形；绝缘子有无闪络、放电烧伤痕迹；绝缘子串或陶瓷横担有无严重偏移；金具是否生锈；销子有无脱出和短缺等；绑线、线夹是否松动；开口销、弹簧销是否开口或锈蚀。

(5) 检查拉线。拉线有无锈蚀、松弛断股和受力不均；拉线桩和保护桩有无损坏；拉线是否松弛，部件是否完整；跨越公路的水平拉线对地距离是否足够。

(6) 检查接地装置和防雷设备。防雷设备是否齐全；接地引下线有无断股、锈蚀、断裂；引下线与接地体之间的连接是否牢固；引下线的保护板是否完整；各避雷器瓷体有无脏污裂纹和损坏；连接是否牢固；避雷器的动作记录情况；放电间隙是否变动、烧损。

（7）检查柱上油断路器、隔离开关及跌落式熔断器。油断路器是否漏油，开合指示是否正确，外壳是否接地；隔离开关的刀片和静、动触头是否接触良好，有无过热变色、变形痕迹；隔离开关及跌落式熔断器的引线、接头有无松动和发热；瓷瓶、套管的积尘程度与完好情况；支架是否牢固。

（8）检查附件及其他。护线条、铝包带是否完整，有无松动、断股和烧伤；防振锤有无变形、偏移；线路名称、杆号、相位的字迹和标志是否正确、清晰；各种警示标志是否明显。

3.20　380/220V系统设计施工中必须注意的事项

380/220V低压供电系统（即TN-C系统）在农村应用广泛，现就农村该类供电系统在设计、施工中应特别注意的几个问题简介如下。

1　中性线导线截面积的确定

在农村TN-C系统中的中性线，从某种意义上看要比相线更为重要。从断线故障来看，当发生某相断线故障时，仅使该相用电设备断电，不会立即发生其他严重事故。但发生断中性线故障时，不仅使各单相负载无法正常运行，还会立即造成大量用电设备被烧毁的事故。从中性线承担的任务看，它不仅要起系统工作中性线（N线）的作用，使系统中不平衡电流得以通过，而且还要承担保护中性线（PE线）的任务，可见农村该类供电系统中的中性线具有双重使命。因而我们不仅要考虑到中性线的导电能力，而且还必须充分考虑到它应具备足够的机械强度。

有关资料对该类供电系统的中性线截面积的选定是这样论述的：单相二线制系统要求中性线与相线采用同材质、同截面积的导线；而对三相四线制系统的中性线截面积的要求则为：凡相线小于或等于 $16mm^2$ 时，中性线与相线采用同材质、同截面积的导线；凡相线截面积小于 $35mm^2$、大于 $16mm^2$ 时，中性线采用 $16mm^2$ 的导线；凡相线截面积大于 $35mm^2$ 时，中性线截面积应不小于相线截面积的 1/2。根据农村用电实际，就农村 380/220V 低压供电系统而言，以上要求显得偏小。应该不论是单相二线制系统还是三相四线制系统，中性线均采用与相线同材质、同截面积的新导线。对某些用户较分散、单相负载比重较大、低压配电线路较长的情况，还应视具体情况，考虑是否需要将中性线的截面积增大到比相线截面积大一个档次。采取这种做法，不论是从供电系统安全运行的角度考虑，还是从降损节能的角度考虑，都是十分必要的。

② 2　重复接地

当供电系统发生故障时，为了进一步确保用电设备和人身安全，在该类供电系统中必须选择合适的地点，设置中性线重复接地 3～4 处，并要求其接地电阻值必须小于 10Ω。在该类供电系统中，采取中性线（PEN 线）重复接地措施，一般能够起到如下保护作用。

（1）可减轻中性线断线故障所造成的危害。当系统中发生中性线故障时，供电系统的中性点将产生极为严重的漂移，各相用电设备所承受的电压将严重的偏离额定值。负载轻的一相电压可能大大地超出额定值，烧坏用电设备（例如单相电动机等）。若中性线采取了重复接地措施，在发生断中性线的断线故障时，因中性线上采取了多处重复接地，配电变压器低压侧中性点有工作接地，通过大地构成了中性线的并联分路，从而保持了中性线与电源之间的联系。这样便可使因断中性线而产生的不良后果得到大大地缓解，可使各相电压的不平衡度大为降低，从而大大地减轻了各相用电设备所遭受的损伤，保证了用电设备的安全。

（2）可减轻故障时对人身安全的危害。当系统发生中性线断线故障，若又发生用电设备单相碰壳事故时，因用电设备外壳与中性线有牢固的电气连接，而中性线又采取了多处重复接地措施，所以故障相可通过用电设备外壳、中性线、重复接地、大地、配电变压器低压侧中性点工作接地、电源形成回路。故用电设备的外壳对地电压不会太高，此时即使有人触及故障设备的外壳也不会造成对人身过重的损伤。若中性线未采取重复接地措施，当发生上述故障后人身触及故障设备外壳时，则故障电流通过用电设备外壳、触及故障设备外壳的人身、大地、配电变压器低压侧中性点工作接地构成回路。因为人身电阻比配电变压器工作接地电阻大得多，所以在发生这类触电事故时，人身将承受几乎全部的相电压，这是极端危险的。

3.21 怎样速算耐张杆跳线的长度

在10kV配电线路施工过程中，经常需要现场确定跳线的长度。对跳线长度的要求，既要保证跳线对杆、对拉线的最小安全距离（最大风偏时），又保证跳线弧度美观适宜。这里介绍一种跳线长度的速算方法。这种方法既能满足工程要求，又快速简捷。只要在施工现场量出组装好的绝缘子串

（包括球头、直角挂板、碗头）的长度 L_1、连板的长度 L_2，再加上跳线的弧垂 h（300～650mm）即可算出，计算式为

$$跳线长度\ L=2L_1+L_2+h$$

(3-12)

跳线长度理论计算图如图3-4所示。

$$L=\overset{\frown}{AB}=2\arcsin[(0.5\overline{AB})/R]/$$
$$180×3.14R$$

$$R=[h^2+(0.5\overline{AB})^2]/2h$$

$$\overline{AB}=2L_1+L_2$$

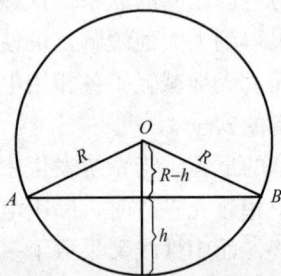

图3-4　跳线长度理论计算图

【例3-3】 某10kV配电线路耐张绝缘子串的长度 $L_1=540$mm，连板长度 $L_2=470$mm，跳线弧垂 h 分别为 300、400、500、600、650mm 时，10kV跳线长度的速算与理论计算结果见表3-1。

从表3-1中可以看出，跳线长度的速算与理论计算值相比，误差很小，完全能满足工程要求。一般来说绝缘子、金具的数量、型号确定后，绝缘子串的长度就确定了，连板的长度也是个定值，至于跳线弧垂 h 值的确定，要根据耐张杆的具体情况（直线耐张还是转角耐张）和导线型号等诸多因素确定。

表3-1　　10kV跳线长度速算与理论计算结果对照表　　　（mm）

跳线弧垂 h	300	400	500	600	650
跳线长度速算 L	1580	1950	2050	2150	2200
跳线长度理论计算 L	1700	1852	1949	2110	2196
速算与理论计算误差	8.8%	5.4%	5.2%	1.9%	0.2%

3.22 农村电工外线作业安全常识

1 立杆和撤杆

(1) 立杆、撤杆前应确定好立杆、撤杆方法,明确分工,统一指挥。严禁工作人员不听号令,各行其是。

(2) 立杆、撤杆前应仔细检查立杆、撤杆工具。叉杆、拦护绳应牢固、无霉烂、无缺损。严禁用木棒代替叉杆。

(3) 立杆、撤杆现场严禁非工作人员逗留。非工作人员应在杆高的 1.2 倍距离以外。

(4) 电杆起立或放倒时,禁止任何人在杆下逗留。工作人员应分布在电杆两侧,以防电杆突然落下伤人。

(5) 立杆时,禁止工作人员在杆坑进行挖土等其他任何工作。

(6) 电杆立正以后要立即回填土。回填土要分层夯实,层厚不得超过 300mm。回填土未夯实前不准登杆,也不准拆去拦护绳。

2 登杆作业

(1) 登杆前应仔细检查登杆工具是否牢固,如踩板(登高板)、脚扣、安全带等,并应检查电杆是否牢固。确认登杆工具和电杆都无问题后方可登杆。

(2) 杆上作业时,两脚应在踩板或脚扣上,同时应可靠地系好安全带。严禁徒手赤脚登杆;严禁不系安全带进行杆上作业。作业移位时,不得失去安全带保护。

(3) 杆上作业人员和杆下辅助人员均应戴安全帽。杆上有人作业时,杆下不得有任何人逗留,以防杆上掉物伤人。

(4) 登杆作业所用的工具及零星材料,应装入工具袋内随人带上或用吊绳吊上。需传递物件时，应用吊绳传递，不得自上而下或自下而上抛掷。

（5）六级以上大风或雷雨时禁止登杆。停电检修的线路在未验明导线确实不带电前，禁止登杆。

（6）杆上有人工作时，不得调整或拆去拉线。

3 放线、拆线和紧线

（1）放线、拆线和紧线工作应设专人统一指挥，统一号令。放线前，对放线廊道内的交叉、跨越物逐一登记，逐一制定过线方案，确保紧线时导线无障碍物挂住。

（2）放线、拆线时，对跨越铁路、公路、通信线路、电力线路处，要搭设跨越架，并应有专人看守。

（3）拉线未紧妥前，严禁拆线、紧线。拆线、紧线时，受力的拉线应有专人看守，发现异常情况应立即报告并采取相应措施。

（4）拆线、紧线前应仔细检查紧线工具是否完好。紧线工具残缺、破损或强度不够时，不准用于拆线、紧线。

（5）紧线时，禁止在紧线的一侧上下电杆或进行工作。工作人员不得跨在导线上或站在导线内角侧，以防意外跑线伤人。

（6）严禁用突然剪断导线的方法松线。

3.23 农村低压电网三相负荷不平衡的危害及防范措施

1 农村低压电网三相负荷不平衡的危害

（1）危害电气设备。

1）假设变压器在最大不平衡负载下运行，即 $I_\mathrm{u} = 3I$

时，变压器负荷相电流是在平衡负载下运行的 3 倍。此时，很可能造成变压器绕组和变压器油的过热。绕组过热，绝缘老化加快；变压器油过热，加速油质劣化，变压器的绝缘性能迅速降低。随之带来的是配电变压器寿命的降低（有资料显示变压器温度每升高 8℃，使用年限将缩短近 50%），变压器长期在不平衡负载下运行还可能造成绕组烧毁。

2）在三相负荷载不平衡条件下运行的变压器，必然会产生较大零序电流，而变压器内部零序电流，势必在铁心中产生零序磁通，零序磁通在变压器的油箱壁或其他金属构件中构成回路。但配电变压器的这些金属构件均为非导磁部件，则由此引起的磁滞和涡流损耗使这些部件发热，致使变压器局部金属件温度异常，严重时将导致变压器运行事故。

（2）导致 10kV 线路跳闸增加。我们知道 10kV 线路主保护多为过电流保护，当低压电网三相负荷严重不平衡时，将引起 10kV 某相电流过大，线路过电流保护动作跳闸，导致停电次数增加，同时变电站的开关设备频繁动作也将降低其使用寿命。

（3）烧断低压导线或烧毁低压设备。

1）烧断低压导线。在三相四线制系统中，理想状态是负荷平均分配到三相上，即每相的电流为 I，中性线电流为零。假设在最大不平衡时，即某相为 $3I$，另外两相为零时，中性线电流也为 $3I$，也就是说线路在最大不平衡负载下运行时，线路的相电流是在平衡负载下运行的 3 倍。最大电流相导线温度直线上升，致使导线连接处、薄弱处烧断，酿成线路断线事故。同理，由于三相负荷严重不平衡造成中性线电流增大，严重发热，直至烧断。

2）烧毁低压设备。低压配电屏配置的电气设备过载能力都较低，由于三相负荷不平衡会造成空气断路器或交流接触器动作于跳闸，甚至发生负荷重的一相损伤、整机损坏等后果。

（4）影响用户的生产和生活质量。三相负荷不平衡，一旦一相或两相负荷较大，必然引起线路中的电压变化，降低电能质量，影响用户的生产和生活质量。

（5）降低供电的效益。三相负荷不平衡会造成线损电量增加、低压配电装置损坏、变压器烧毁、线路烧断等线路设备故障，不但线损增大，而且增加供电成本，更换设备、停电检修又增加停电时间，明显降低供电的经济效益，影响用户的正常用电。

2 平衡低压三相负载的措施

（1）坚持就地平衡或就近平衡，向精细化管理要平衡。

1）把单相用电户分类，均衡地分配到三相上；

2）对较大户，要实现客户内部三相平衡；

3）摸清客户的单相动力负载接在哪一相，重点调整；

4）认真做好用电负载调查工作。对用电负载的大小、地点、性质、时间、电网布局及线路健康状况等资料要搜集齐全，列成图表，以便对三相用电负载进行及时合理的调整。

（2）勤观察、多测量。在做好就地、就近平衡的基础上，勤观察台区负荷的变化，多测量负荷电流情况并做好记录，从中找出规律性的东西，拟订平衡方案，调整负荷分布，尽力达到配电变压器出口三相电流不平衡度小于 10%，中性线电流不超过低压侧额定电流的 25%，低压主干线及主要分支线的首端三相电流不平衡度小于 20%。

（3）关注负荷突变、关注用电季节变化。随着用户负荷增加或季节变化，及时调查、规划、调整三相平衡度。

3.24 如何对农村 10kV 线路的自然和外力破坏进行反措

农村 10kV 架空线路常常会遭受雷击、大风和外力等破坏，严重影响着农村供电的可靠性。针对上述情况，分析其原因和防范措施如下。

1 雷击事故

（1）事故原因。10kV 架空线路遭受雷击后常表现为绝缘子击穿或爆裂、断线、配电变压器烧毁等，分析其设备原因主要有以下几个方面。

1）绝缘子质量差。目前农村配电网大量使用的 P-15、P-20 型针式绝缘子质量较差，遇有雷雨天气时常发生绝缘击穿，从而引起线路接地或相间短路故障。

2）10kV 线路防雷措施不完善。农村 10kV 线路大多仅在配电变压器安装处装设氧化锌避雷器，但架空线路仍缺少完善的防雷措施，这样，在空旷地区遭雷击的概率就比较高。

3）导线连接不良。很多地区习惯使用传统的并沟线夹作为 10kV 线路的连接器具，而并沟线夹连接并不是导线的最佳连接方法，当导线连接不良时，则经受不住强大雷击电流的冲击而发生断线。

4）避雷器接地装置安装不合格。避雷器接地装置的接地电阻值大于 10Ω 的要求，因接地电阻值大，造成雷电流泄流能力差，雷电流不能快速流入大地。

（2）防范措施。

1）根据不同地区的经济条件将传统的针式绝缘子更换为硅橡胶绝缘子、支柱式绝缘子或瓷横担，从根本上提高10kV线路的绝缘水平。

2）安装氧化锌避雷器。在空旷地区，由于没有高大建筑物引雷，线路遭受直击雷是常有的事，所以在空旷地区的10kV架空线路上应适当安装线路型氧化锌避雷器或硅橡胶绝缘避雷器，新安装的配电网设备如配电变压器、柱上开关、电缆头等处必须安装合格避雷器，加强对10kV线路及设备的防雷保护措施。

3）选用安普线夹。在10kV线路的改造和检修中，逐步淘汰用传统并沟线夹连接导线的方式，严禁采用缠绕法连接方式。应选用连接性能较好的新型安普线夹。

4）检查、整改接地装置。定期检查测量10kV线路上接地装置的接地电阻值，对不合格的应及时整改，确保接地电阻值符合安全规程要求。

2 大风倒杆断线事故

（1）事故原因。

1）10kV线路及杆塔没有按设计要求施工，杆塔基础不牢固或埋深不够等。

2）大风风速超过最大设计风速。设计不合理，最大风速选择不当。最大10级台风的地区风速宜选择为25m/s，最大11级台风的地区风速宜选择为30m/s，最大12级台风的地区风速宜选择为33m/s。

（2）防范措施。

1）对10kV线路杆塔应定期进行检查，制定完善的检查制度，对不够牢固的杆塔及时加固基础或增加拉线，新立杆塔应严格按设计要求施工。

2）适当提高最大设计风速。

3　外力破坏事故

（1）事故原因。这类事故，根据破坏形式可分为如下几类：

1）各种车辆碰撞引起 10kV 架空线路倒杆、断线。

2）风筝、塑料薄膜等杂物掉落在电线上，引起 10kV 架空线路相间短路速断跳闸。

3）金具被盗引起杆塔倾斜或歪倒。

4）杆塔基础或拉线基础被掏空、破坏，引起倒杆。

5）违章建筑的工器具或材料碰触导线引起相间短路速断跳闸。

（2）防范措施。

1）为减少和杜绝车辆碰撞杆塔事故，可以在交通道路边的杆塔上涂上醒目的反光漆或在电杆根部增设加固台墩，以引起车辆驾驶员的注意和防范。

2）加强对中小学生的宣传教育，在 10kV 线路旁设置醒目的警示牌，禁止在 10kV 线路两旁 300m 范围内放风筝。

3）加强打击盗窃破坏 10kV 线路塔材及金具的力度，积极争取当地公安、治保部门的支持，制定有效的措施和具体防范方案，设专职部门负责实施，对破坏、盗窃 10kV 电力设施的不法分子进行严厉打击。

4）运行部门定期巡视检查 10kV 线路的杆塔基础、拉线基础和违章建筑物，对掏空的杆塔基础、拉线基础进行及时维护，对存在缺陷的设备及时处理和检修，对违章建筑物进行及时清理整顿。

3.25 10kV 线路接地与断线的判别

10kV 线路接地与断线都将造成三相电压不平衡，由于 10kV 线路一般不装设零序保护，所以只能凭值班员的准确判断来及时处理故障。若接地和断线分辨不清、判断不准、处理不及时，将会造成不应有的损失，甚至会引起事故扩大。线路断线后若不及时停运，设备则将缺相运行，危及设备的安全。线路接地若不能及时判断处理，同样危害严重。如引发火灾，人身触电等事故。

小电流接地系统线路接地后，会导致接地相电压降低，低于相电压值；非接地相电压升高，高于相电压值；但线电压值不变。接地又分为金属性接地和非金属性接地。发生金属性接地后，一相电压为零，另两相电压升高为线电压；发生非金属性接地后，接地相电压降低但不为零，另两相电压升高，高于相电压，但低于线电压。而线路一相断线后，不但引起三相电压不平衡，也将引起电压值降低。若上一电压等级线路发生一相断线后，则下一电压等级的电压表现为三个相电压都降低，其中一相较低，另两相较高，接近相电压值；若本级线路断线后，则断线相电压为零，未断线相电压仍为相电压。

3.26 农村低压电力线路接地故障的分析与防范

1 农村低压电力线路接地故障的现象

线路接地是农村低压电力线路常见的一种故障，主要分为瞬间接地、单相接地和多相接地。其中以瞬间接地和单相接地最为常见。

（1）瞬间接地一般表现为剩余电流动作保护装置突然动作，试送电一般能成功。在负荷平稳的情况下，监测电流表会突然显示电流增大。

（2）单相接地的主要特征是用低压验电笔测量接地相线时基本无电压，用发光型低压验电笔测量时氖管不发光或微弱闪光；0.22kV 单相用电灯具在短时间内仍然能发出光亮；三相用电电动机仍然能转动。单相接地故障在不安装剩余电流动作保护装置或退出运行的情况下，线路仍能运行，但存在着很大的触电危险性。

（3）多相接地故障，即两相接地和三相接地故障，将造成线路短路事故而无法运行，发生这种情况的概率比较少。

2　农村低压电力线路接地故障的危害

农村低压电力线路接地故障不论是瞬间接地、单相接地还是多相接地，都会造成电流泄漏入地、损耗电能、存在触电危险。

（1）单相接地故障将会造成三相四线制供电系统中性点位移；造成单相供电线路电压升高，可能烧坏使用中的电视机、电冰箱、电磁炉、照明灯等家用电器。作为三相用电的电动机，未起动的则不能起动，已运行的可能造成两相运行，则使电动机烧坏。

（2）多相接地故障将造成线路短路事故，可能会烧断导线，并使配电变压器 2～3 相跌落式熔断器熔丝熔断、熔管跌落，造成整台配电变压器停止供电，严重情况下，可能会烧毁配电变压器。

3　发生农村低压电力线路接地故障的原因

（1）线路健康水平差存在隐患。

1）绝缘子老化、裂纹、破损，引起放电接地。

2）低压电缆、绝缘线、地埋线质量不合格或超载运行。

3）导线接头长期运行发热，遇雨天或空气湿度大时放电。

（2）安装架设质量差存在隐患。

1）选择的低压电缆、绝缘导线、地埋线截面积小，超载运行，烧坏绝缘层。

2）穿管使用的绝缘线扭伤、接头处包扎不严密形成放电或接触钢管、铁箱、墙体等。

3）线路穿越建筑物时，安全距离不够，下户线接头处理不规范或绝缘层老化而接触建筑物。

4）违章使用地爬线等。

5）拉线未装设绝缘子，摇晃拉线或其他因素造成裸导线碰触拉线。

（3）外部原因造成接地故障。

1）因外力如车撞，超高车辆过往，房屋墙体、构筑物倒塌等造成的倒杆断线发生接地故障。

2）因违规架设的通信线搭接或线路交叉时碰触等发生接地故障。

3）因外力造成拉线断线搭接在线路上发生接地故障。

4）违规植树、违章砍伐树木碰触运行线路发生接地故障。

5）架空线路防护区内竹子、树木等砍、剪、伐不彻底，发生接地故障。

4 **农村低压电力线路接地故障的防范措施**

（1）技术防范措施。

1）选择合格的裸线、绝缘线、低压电缆、地埋线。选择导线截面积时，应综合考虑今后 5 年内用电负荷增长的因素。

2）选择合格的绝缘子。

3）做好各类接头的处理，凡需包扎的，要使用合格的绝缘胶带包扎合格。

4）安装架设导线时，要防止导线扭伤，绝缘线、地埋线和低压电缆要防止绝缘层被破坏。在钢管、铁箱内布线要防止扭伤，防止裸露。

5）穿越建筑物时，裸导线对建筑物距离：垂直不小于 2.5m，水平不小于 1.0m。绝缘导线对建筑物距离：垂直不小于 2.0m，水平不小于 0.2m。

6）0.4kV 线路对树木距离：裸导线垂直和水平均不小于 1.25m。绝缘导线对街道行道树木：垂直不小于 0.2m，水平不小于 0.5m。

7）新装拉线必须使用绝缘子，对未加装拉线绝缘子的及时加装。

8）低压电力线路不允许同杆架设广播、电话、电视等线路，进户电力线与其他线路分开敷设。

（2）管理防范措施。

1）定期对低压电力线路进行巡视检查，及时排除接地隐患。

2）结合每年开展的春季、"三夏"、秋季和冬季安全大检查，重点做好各类接头、穿越建筑物、金属管等制品内的布线、穿墙体进出线等处的巡查，对发现的接地隐患认真登记及时处理。

3）及时更换不合格的绝缘子、低压避雷器。

4）每年春、夏季对线路防护区内的树木进行一次彻底的砍、剪、伐。

5）大力开展《电力设施保护条例》的宣传，防止人为外力破坏事故的发生。

第四章

室内外布线与照明供电

4.1 怎样选购节能灯

随着人民生活水平的不断提高和科学技术的发展，市场上出现了大量的照明灯具，尤其是节能灯得到了广泛的应用，节能灯具有光效高、光色好、寿命长和使用方便等优点。据不完全统计，目前研制生产节能灯的企业达 300 多家，由于各企业的技术水平、生产条件的不同，致使灯具市场有些混乱现象，有些劣质品进入灯具市场。选购节能灯时应注意以下几点：①看有没有国家级的检验报告；②看产品标志是否齐全，正规产品一般都有注册商标、厂名、厂址、标称功率、联系电话等，若用软湿布擦拭，标志清晰者即为合格，否则为劣质产品；③看有无"三包"承诺；④使用寿命，合格的节能灯在实验状态下可达 5000h 以上，在正常使用时必须达到 2000h 以上，如达不到此标准，即为劣质品；⑤安装要求，在安装、拆卸过程中，看灯头是否松动，有没有歪头现象，绝缘是否良好；⑥看节能灯的外管材料是否耐热、防火，灯中的荧光粉是否均匀，如未使用就出现灯管两端发黑现象，均为不合格产品；⑦价格对比，一般说来，由于节能灯制造、生产过程中的特殊原因，成本相对来说较高，不要一时贪便宜，选择劣质品。

另外一种简单易行的方法是做对比试验，优质节能灯所发的光与白炽灯一样，给人一种舒适的感觉，如果直视灯泡则会感到刺眼。劣质产品则不具有这样的特点，它所发的光像蒙了一层灰，光色不舒适，在这种光的照射下，颜色会失真，直视灯泡时也不会有刺眼的感觉。

4.2 合理使用荧光灯的五点常识

1 起动次数对灯管寿命的影响

起动的次数频繁，灯管的寿命就要比预期值缩短。因为每起动一次，在两阴极之间就要受到一次脉冲高电势的冲击，这种冲击加速了灯丝上电子发射物质的消耗。荧光灯的寿命一般不少于3000h，其条件是每起动一次连续点燃3h。随着每起动一次连续点燃时间的长短，灯管的寿命也相对地延长或缩短。

2 电源电压对灯管寿命的影响

荧光灯电路中电源电压的波动，会导致灯管中电流的变化。电流增加，寿命就要缩短；电流减少，寿命就会延长。但电源电压过低，流过灯管的电流就要大幅度下降，这会使灯丝得不到应有的预热温度，不但会造成起动困难，而且灯管的使用寿命也要缩短。因此，在电源电压过高的地方，要采取适当的降压措施，如串接扼流线圈或暂时改变镇流器的配套关系。电源电压偏高时荧光灯串联扼流线圈的电路如图4-1所示。

在电源电压低的地方，可在镇流器两端并接一个高感抗的线圈来解决荧光灯起动困难的问题。此外也可以采用改变灯管与镇流器正常配套关系的方法来适应电压长期过高或过低的需要。当电源电压超过 220V＋10％而接近 240～

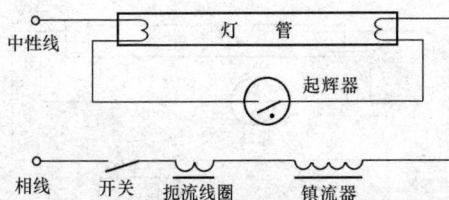

图 4-1 电源电压偏高时串联扼流线圈图

250V 时，可采用镇流器功率递减的方法，即 40W 灯管配用 30W 镇流器，30W 灯管配用 20W 镇流器，20W 灯管配用 15W 镇流器，8W 灯管配用 6W 镇流器。当电源电压低至 220V－10％而接近 170～180V 时，可用镇流器功率递增的方法，即 30W 灯管配用 40W 镇流器，20W 灯管配用 30W 镇流器，15W 灯管配用 20W 镇流器。不过对于供电电源在照明时间内电压高低波动较大的情况下，上述方法不宜采用。

3 接线方法对荧光灯起动的影响

在荧光灯照明的电路中，在灯具接入电路时，灯管、镇流器和起辉器三者之间的相互位置对荧光灯起动性能是有影响的。在图 4-2 中示出了四种接线方法。

在正常电压下虽然都能使荧光灯发光工作，但其起动性能是不相同的。实践证明，以第四种电路最正确，它有最好的起动性能，因为镇流器接在相线（俗称火线）上并与起辉器中的双金属片相连接，可以得到较高的脉冲电动势。而第一种电路起动性能最差，因为镇流器的位置既不是接在相线上，也不与起辉器中的双金属片相连接。因此，安装镇流器时应考虑到这些问题。

157

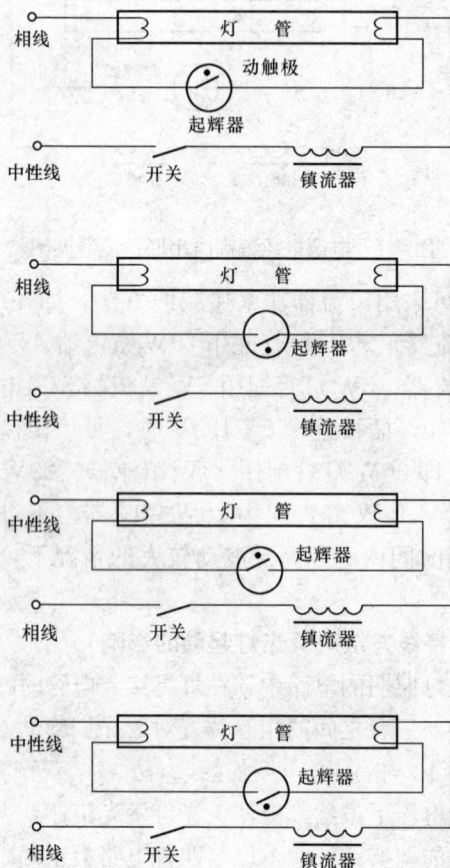

图 4-2　接线方法对起动的影响

4　温度对起动的影响

荧光灯照明最适宜的环境温度在 $18\sim25℃$ 之间，温度过高或过低时，都会造成起动困难，当温度很低时灯管内水银蒸汽压力就低，蒸汽中水银原子就很少，只有靠惰性气体游离来起辉，而惰性气体的游离电压要比水银原子高得多，所以需要较高的电压才能使灯管放电点燃。反之，当环境温度太高时，灯管内的水银蒸汽压力太高，管内游离质点的碰撞就加剧，能量损失较多，所以也比较难起动。

5　灯管固定位置是否定期调换对于寿命的影响

若荧光灯灯管固定位置长期不变，实践证明，接镇流器一端的灯管灯丝，时间一长就容易由白变黑。因此，要求荧光灯灯管固定位置每年对换一次，以延长灯管的使用寿命。

4.3　怎样提高荧光灯的功率因数

1　荧光灯的工作原理

荧光灯电路如图 4-3 所示，当合上开关 S1 时，起辉器 S 两触头间加上电源电压 220V，S 便开始辉光放电。此时，荧光灯灯丝被通过的电流所加热，灯丝在这个预热过程中获得了发射电子的能力。同时，S 两触头接通又迅速断开。在 S 急剧断开时，镇流器产生高压，此高压是加在灯管的两端，灯管内的惰性气体在高压作用下，开始辉光放电，放电产生的热量使水银变成蒸汽（导电气体）。在水银蒸汽导电的同时放出紫外线，这种紫外线冲击荧光粉，就发出可见

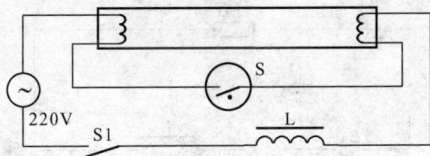

图 4-3　荧光灯电路图

光。这就是荧光灯起动和发光的简单原理。荧光灯正常工作时电流路径如图 4-4 虚线所示。

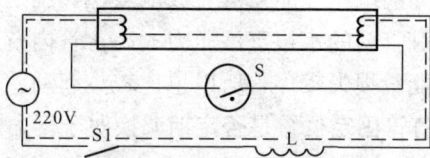

图 4-4　荧光灯正常工作时电流路径示意图

2　荧光灯电路功率因数的改进

由图 4-4 电路可知，在正常工作时，荧光灯电路实际是感性电路。电源不仅要供给电流的有功分量 I_g，还要供给电流的无功分量 I_b。在线路阻抗上引起的功率损失为

$$\Delta P = I_r^2 \gamma = (I_g^2 + I_b^2)\gamma \qquad (4-1)$$

电压损失为

$$\Delta U = IZ = \sqrt{I_g^2 + I_b^2}\, Z \qquad (4-2)$$

如果在荧光灯电路中，在电压及有功功率不变的条件下要减少 ΔP，则需减少 I_b，即提高荧光灯电路的功率因数。这可通过并联一电容器 C 来实现。提高荧光灯功率因数的电路如图 4-5 所示。

电容能储存无功，荧光灯电路所需的无功，可直接从电

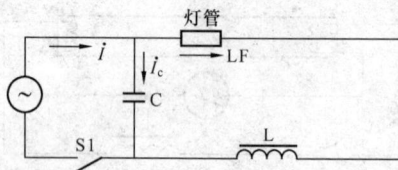

图 4-5　提高荧光灯功率因数的电路图

容器取得，无需再从电源给线路输送那么多的 I_b，从而减少了线路的 ΔP、ΔU，使荧光灯线路的功率因数得到提高。

4.4 安装螺口灯头应注意哪些问题

在我国城市、农村使用螺口灯头都很普遍，一般用在路灯、球场用照明灯、家用吊灯上。36、24、12V 行灯，变压器工作灯，大多数都用螺口灯头。如果螺口灯头安装不正确，往往容易造成人身触电事故的发生。

安装螺口灯应注意如下事项：

（1）安装螺口灯头要注意螺口灯泡电压是否与使用电压相符。螺口灯头的容量要比使用瓦数大些。单相螺口灯头一般承受电压应是 600V。

（2）购螺口灯头时，要看中心弹片是否碰触螺纹铜套，碰触时应把中心弹片调整在正中心，不得碰触铜套。

（3）每支螺口灯应安装一只熔体保护。灯光球场几支灯一组应装一只总熔体保护，有条件应装漏电开关作保护。

（4）为了人身安全，应严格遵守相线（火线）接熔体，经开关接到中心弹片上。中性线接在灯头螺纹上。

（5）防止中心弹片在使用时与螺口灯头中心锡熔在一起，铜套螺纹维修时难拆，安装时可放一点工业凡士林，便于日后拆装。

（6）安装时螺口灯的高度应在 2.5m 以上。

（7）500W 以上螺口灯泡应加固或有金属吊架支持。

（8）每支螺口灯头组装结束后，应用万用表 R×1 挡测量，看组装好的两端头是否有一定阻值。不应为零，零是短路。若为零则应拆下灯泡，把中心弹片调整在正中，不得与铜套相碰。

安装螺口灯头时常出现的错误如下。

（1）相线（火线）接在螺纹铜套上，人碰灯头螺纹铜套或更换灯泡时容易触电。

（2）相线（火线）接在螺纹铜套上，熔体、开关、中心弹片接在中性线上。

熔体、开关接在中性线上，便误认为拆除熔体、拉开开关后铜套不带电。在这种情况下，由于螺纹铜套接在相线上，若有人在更换灯头或灯泡时触及铜套，人仍会触电。

（3）36、24、12V 的行灯灯泡，不能放在一般家电220V 电压上使用，以防止爆炸伤人。

4.5　怎样正确选择照明线路的熔丝

低压照明线路多属电阻负载，选用熔丝应按下列要求进行：

（1）干线的熔丝容量应等于或稍大于各分支线熔丝容量之和。

（2）各分支线熔丝容量（额定电流）应等于或稍大于各盏电灯工作电流之和。

【例 4-1】　有一电压为 220V 的电灯线路，共有 25W 灯泡 20 盏，40W 灯泡 15 盏，此线路的熔丝容量应如何选择？

已知 $U=220V$，$P_1=25W$，$n_1=20$ 盏，$P_2=40W$，$n_2=15$ 盏，每盏灯工作电流为

$$I_1=P_1/U=25/220=0.11\ (A)$$

$$I_2=P_2/U=40/220=0.18\ (A)$$

$$I=I_1n_1+I_2n_2=0.11\times20+0.18\times15=4.9\ (A)$$

本着线路熔丝容量选择应等于或大于工作电流之和的原则，查对熔丝规格容量表中额定电流，应选 7A（18 号）熔丝。

为方便起见，照明或生活用电线路熔丝的额定电流可按式（4-3）选择：

熔丝额定电流 ＝ 1.1×用电设备的额定电流　　（4-3）

在 380/220V 三相四线制系统中，单相用电设备的功率因数若按 1 计算，在计算线路中的电流时，可按"单相（每）千瓦 4.5A"的口诀来计算，计算时将电热及照明等设备的千瓦数乘以 4.5 就是线路中的额定电流（安）数。

4.6　如何正确选择、安装与使用电器插座

1　正确识别插座的优劣

目前市场销售的插座特别是多用插座有些是不合格的，在使用时须做好识别。

（1）看外表。质量高的插座颜色较纯正，黑的漆黑，白的洁白，有光泽，工艺水平较高；质量低的则刚好相反。

（2）看内部构造。打开插座，内部构造合理，接线方便，金属弹片弹性好，位置与上盖板孔眼对应准确的属于质量较高的插座，反之则属于质量低劣的插座。导电零件的表面光滑、无毛刺及腐蚀痕迹；插座自身的底和盖的组合，应由金属螺钉连接；插座上的螺纹有效连接圈数，金属之间不应少于 2 圈，金属与塑料之间不少于 5 圈。

（3）做接插试验。质量高的插座当插头插入或拔出时，虽有阻力，但插拔方便；质量差的插座当插头插入或拔出时要么无任何阻力，要么十分费力。

（4）看其质量。质量较轻的插座多为劣质插座。由于它选用的钢片较薄甚至是回收料，导电性能差且电阻大，容易产生积热，使壳体变形，影响使用，甚至引燃周围的易燃物。

（5）看连接线。元件间的连接线过细的为劣质插座。国家相关标准规定的承受 10A 电流的铜线截面积应为 3～4.5mm^2，而劣质插座多采用远小于此标准的铜线，因截面积小，在运行中就容易发生火灾事故。

（6）看是否有接地保护桩柱。一般家用电器插座，有两孔和三孔两种。凡有三孔的插座应有可靠的接地保护接线桩头，凡无接地保护接线桩头者即为劣质产品，由于它本身没有接地保护，触电危险较大。

（7）看插孔之间的距离。市场上出售的多孔移动插座，国家相关标准规定了每两组插孔之间，应保持不少于13mm的间距，少于这种间距规定的属于劣质产品。

（8）看许可证和标志。合格插座上的商标、极性标记、参数等永久性标志应清晰可见；插座产品中无生产许可证、无品牌标志、无合格证的属劣质产品。

2 三孔插座与四孔插座之间的差别

移动式电气设备在使用中需要经常移动，其供电导线或电缆随之四处拖动，加上许多电气设备在使用中振动较大，容易使供电导线损坏发生碰壳短路事故。另外，大多数用电设备的外壳是金属的，在使用过程中，使用者与设备外壳的频繁接触进一步增加了触电的危险性。根据安全用电规程的有关规定，必须对这类电气设备进行接地（零）保护，其供电电源线应该使用软电缆或橡套软线，其中要有专门用于接地（零）的芯线，以保证单相用电设备碰壳时及时切断电源，三孔插座和四孔插座就是在给电气设备提供供电电源的同时，提供了专用的保护接地（零）线，使安全保护措施更加完备。

三孔插座上有专用的保护接地（零）插孔，在供电侧与电源的专用保护接地（零）线相接，在负荷侧则与设备供电电缆的保护接地（零）线相连。如果设备采用接零保护时，要特别注意：保护接零线应该从电源端专门引来，绝对不允许就近利用引入插座的供电中性线，否则万一供电中性线断开，或者相线与中性线接反，就会使用电设备的外壳等金属部件带有与电源相同的电压。这样，不但在故障情况下起不到保护作用，相反在正常情况下却极易造成触电事故。

四孔插座上的专用接地（零）插孔比其他插孔略大些，其相应的插头也大一些，长一些。四孔插座有以下两个优点：

（1）保证了与设备外壳直接相连的接地（零）插头只能插入接地（零）插孔，与保护接地（零）线相连，而不能插入其他插孔与相线相连。

（2）由于接地（零）插头比接相线的插头长一些，通电时，专用接地（零）保护触头在导电触头接通之前就先行接通；断电时，专用接地（零）保护触头则在导电触头断开之后才断开，起到了更有效的保护作用。

③　正确选择插座的类型

一般可根据家用电器设备外壳种类的不同，选择不同类型的插座。

通常情况下，外壳是金属体的电器设备，如电风扇、洗衣机、电冰箱等，应选择三孔插座。对非金属体的用电设备，如电视机、有机玻璃台灯等可选用两孔插座。电饼铛、电烤箱的插头有四个极，应当选用四孔插座。

4 对电气插座的安装质量要求

（1）技术性能要求。对插座的主要技术性能要求：

1）插座的安全保护门应可靠、开闭灵活。安全门闭合时不应见到内部带电零件，当用 5N 的力把直径为 1mm 的铁丝捅进去时，安全门不应打开。

2）带有接地孔的插座只有插头接地极先插入时，安全门方能打开。

3）额定电压为 380/220V 的插座，其绝缘应能承受 2000V、50Hz 历时 1min 的耐压试验而不发生击穿或闪络现象。

4）插座通过 1.25 倍额定电流时，其导电部分温升不应超过 40K。

（2）对插座接线方式的要求。电气插座在实际施工中接线出错的可能性很大，为此，除了在施工中要严格执行 N 线用淡蓝色线，地线用绿/黄双色线，相线 U（L1）、V（L2）、W（L3）分别用黄、绿、红色线的区分规定以外，接线后还应认真进行检查。施工中除了严格执行相色区分规定外，重点是应用插座检查器检查及打开插座（一般按 10％比例抽查）检查导线连接质量。

插座接线不仅要正确，而且要可靠。按有关标准规定：插座的接线端子应能可靠地连接一根或两根 $1\sim2.5\text{mm}^2$（10A 插座）、$1.5\sim4\text{mm}^2$（15A 插座）、$2.5\sim6\text{mm}^2$（25A 插座）、$4\sim8\text{mm}^2$（40A 插座）的导线。

（3）对插座底盒及面板的安装质量要求。首先，要把盒内建筑垃圾清理干净，盒子完好无破损；保护管从盒子的敲落孔顺直进入，且铁质管用锁紧螺母、PVC 管用专用护口与盒子固定牢。其次，插座面板应紧贴墙面，四周无空隙；面板安装平直、表面洁净无污染：固定牢靠。再次，插座距地面高度应符合设计要求，托儿所、幼儿园、小学等处不低于 1.8m：车间及试验室的明、暗插座不低于 0.3m；特殊情况插座一般不低于 0.15m。同一场所安装的插座高度应尽量一致：同一室内安装的插座高差不应大于 5mm；并列安装的插座高差及面板垂直度控制在 0.5 mm 内。舞台上的落地插座、卫生间插座应有保护（或防水）盖板。

5　正确使用电气插座

（1）接线正确。两孔插座没有专用的接地线插孔，其接线方式是：左孔接中性线，右孔接相线。

三孔插座在上端有一个大孔，用 E 符号标记，应与接地保护线相接；两个小孔在下端。左孔与中性线（也叫零线，有标记 N）相接，右孔与相线（也叫火线，有标记 L）相接。

接线时应注意：插座中的专用接地触头只能接地，不可接零；严禁中性线触头与接地线触头并联。

（2）使用正确。

1）不要将大功率的电器（如取暖器等）插在额定电流值小的插座上。

2）经常使用且不移动的小型电器应使用单独的固定插座。

3）经常使用且易移动的电器可采用多用插座，但必须注意不得超过其额定电流值，不要同时开启多种电器和套用插座。

4）电器插头与插座孔的规格必须对应，不要随意改变插头，让其接触不良。

5）需要检修或更换电源线插座时，应请专业技术人员，螺钉与导线连接必须牢固。

6）发现电源线和插座温度过高或打火时，应立即停止使用，切断电源，以确保安全。

7）不要使用质量不合格的电源线及插座。

6 正确使用多孔插座

（1）首先对新买到的多孔插座应进行一次特殊检查，把插座打开，看里面的接触铜片是否合格（打开取出铜片就可直观地看出它合格与否，合格的铜片厚度适中，而且是纯铜质材料，如果是铜皮，乃至其他金属材料的，如铁皮等，均为不合格产品）。而后是检查压力弹簧，看弹簧是否良好，绝缘材料是否优质，检查后觉得都符合要求，这时就可以安装使用。

（2）在使用过程中，首先要考虑到插座的额定电压。一般情况下，大多数电压为 250V、电流为 10A，如果用电器的总负荷功率为 1500W 以下时，可以同时连接多个用电器（但总的功率不能超过 1500W），如果超过 1500W 时，就不可以同时连接多个用电器。有的人在使用多孔插座时，不考虑插座的额定电流，甚至盲目使用，插座有多少孔，就插多少用电器，这样用电是很危险的。因此，应引起足够的重视。同时还要考虑到电能表容量能否承受的问题。

（3）在使用过程中，还应注意与插头的配合使用。一般在连接用电器时，应把用电器的电源开关关掉，再把插头插入，如果用电器的电源开关在打开位置，插头插入时就会产生电弧，引起接触部位发热，从而使绝缘下降，缩短其寿命。再则，如果用电器没有插头，必须要接上合格插头后方可使用。

（4）带有三眼插孔的插座，最上边标有接地符号的为接地端，要设有专用的接地线把它引入插座，切不可把中性线或者相线与其相接。

（5）在使用过程中，如果发现插座内部打火或者接触不良等现象，要立即停止使用电器，对插座进行修理或更换。

4.7　怎样维护荧光灯

1　荧光灯的工作原理

荧光灯的电路主要是由镇流器、灯座、起辉器和灯管组成的一个串联电路，其接线原理图如图 4-6 所示。

镇流器是一绕在硅钢片铁心上的电感线圈，其作用主要为：①限制工作电流；②在起动时产生自感电压。起辉器是一个充有氖气的玻璃泡，其中装有一个固定静触片和双金属片制成的 V 形动触片。为避免两触点断开时产生火花烧坏

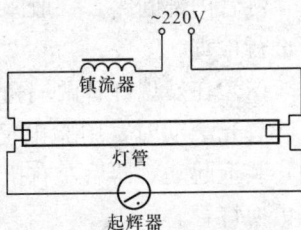

图 4-6　荧光灯的接线原理图

触片，在旁边并联一纸介质电容。起动时，开关接通后，电流经过镇流器进入起辉器，起辉器产生辉光放电发热，使两触片接触，使灯丝加热并发射电子。此时辉光放电停止，双金属片冷缩，触片分开，使流过镇流器和灯丝的电流中断，镇流器产生自感电动势和电压加在灯管两端引起弧光放电，激发荧光粉，将起辉器短路，荧光灯便正常工作。

2　荧光灯的维修

（1）发现灯管不亮后，取下灯管在开关接通的情况下，

用验电笔测两端灯座中的四个金属触点，若有一个触点有电，此时可断定开关、镇流器良好，需要进行第二步检查；若都没有电，首先应检查开关进线是否有电，接触是否良好，在开关良好、有电的情况下，再取下灯架，拆开进行检查，看镇流器是否断路，灯座接头是否脱焊。

（2）测试的灯座中有一个触点有电后，装上灯管，用验电笔测起辉器座内两触片是否有一个有电，若没有，则灯架的内部有断路；若一触片有电，可用验电笔将座内两触片向外掰一掰，装上起辉器后左右扭动，使触头与触片间充分接触，或重新更换起辉器。

（3）若灯管还不亮，可判定另一端灯座有断路或灯丝烧断，灯管内部断路。一般座内脱焊情况较少，此时可更换灯管进行检查。

（4）在发现灯管两端亮，中间不亮，灯管发混，内有波浪状辉光滚动时，用验电笔将起辉器座内两触片向外张一张，装上起动辉器后左右扭动或更换起辉器。若仍不亮，则需更换灯管。

另外，在维修中还存在一种极少数情况：灯管不亮，取下起辉器检查座内两触片时，发现都有电。此时可在进户线或刀开关装熔体处进行检查。此情况可能是由回路断路所致。

4.8　安装照明灯具应注意的几个问题

（1）灯具配件应齐全，无机械损伤、变形、油漆剥落、灯罩破裂等现象。灯具的各种金属构件均应进行防腐处理。

（2）根据使用情况及灯罩型式不同选用灯头，白炽灯可采用卡口或螺口式。采用螺口灯时，线路的相线应接入螺口灯的中心弹簧片，中性线应接入螺口部分。采用吊线式螺口灯时，应在吊线盒和灯头处分别将相线作出明显标记，以便区别。采用双心棉织绝缘软线时，其中有色花的线接相线，无色花的线接中性线。螺口灯头的绝缘外壳不应有损伤和漏电，灯头开关的手柄不应有裸露的金属部分。

(3) 普通照明灯具使用的导线，一般都采用线芯截面积不小于 $1.5mm^2$ 的铜芯塑料线。

(4) 灯具安装一般要求。

1) 采用钢管作吊杆时，钢管内径一般应不小于 10mm。

2) 吊链式灯具的灯线不应受到拉力，灯线宜与吊链编叉在一起。

3) 分支及接线处应便于检查。

4) 软线吊灯的两端应作保险扣（电工结）。

5) 同一室内成排安装的灯具，其中心偏差应不大于 5mm。

6) 日光灯和高压水银灯及其附件应配套使用，安装的位置应便于检查。

7) 固定灯具用的螺钉或螺栓不应少于 2 个，圆木台直径在 75mm 及以下时，可用 1 个木螺钉或螺栓固定。

(5) 室外灯具的引接线需做好防水弯，以免雨水流入灯具内。灯具内若有可能积水，则需打好泄水眼。

(6) 变、配电站内高、低压柜（屏）及母线的正上方不得安装灯具（不包括采用封闭式母线、封闭式屏柜的变、配电站）。

(7) 在危险性较大的场所，灯具的安装高度应低于 2.4m 以下，电源电压在 36V 以上的金属灯具外壳，必须做好接地、接零保护，必须有灯具专用接地螺栓，并加垫圈和弹簧垫圈压紧。

（8）吊灯灯具的质量超过 3kg 时，应预埋吊钩或螺栓；软线吊灯限于 1kg 以下，超过者应加吊链。

（9）嵌入顶棚内的装饰灯具安装要求。

1）灯具应固定在专门设置的框架上，电源线不应贴近灯具外壳，灯线应留有余量，固定灯罩的边框边缘应紧贴在顶棚面内。

2）矩形灯具的边缘应与顶棚面的装修直线平行，如灯具对称安装时，其纵轴中心轴线应在同一条直线上，偏斜不应大于 5mm。

4.9　怎样合理使用电光源及应注意的事项

1　电光源的使用

（1）在较高的生产厂房、露天工作场所或主要道路等处，宜采用荧光高压水银灯或卤钨灯。

（2）悬挂在高度为 4m 以下的车间、阅览室、商店等处，宜采用荧光灯，而不宜采用大功率光源。

（3）白炽灯适用于 6～13m 悬挂高度，荧光高压水银灯适用于 5～18m 安装高度，卤钨灯适用于 6～24m 安装高度。

（4）大型露天场地、广场、体育场等处宜采用管形氙灯。

（5）在照明开闭频繁、需要及时点亮、调光的场所，宜采用白炽灯或卤钨灯。

（6）当一种光源不能达到照明效果时，可在同一场所采用多种光源混合使用，目前常见的有高压水银灯与白炽灯混用。

2 使用注意事项

（1）白炽灯。

1）电源电压的偏移不宜大于 2.5%。

2）应避免水滴溅到灯泡上，以防玻璃壳炸裂。

3）装拆或擦拭时，应先关闭开关，以免触电。也不得用湿物擦拭，以免漏电伤人或损坏灯泡。

4）为使灯泡发出的光分布较好和避免光线刺眼，最好安灯罩。

（2）卤钨灯。

1）电源电压的偏移不宜大于 2.5%。

2）钨丝的冷态电阻比热态电阻小得多，故此类灯瞬时起动电流大（最高达额定电流的 8 倍以上）。

3）管形卤钨灯工作时需水平安装，倾角不得大于 $\pm 4°$，否则将严重影响灯的寿命。

4）卤钨灯不允许采用任何人工冷却措施（如电扇吹、水淋等），以保证正常的卤钨循环。其正常工作时的管壁温度在 600℃左右，故不能与易燃物接近。同时，在使用前应用酒精擦去灯管外壁的油污，避免在高温下形成污点而降低透明度。

5）卤钨灯灯脚引入线应采用耐高温的导线，灯脚与灯座之间的接触应良好，以免灯脚在高温下严重氧化并引起灯管封接处炸裂。

6）卤钨灯耐振性差，不应使用在有振动的场所，也不应作为移动式局部照明使用。

（3）荧光灯。

1）电源电压的变化不宜超过 $\pm 5%$。

2）荧光灯工作最适宜的环境温度为 18～25℃。环境温度过高或过低都会造成起动困难和光效下降。

3）灯管必须与相应规格的镇流器和起辉器配套使用，否则会缩短寿命或造成起动困难。

4）荧光灯最忌频繁起动，否则将缩短寿命。

5）破碎的灯管要及时妥善处理，防止水银中毒。

（4）高压汞灯。

1）电源电压如突然降低 5％以上，可能造成灯泡自行熄灭。

2）因水平位置点燃水银灯，光通输出将减少 7％且容易自熄，故水银灯不宜在水平位置工作。

3）外玻璃壳温度较高，配用的灯具必须考虑具有良好的散热条件，否则会影响灯的性能和寿命。

4）灯管必须与相应规格的镇流器配套使用，否则会缩短灯的寿命或造成起动困难。

5）再起动时间长，不能用于有迅速点亮要求的场所。

6）破碎灯管要及时妥善处理，防止水银中毒。

（5）高压钠灯。

1）电源电压变化不宜大于±5％。

2）配套灯具选用要考虑到散热良好，灯具的反射光不宜通过放电管，以免放电管吸热而破坏封接，影响寿命。

3）其余的使用事项参照高压水银灯。

（6）管形氙灯。

1）电源电压变化不宜大于±5％。

2）安装高度不得低于 20m。

3）灯座及灯头的引入线应采用耐高温材料。

4）灯管应水平安装。

5）使用时触发器应尽量靠近灯管安装，其高频输出线长度不宜超过 3m，并不得与任何金属及绝缘性差的导电体相接触，至少要保持 40mm 距离。触发器每次触发时间不宜超过 10s，不允许用任何开关替代触发按钮 K，以免造成连续运行，烧坏触发器。

3　低压灯

（1）机床上的局部照明灯、行灯的电压不允许超过 36V。36V 以下的低压照明灯及行灯的电源应由双绕组变压器供电，用于锅炉、蒸发器及其他金属容器等内部的行灯，电压不允许超过 12V。

（2）固定式低压变压器的一次回路上可采用瓷底胶木闸刀开关，并配好熔丝，二次回路上也需有熔丝保护。一次侧的接线端子应加适当的保护罩或用绝缘包布包好。低压变压器的金属外壳、铁心及二次绕组的一端应可靠接地。

（3）行灯电源如果用携带型低压变压器供电时，一次侧的引入线必须采用三芯塑料护套包线（或坚韧橡皮包线）。引线不得有接头，并装有三眼插头，使携带型低压变压器的金属外壳、铁心及二次绕组的一端应可靠接地。

（4）36V 及以下低压线路上所用的插座必须与较高电压线路上的插座有明显的区别，确保低电压用的插头无法插入较高电压的插座内。

4.10　中性线带电现象的分析

低压三相四线制供电网络，均采用中性点直接接地方式运行，从而使中性线与大地之间形成等电位。配电变压器 380/220V 侧系统中性线带电，会影响整个网络的正常供电，危及人身及设备安全，出现此类现象应尽快查明原因，排除故障方可供电。现就发生中性线带电现象的几种情况分析如下。

(1) 配电变压器接地中性线接触不良或者开路。当配电变压器内部中性线接头接触不良或者配电盘内中性线接头由于年久失修氧化松动，往往会在负载侧表现为照明灯变亮、变暗现象，最亮时灯泡可能烧毁。原因是当中性线接头接触不良时，中性点的接地电阻变大，中性点对地电压不再为零，即出现零序电压。这一零序电压的出现，将造成出线三相的相电压中性点电位偏移，使负载轻的相相电压升高，负载重的相相电压降低，这就会造成灯泡变亮、变暗或者使用单相电的家电烧毁，甚至危及人身安全。另外，户外三相四线低压线路如果在某一处中性线连接点发生接触不良时，也会造成以上情况。因此，电工应经常地检查线路的连接头有无接触不良现象，尤其不能忽视中性线。有条件的应尽量减少线路中中性线的接头，以保证正常供电。

(2) 维修线路时误接中性线。当配电变压器需要检修、拆开低压连线时，务必按照原来配电线路相序排列打上记号，检修完毕再按原来顺序记号进行接线，防止中性线与相线对换，造成中性线带电引起事故。

(3) 中性线接触良好，但仍带电。此种情况为三相用电负载严重不平衡所致。当三个相的用电负载不平衡时，中性线上将流过3倍的零序电流，并使中性点电位偏移，从而造成中性线有电压。当中性线电流不超过变压器额定电流的25%时，中性线电压不大于相电压的5%，可认为是安全的；但在过大的中性线电流下，当中性线电压大于36V安全电压值时，就有危及人身安全的危险。三相负载不平衡运

行对于变压器本身以及采用三相电源的电器也有烧毁的
危险。

（4）中性线接触良好，但接地电阻大。按照有关变压器
安装的国家标准的规定，配电变压器容量在 100kVA 以下
的，接地电阻不大于 10Ω。100kVA 以上的接地电阻不大于
4Ω。否则，低压线路送得越远，在负载点的中性线接地电
阻越大，也会出现中性线带电现象。在这种情况下，可采取
的措施是在负载侧再将中性线重复接地，并使接地电阻小于
4Ω，则可以排除中性线带电现象。

4.11　正确对待中性线的三个问题

1 中性线的概念

我国居民生活用电电源基本上都是如图 4-7 所示的星
形（Y）联结，即发电机或变压器三个绕组的首端 U1、
V1、W1 分别引出三根导线，这三根导线就叫电源的相
线，也叫火线；而发电机或变压器三个绕组的末端 U2、
V2、W2 连在一起，它们的连接点就叫电源的中性点，也
叫零点，用字母 N 表示。电源零点的引出线就叫中性线或
零线。

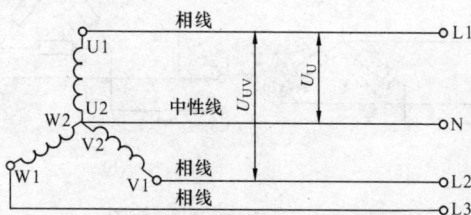

图 4-7　电源星形联结图

2 中性线的作用

（1）与相线一起向负载提供相电压。星形联结三相交流电源（如图 4-7 所示）可输出两种电压，一种为相电压，一种为线电压。电源每相绕组首端与末端的电压，即相线与中性线间的电压，称为相电压，其有效值用 U_U、U_V、U_W 表示；而每两相绕组首端间的电压叫线电压，其有效值用 U_{UV}、U_{VW}、U_{WU} 表示，在三相电压对称条件下，各线电压的有效值是各相电压的有效值的 $\sqrt{3}$ 倍。我国居民生活用电中，相电压为 220V，线电压为 380V。可见，中性线的第一作用就是为用户提供 220V 的单相电压。

三相负载电器接入电源的方法有星形联结和三角形（△）联结两种，如图 4-8 所示。星形联结的电器每相电路承受的是相电压，三角形联结的电器每相电路承受的是线电压。至于把电器接成哪种形式，要依电器的额定电压而定。如果电器的额定电压是 380V（如三相电动机），则其三相绕组应接成三角形；如果电器的额定电压是 220V，则应接成星形。

（2）流过不平衡电流，钳制中性点电位，以使星形联结

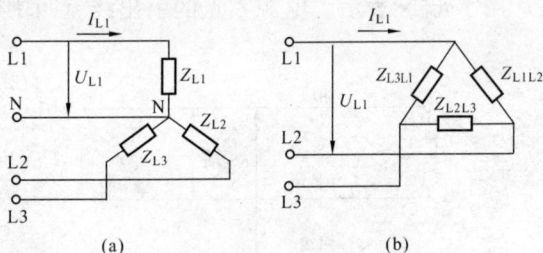

图 4-8 三相负载的联结图

（a）星形联结；（b）三角形联结

的三相负载承受的电压维持三相平衡。

　　负载是星形联结的三相系统，为什么三相负载不对称时一定不能取消中性线？星形联结的三相负载电路如图 4-9 所示。当负载阻抗 $Z_{L1} \neq Z_{L2} \neq Z_{L3}$ 时，则流过各相负载的电流大小不等，三相电流在 N' 点不能相互抵消，此时中性线电流不等于零，即有一个不平衡电流流过中性线。因为 N' 点有中性线与电源零点 N 相连，所以这时 N' 点对地电压基本还是等于零，三相相线对 N' 点电压基本维持平衡，即基本等于电源相电压。假设没有中性线，则 Z_{L1}、Z_{L2} 相当于串联在 L1、L2 相之间（L3 相情况相似），根据串联电路的分压原理，阻抗越大则承受电压越高。所以这时 Z_{L1}、Z_{L2}、Z_{L3} 所承受的电压大小是不等的。阻抗较大的电压降大于相电压，阻抗较小的电压降小于相电压，由于三相电压降不均衡，使 N' 点对地电压不再等于零。因而，为保证星形联结的三个相的负载承受的电压维持三相平衡，就必须要有中性线。

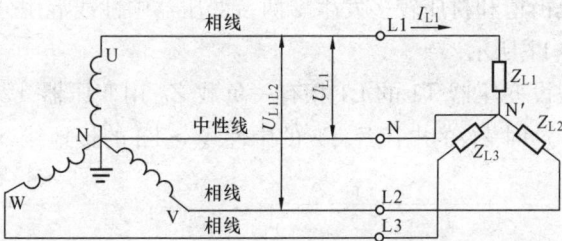

图 4-9　星形联结的三相系统图

3　中性线的典型故障及危害

　　（1）人为故障。一线一地用电及两台变压器中性线混用是典型的人为故障。一线一地用电极不安全。一线一地用电分析图如图 4-10 所示。

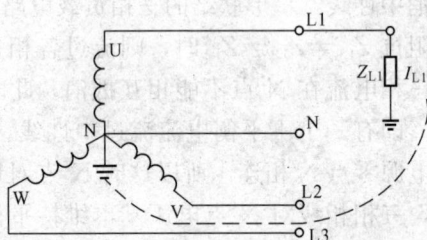

图 4-10 一线一地用电分析图

假设 L1 相有电器并为一线一地用电方式，则流过该电器的电流只能通过大地流回电源。因为大地有一定的电阻，有电流流过大地时在大地的不同两点之间就有一个电压降，当人或动物跨在该区域内不同两点之间时，就会受到一个电压的作用，造成人畜触电事故，故这种做法是极不可取的。

对两台变压器混用中性线的情形，在有多台变压器供电的城镇街道和村庄较多发生。两台变压器中性线混用分析图如图 4-11 所示。

假设变压器 T1 的 L1 相有一负载 Z_{L1} 用变压器 T2 的中性线，这时 Z_{L1} 的电流经 T2 的中性线→T2 的接地线→大地

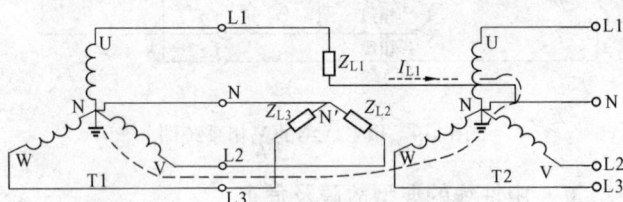

图 4-11 两台变压器中性线混用分析图

→T1。因而，这种情况也会在两台变压器的接地极附近形成跨步电压。

（2）设备故障。多为中性线的断路和接触不良两种故障，易发生在变压器出口桩头处。故障原因多是由于对中性线重视不足，中性线截面积过小或是接头处理不当等。当负载不平衡度较大时，流过中性线的电流也较大，从而导致接头处发热烧断或是热胀冷缩引起接头松动而接触不良。如图4-9所示，假设中性线在 N 点处断开，这时相当于没有中性线，如前所述，阻抗越大的一相，承受的电压越高，此时该相负载承受着高于自身额定值的电压，就会受到损害或烧毁。同时，负载中性点电压升高，当人体触及连接 N′点的中性线时会触电。如果中性线在负载侧也接地，则不平衡电流通过大地流回电源，这时的情形与一线一地用电相似，接地点附近有跨步电压。中性线接触不良时对负载的危害与中性线断路的情形相似，只是程度较轻。

4.12 白炽灯泡容易"憋"的原因

在人们接通灯开关时，灯泡闪亮一下立即熄灭。这是怎么一回事呢？

电灯泡内的灯丝是用很细的钨线卷成弹簧状做成的，钨丝的熔点为 3370℃，而电灯在正常发光时的温度可达到2700℃左右。这样高的温度，可以使钨丝表面的原子逐渐蒸发出来。因此，灯泡使用时间一长，灯丝就会变细。

根据电阻定律

$$R = \rho \frac{L}{S} \qquad (4\text{-}4)$$

可知，灯丝变细即式中 S 变小，灯丝电阻就增大了。再根据焦耳定律

$$Q=I^2Rt \qquad (4\text{-}5)$$

可知灯丝电阻 R 增大后，则灯丝上产生的热量也随着增大，温度相应也升高。因为钨丝的粗细是不均匀的，越细的地方，温度就越高。在使用过程中，灯丝还会变形，圈数的疏密程度也会变得不均匀，圈数越密的地方，发热越集中，温度越高。

打开电灯之前，灯丝是冷的，它的电阻很小。开灯那一瞬间，通过灯丝的电流是很大的，比正常发光时的电流大10倍左右。根据焦耳定律，导体的发热与电流强度的平方成正比，因此，发热量比正常发光时增大100倍左右。这些热量就会使变细、变密部分灯丝的温度达到或超过钨丝的熔点，致使该处灯丝被熔化。所以，灯泡用久了，就会在开灯时发生"憋"泡的现象。

4.13　室内用电常见故障及查找方法

室内用电常见的故障可归纳为短路、断路和漏电。

1　短路故障

（1）引起短路的原因。

1）因接线错误导致相线与中性线直接相碰发生短路。

2）因接线不良而导致接头之间直接短接，或接头处接线松动而引起碰线发生短路。

3）直接将线头插入插座孔内造成混线短路。

4）用电器具内部绝缘损坏，导致导线碰触金属外壳而引起短路。

182

5）房屋失修漏水，造成灯头或开关受潮甚至进水导致内部短路。

6）导线绝缘受外力损伤，在破损处电源线碰触大地或者同时接地发生接地短路。

（2）短路故障的查找。线路发生短路故障后，常出现烧熔、起火、烧焦、冒烟、焦煳味等现象，故障点一般比较明显。此时应迅速切断电源，逐个分支、逐段检查，找出故障点并及时处理。同时检查熔断器熔丝是否合适，严禁用铜、铝、铁等金属丝代替熔丝。

2　断路故障

（1）引起断路的原因。造成断路的原因主要是线头松脱、开关损坏、熔丝熔断以及导线受损伤而折断，或者铝导线接头严重腐蚀等所造成的断开现象。

（2）断路故障的查找。线路发生断路故障后，首先应检查熔断器熔丝是否熔断。同时应查看线头是否有松脱、开关是否有损坏、导线是否有损伤、铝导线接头处是否严重氧化腐蚀。如果熔丝已经熔断，应接着检查电路中有无短路或过负荷等情况。如果熔丝没有熔断并且电源侧相线也没有电，则应检查上一级的熔丝是否熔断。如上一级的熔丝也没有断，就应该进一步检查配电盘（板）上的闸刀开关和线路。这样逐项逐段检查，缩小故障点范围，找到故障点后应进行处理。

3　漏电故障

（1）引起漏电的原因。引起漏电的原因主要是由于导线或用电设备的绝缘因外力损伤，或长期使用后绝缘老化造成的。

（2）线路漏电的查找。

1）判断是否有漏电。用绝缘电阻表摇测线路绝缘，根据绝缘电阻值的大小判定是否有漏电，或在被检查线路的总闸刀开关的相线上串入一只电流表，取下所有灯泡，停用所有电器，接通全部电灯开关（即在线路空载的情况下）仔细观察电流表。若电流表指针摆动，则说明有漏电，指针偏转越大，说明漏电越严重。

2）判断漏电性质。仍以接入电流表检查漏电为例，方法是切断零线观察电流的变化。若电流表指示不变，则说明是相线与大地之间有漏电；若电流表指示变小但不为零，则表明相线与零线、相线与大地间均有漏电。

3）确定漏电范围。取下分路熔断器或拉开分路闸刀开关，若电流表指示不变则表明是干线漏电；若电流表指示为零则表明是分路漏电；若电流表指示变小但不为零，则表明是总线和分路均有漏电。

4）找出漏电点。按上述方法确定漏电范围后，依次断开该线路的灯具开关，当断开某一开关时，电流表指示归零则是这一分支线漏电。若电流表的指示变小，则说明除这一分支线漏电外还有其他漏电处。若所有灯具开关都断开后，电流表指示不变则说明是该段干线漏电。

依照上述查找方法，依次把故障范围缩小到一个较短的线段内，便可进一步检查该段线路的接头，以及电线穿墙、转弯、交叉、绞合、容易腐蚀和易受潮的地方有无漏电情况。找到漏电点后，及时妥善处理。

4.14 怎样检查荧光灯管的好坏

荧光灯管使用一段时间，常出现不能起动现象，有的是灯丝断了，有的是灯丝电子发射物质耗尽。如何断定灯管能否继续使用，现将判断方法介绍如下。

　　断定灯管好坏试验的接线图如图 4-12 所示，将白炽灯串联在灯管每端管脚上，通入 220V 单相交流电。如果灯泡发光，并且灯管也有辉光，则说明灯

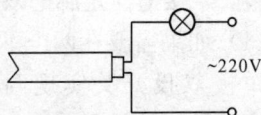

图 4-12　断定灯管好坏试验的接线图

管是好的，还可继续使用；如果有一端灯泡发光，而检查另一端时白炽灯泡不发光，说明该端灯管一端灯丝已断，这时，只要用一根细熔丝（3A）或一根细铜丝将灯丝已断的一端两管脚短接还可以继续使用一段时间。如果灯泡发光，但灯管无辉光，则说明电子发射物质已耗尽，需要更换灯管；如果用此法检查时，灯管两端的灯泡都不发光，则说明两端的灯丝均已断，这时也需更换新灯管。

　　在用这一方法检查灯管好坏时，为准确判断荧光灯管灯丝的电子发射物质消耗状况，要注意所用串联白炽灯泡与灯管的功率匹配，通常可以按表 4-1 选用白炽灯泡的功率数。

表 4-1　　　　串联灯泡功率与灯管配用表　　　　（W）

串联灯泡功率	灯管功率
25	小型管或细管
60	15～40
200	60～100

4.15　怎样由多处控制同一盏电灯

　　在楼道、走廊或居室等处，有时需要由两个及以上的地

点控制同一盏灯的开与关，现将此种照明线路接线方法介绍
如下。

1 楼道、走廊的双控灯

（1）如果需要在两个不同的地点控制同一盏灯，可分别
采用单极双投开关实现两地控制，常见的接线方法如图
4-13（a）所示。

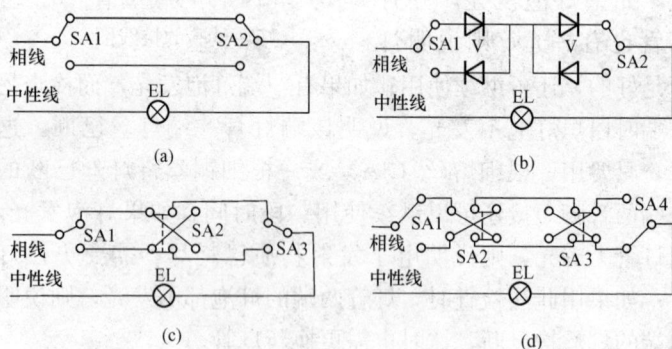

图 4-13　多处控制同一盏电灯的接线图

（a）两地控制；（b）节省导线的两地控制；

（c）三地控制；（d）四地控制

（2）节省导线法的两地控制接线，如图 4-13（b）所
示。当两个地点之间距离较远时，耗用的导线就要很多，按
图 4-13（b）的方法在每个控制开关上接上 2 只二极管，就
可节省两个开关之间的一根导线。所用二极管耐压要大于
400V，正向电流应大于负载电流。

采用这种接线方法，电灯要比额定功率时稍暗，但耗电
量却减少了大约一半，同时灯泡的寿命也大大延长，很适合
楼梯、走廊使用。

（3）当控制地点为三个时，可在图 4-13（a）所示线路的基础上，在中间加装双极双掷开关，如图 4-13（c）所示。

（4）如需在 4 个地点控制，可在图 4-13（c）基础上再增加一个双极双掷开关，如图 4-13（d）所示。其余以此类推。

2 房灯的双控

在图 4-14（a）电路中，单极双掷开关 S1 设置在门侧墙上，S2 设置在床头柜电控板上，便可实现双控。

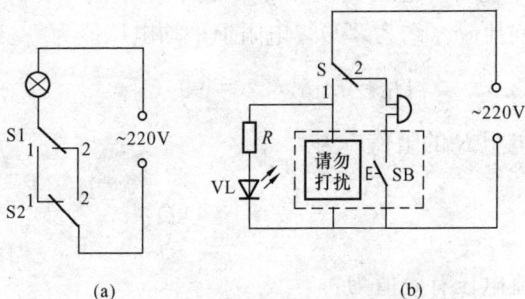

(a)　　　　　　　　　　　(b)

图 4-14　房灯及门铃与"请勿打扰"
显示屏的双控接线图
（a）房灯双控；（b）门铃与"请勿打扰"显示屏双控

如果灯是熄灭的，S1、S2 接通的固定触点必定处于不对应状态，灯亮时 S1、S2 接通的固定触点必处于对应状态。这样，在房间门口按 S1，或在床头柜电控板上按动 S2，都可使房灯亮、灭。

3 门铃与"请勿打扰"的控制

门铃与"请勿打扰"显示屏的双控电路图如图 4-14（b）所示。图中 S 为单极双掷开关，设置在床头柜电控板上；SB 为按钮开关，与"请勿打扰"显示屏合为一体安装在门外附近墙上。

当不便接待来客时，将电控板上 S 置于 1，则门外的显示屏显示"请勿打扰"字样，此时来客即使按门铃按钮 SB，门铃也不响。此时电控板上的发光二极管亮，表示已关掉门铃开关，提醒主人在不必要时及时将 S 拨向 2，关掉"请勿打扰"，接通门铃回路，以免误事。

电路中的"请勿打扰"显示屏及门铃工作电压均为交流 220V，发光二极管 VL 采用微型红色发光管，其工作电流在 10mA 左右，电阻 R 与 VL 组成半波整流电路，忽略二极管正向压降（约为 2V），电阻上平均电压值为

$$U_R=0.45\times220=99 （V）$$

因此，电阻 R 的阻值应为

$$R=\frac{99V}{10mA}=10 （k\Omega）$$

半波整流电压有效值为

$$U_2=1.57U_R=155.5 （V）$$

故电阻 R 上消耗功率为

$$P_R=\frac{U_2^2}{R}=\frac{155.5^2}{10^4}\approx2.4 （W）$$

所以，R 的规格宜选用 10kΩ/3W 较为合适。

4.16　中性线断线后烧毁家用电器的分析

三相四线制正常供电时的电路接线如图 4-15 所示。采

用三相四线制供电，负载侧中性线没有重复接地，正常情况下，L1、L2、L3 三相负载 R_A、R_B、R_C 上的电压均为相电压 220V，可以保证家用电器正常运行。

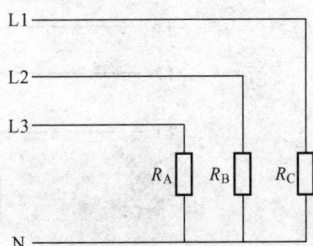

图 4-15　三相四线制正常供电时的电路接线图

当三相四线制中的中性线由于某种原因断裂后，如图 4-16 所示。这时，由于三负载的不平衡电流没有回路，因而中性线断裂处后的负载就变成了三相三线制的 Y 接线。因为在三相四线制网络中的三相负载不可能完全保持平衡，因而三相电压就会不对称，从而引起中性点电位发生偏移，导致有的相电压升高，有的相电压降低，严重时造成接在高电压相的家用电器被烧毁，给用户带来经济损失。接在低电压相的家用电器工作不正常。

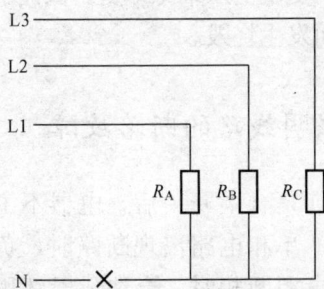

图 4-16　中性线断线后的示意图

要避免上述情况的发生，必须在负载侧将中性线重复接地，如图 4-17 所示。

中性线在 A 点作重复接地后，当中性线出现断裂现象时，三相负载的不平衡电流可通过 A 处接地线经大地流回电源。使断裂处后面中性线电压保持为"0"，从而避免了中

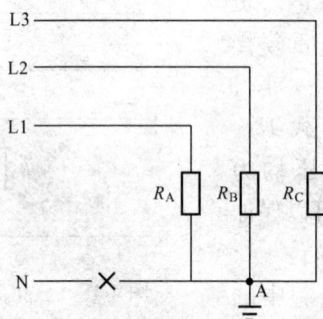

图 4-17   中性线重复接地示意图

性点发生偏移，使家用电器的受电电压维持不变，保证了家用电器不会因为中性线断裂而发生烧毁。

4.17   怎样查找照明线路的断路故障

线路断路故障的基本特征是合上开关后，电器不工作（例如电灯不亮，电扇不转）。单相电路出现断路时，负载不工作；三相用电器如出现电源断相时，会造成毁坏用电设备等不良后果；三相四线制供电线路负荷不平衡时，如中性线断线会造成三相电压不平衡，负荷大的一相相电压降低，负荷小的一相相电压升高，很容易引起用电器毁坏事故。

若某电路中电灯（或家用电器）都不能正常工作，说明干线回路有断线故障。当用验电笔测试灯头或开关桩头时，若氖泡发光，说明是中性线断线；若氖泡不发光，则是相线断线。这时应首先检查电源总开关和总熔断器，看是否有接触不良、导线松脱、熔丝熔断等现象，如果都完好，则可由前向后逐步检查，找出断线点。

若是仅有几盏灯不亮，说明只是局部导线发生断线，这时只需查找这几盏灯共用的导线即可。

要是仅一盏灯不亮，应重点检查这盏灯的灯泡、灯头、灯座、开关等。若没有问题再检查与该灯连接的电路即可逐步查出故障。

4.18　查找照明线路漏电故障的两个简便办法

1　查看电能表法

当发现有漏电故障时，先关掉家用小配电板上的总开关或拔下总熔断器的插尾。若这时电能表铝盘仍转动，说明电能表有故障，应拆除校验；如果铝盘不转动，说明电能表是好的。然后关掉所有家用电器和照明灯，停止所有用电，看电能表铝盘是否转动。如果转动，说明线路上有漏电，应重点对线路进行查找；如果不转动，则说明故障漏电点在用电设备上，然后对用电设备进一步进行查找，这样可大大提高查找漏电点的效率。

2　测试电阻法

关掉总开关或拔下总熔断器的插尾，拧下灯泡，拔下所有家用电器的电源插头，用 500V 绝缘电阻表测量导线与大地及导线与导线之间的绝缘电阻。相线与相线之间的电阻不应小于 0.38MΩ；相线与中性线、中性线与大地之间的绝缘电阻值不应小于 0.22MΩ；使用中的电风扇、电吹风、洗衣机等家用电器的绝缘电阻不应小于 2MΩ。这样可根据所测得绝缘电阻值判断出漏电点在哪里。

4.19 不同回路的用电不能"共用中性线"

若采用两家或多家共用一条中性线，当两家甚至多家合用的中性线出现断线时，就会使部分灯泡、日光灯、电视机、洗衣机、电冰箱等发生烧坏事故。

共用中性线未断中性线时的电路如图4-18所示。甲、乙两家合用一根中性线。甲用户家用电器总功率 P_1 = 1500W，乙用户家用电器总功率 P_2 = 500W。为计算简便，设甲、乙两用户均为电阻性质用电，$\cos\varphi = 1$。在中性线完好无断路时，甲、乙两家可以正常用电。

但是，如果共用的中性线在 D 点出现断路，此时甲、乙两家的电路就会发生如图4-19所示的工作状态。即甲用户和乙用户的电路串联后接在380V电压上。由图4-18可知

$$R_1 = \frac{U^2}{P_1} = \frac{220^2}{1500} = 32.27 \text{（}\Omega\text{）}$$

$$R_2 = \frac{U^2}{P_2} = \frac{220^2}{500} = 96.8 \text{（}\Omega\text{）}$$

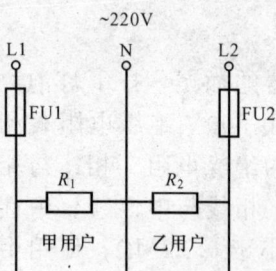

图 4-18 共用中性线未断线时的电路图

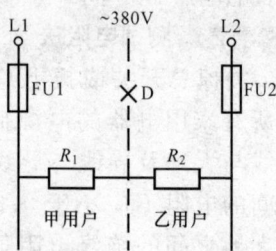

图 4-19 共用中性线断线时的电路图

中性线断线后出现图 4-19 所示电路工作状态时，甲、乙两用户电路变为串联状态，串联电路两端电压和电路中的总电阻及电流为

$$U_{12}=380\text{V}$$
$$R=R_1+R_2=32.27+96.8=129.07 \text{（}\Omega\text{）}$$
$$I=\frac{U_{12}}{R}=\frac{380}{129.07}=2.94 \text{（A）}$$

此时，甲用户和乙用户电路上的电压分别为

$$U_1=R_1I=32.27\times2.94=94.87 \text{（V）}$$
$$U_2=R_2I=96.8\times2.94=284.59 \text{（V）}$$

计算结果表明：甲用户，由于电路上的电压为 94.87V，严重欠电压，家用电器都不能正常工作。但对于负载较小的乙用户，将有 284.59V 的高电压加在其用电设备上，必将造成家用电器烧坏。

因此，在安装不同回路的家庭用电线路时，千万不可为了图省事和节约一段电线，而采用几家"共用一条中性线"的错误做法。应严格按照 DL/T 499—2001 的有关要求施工。对每一回路的家庭用电线路，必需单独配置一根中性线，并且要求与相线具有相同的规格和绝缘水平。

4.20　怎样快速排除荧光灯镇流器的故障

（1）荧光灯运行时发出"嗡嗡"杂音，这是由于镇流器的矽钢片，在磁场的作用下产生振动所致。排除方法：拆下镇流器外壳，将镇流器放在已烧熔化的石蜡液中浸泡 3～5min，让石蜡慢慢渗满矽钢片之间的缝隙，待冷却后装上外壳，即可消除杂音。

（2）若在修理过程中直接能闻到焦油异味，此时应更换新镇流器。因为异味是由镇流器内部绝缘本身破坏所产生的，若继续使用可能烧毁灯管。

（3）如果发现荧光灯灯丝烧断、灯管忽暗忽明、起跳不正常等现象时，则应考虑镇流器可能出现毛病。在维修时，如果身边没有万用表等测量仪表时，可就地取材、简易快速检修镇流器。

取 15～100W 白炽灯泡一个，2m 左右的软线，将软线剪成三段，然后把灯泡和镇流器串联接好，最后把两个线头接在 220V 照明电源上，根据白炽灯泡亮度便可判断镇流器好坏。

1）灯泡不亮，则镇流器断线（内部或引出线）或脱焊（引出线）。若断线则应更换，若脱焊则应连接焊好再使用。

2）灯泡呈红橙色，则说明镇流器无故障，应另找原因。

3）灯泡亮度接近平常，则说明镇流器烧毁或局部短路，应更换新镇流器。

4.21　荧光灯常见故障断定与处理方法

（1）荧光灯管接通电路后，起辉器跳动正常，灯管两端发出像普通白炽灯点亮时的光，而灯丝无闪烁，中间不亮，灯管无法起动。凡遇有此现象表明该灯管已发生漏气，凡漏气严重的灯管，仔细观察两端灯丝部位的内壁上有可能出现一丝白烟状痕迹，灯管发生漏气后，应更换新灯管。

（2）更换灯管时，如新管一通电两端特亮并伴随有响声，随之熄灭，一般是电感型镇流器损坏。此时检测灯管两端灯丝，至少有一端已被烧断，遇此情况应先更换镇流器，然后再装新灯管。

（3）通电后灯管两端发光，这多数是由于气温过低、电源电压过低、灯管老化所致。应提高气温，检查电源电压，更换新灯管。若灯管始终无法点亮，则可能是起辉器已损坏，应更换起辉器。

（4）灯管两端发黑，表明灯管达到使用寿命，此时发光效率也明显降低，应及时更换。

（5）起辉器频繁起动，灯管时亮时灭，一般是灯管质量差，应更换质量好的灯管。

（6）灯管闪烁严重或有光柱起伏滚动现象，无法正常照明。可关闭电源重新起动。若反复数次故障现象无法消除时，表明灯管质量差，管内杂质气体较多，应更换新灯管。

（7）接通电路后灯管不能发光。这可能是接触不良、起辉器损坏、灯丝已断。

处理办法：属于接触不良时，转动灯管，压紧灯管电极与灯座电极之间的接触。转动起辉器，使电极与底座电极接触牢固。如果起辉器损坏，将起辉器取下，用两个螺钉旋具金属头同时接触起辉器底座内的两个电极，再把两个螺钉旋具金属杆部分相碰触一下后马上离开，这时如果灯管发光则说明是起辉器坏了。如果灯丝已断，可用万用表或以电池小电珠串联测试。

（8）灯管发光后灯光在管内旋转。这是新灯管常有的暂时现象，开用几次即可消失。

（9）灯光闪烁。可能是灯管质量不好，可换新灯管试验，看是否消除。

（10）灯管亮度降低。可能是灯管老化（此时灯管两端发黑）；电源电压降低。若因灯管老化则应更换新灯管；如果因电源电压低，应检查电源电压。

（11）灯管两端出现黑斑。可能是灯管内水银凝结，起动后可自行蒸发消除。

（12）电磁声较大。可能是镇流器质量较差，硅钢片振动较大。有条件时重新装紧其铁心。

（13）镇流器过热。这是通风散热不好或内部线圈匝间短路。改善通风条件或更换镇流器。

（14）镇流器冒烟。属内部线圈短路。这时应立即切断电源，更换新镇流器。

（15）拉开开关，灯管闪亮后立即熄灭。这可能是接线错误，将灯丝烧断。若检查灯管灯丝如已烧断，则应先检查接线是否正确后，再更换新灯管。

（16）荧光灯关闭电路，灯管微光闪烁。在正常情况下荧光灯开关接通时，灯管发光；开关关闭时，灯管不发光。为什么有的荧光灯开关断开后，灯管仍微光闪烁呢？原因是安装接线有错误。按照要求，荧光灯相线应先进开关，然后接镇流器。如果错将中性线接开关，尽管开关已关闭，但相线经过镇流器，灯管与大地形成容性电流回路。因此，灯管仍有微光闪烁。在这种情况下，如果电路中有雷电压侵入，荧光灯还会被起动而正常发光。若发生上述现象，应及时将开关改接到相线上。

（17）接通照明开关后，灯泡不发光，但用验电笔验电，相线和中性线均有电压。照明电路正常时相线带电压，中性线不带电压。相线和中性线都带电的原因是由于电路中的中性线断开而导致的。这种故障产生的原因除中性线机械损伤断开外，还有中性线 T 接点或接头氧化接触不良和闸刀开关中性线静触头的夹头间隙过大以及熔丝熔断。因此，首先应按规定设计选择中性线的截面积，其次应加强中性线的巡视与检查，发现不良现象及时处理。

（18）接两只灯泡串联使用时，仅一只发光。当两只灯泡功率悬殊太大（如 100W 和 10W）时，如果将其串联使用，当接通开关时由于 100W 灯泡内阻远小于 10W 灯泡内阻，此时 10W 灯泡承受 200V 左右电压而发光，100W 灯泡承受约 20V 电压不发光（充当导体）。因此当串联使用灯泡时，两只灯泡的功率应基本相等。

4.22　建筑物室内配线的设计与技术要求

1 基本设计要求

由室外架空供电线路的电杆上至建筑物外墙的进线支架，这段线路称为引下线。从外墙支架至总配电箱（或屏）这段线路，称为干线。由总配电箱引出的线路，称为支线。

总配电箱内装有总开关、总熔断器、总电能表，以及各支线开关、熔断器等电器。支线数目为 6～9 路，也有 3～4 路的。对于照明线路，一般以二级配电箱保护为宜，级数多了难以保证保护的选择性。

室内支线应尽可能满足下述规定：

（1）支线的供电范围，单相支线不超 20～30m，三相支线不超过 60～80m，其每相电流以不超过 15A 为宜。每一单相支线上所装设的灯具和插座不应超过 20～25 个。但是，给发光檐、发光板或给 2 根荧光灯管的照明器件供电时，可增至 50 个。供电给多灯头艺术花灯、节日彩灯的照明支线，灯数不受此限制。

（2）单相支线一般采用不大于 15A 的熔断器或自动开

关保护。对于 125W 以上气体放电灯和 500W 以上白炽灯的支线，其保护设备电流不应超过 60A。

（3）插座是线路中最容易发生故障的地方，如需要安装较多的插座时，可考虑专设一条支线供电，以提高线路的可靠性。

（4）支线的路径较长，转折和分支又多。从敷设施工上来考虑，支线导线截面积不宜过大，一般应在 1.0～4.0mm² 范围内，最大不能超过 6.0mm²。若单相支线的电流大于 15A 或截面积大于 4.0mm² 时，改为三相或分两条单相支线是较合理的。

（5）单相支线应按电源相序（L1、L2、L3）分配用电，并应尽可能使三相负载接近平衡。三相支线也应使三相负载分配大致平衡。

由于单相用电设备的停、用是经常变化的，不可能做到随时保持平衡，因此，不要采用两个单相支路共用一根中性线。

2 配线的技术要求

室内配线不仅要使电能的传送可靠，而且要使线路布置合理、整齐、安装牢固，符合技术规范的要求。内线工程不能破坏建筑物的强度和损害建筑物的美观。在施工前就要考虑好与给排水管道、热力管道、风管道以及通信线路布线等的位置关系。室内配线技术要求如下：

（1）使用导线的额定电压应大于线路的工作电压，导线的绝缘应符合线路的安装方式和敷设的环境条件要求。导线截面积应能满足供电和机械强度的要求。

（2）配线时应尽量避免导线有接头，因为往往是由于导线接头漏电而引发各种事故。必须有接头时，应采用压接和焊接。导线连接和分支点不应受到机械力的作用。穿在管内的导线，在任何情况下都不能有接头。必要时应尽可能地把接头放在接线盒或灯头盒内。

（3）当导线穿过楼板时，应设钢管或塑料管加以保护，管子长度应从离楼板面 2m 高处，到楼板下出口处为止。

（4）明配线路应在建筑物内水平或竖直敷设。水平敷设时，导线距地面不小于 2.5m。竖直敷设时，导线距地面不应小于 2m。否则应将导线穿管加以保护，防止机械损伤。

（5）导线穿墙要用瓷管，瓷管两端的出线口伸出墙面应不小于 10mm，这样可防止导线和墙壁接触，防止墙壁潮湿时产生漏电现象。导线过墙用瓷管保护，除穿向室外的瓷管应一线一根外，同一回路的几根导线可以穿在同一根瓷管内，但管内导线的总截面积（包括绝缘层）不应超过管内截面积的 40％。

当导线沿墙壁或天花板敷设时，导线与建筑物之间的距离一般应不小于 10mm。在通过伸缩缝的地方，导线敷设应稍为松弛。钢管配线，应装设补偿盒，以适应建筑物的伸缩。

（6）当导线互相交叉时，为避免碰线，在每根导线上应套上塑料管或其他绝缘管，并须将套管固定。

（7）线路应避开热源和不在发热体（如烟囱）表面敷设，如必须通过时，导线周围的温度不得超过 35℃，并做隔热处理。

（8）线路敷设用的各种金属构架、铁件和明布线管等均应做防腐处理。

（9）线路对地绝缘电阻，不应小于每伏工作电压 1kΩ。

3　线管配线

（1）常用的线管有电线管、煤气管和塑料管3种。穿管敷设时，钢管的弯曲半径不得小于钢管外径的4倍。

（2）钢管暗敷设时，应将钢管及接线盒连接成一个导体，并且应该接地。

（3）不同电压、不同回路、不同电流种类的供电线路，或非同一控制对象的线路，不得穿于同一管子内；互为备用的线路也不得共穿一管。

（4）电压为65V及以下的回路、同一设备的电力线路和无抗干扰要求的控制线路、照明灯的所有回路以及同类照明的几个回路等可穿同一根管，但管内绝缘导线不得多于8根。

（5）穿管敷设的绝缘导线绝缘电压等级不应小于交流500V，穿管导线的总截面积（包括外护套）不应大于管内截面积的40%。

4.23　照明电路安装要点与步骤

1　安装要点

在安装电路时，应考虑安全、经济、整齐和使用方便等因素，并应符合以下技术要求：

（1）所用导线的截面积不得小于最小允许截面积，并应严格按照电路上的用电负载选用。

（2）明装的导线离地一般应在2m以上，在接到开关或插座上时，一般不应低于1.3m。

（3）导线过墙、进户时，应穿套瓷管，一根瓷管只能穿套一根电线。

（4）导线穿过楼板时，在楼上离地 1.3m 的部分导线应套钢管保护。钢管管口应装上胶圈，以防割破导线的绝缘层。

（5）导线连接时，应严格按照规定的接线方法进行。

2　照明电路的安装步骤

（1）标划导线、用电器和电气装置安装的位置。

（2）在标划的位置上打凿木砖孔，并塞上木砖。

（3）安装导线的支持物，如绝缘子、瓷夹板、木槽板。

（4）敷设导线。

（5）安装用电器和电气装置。

（6）检查电路。

（7）接上电源。

（8）校验电路。

4.24　农村新建住宅布线安装存在的问题及预防对策

随着人民生活水平的不断提高，农村砖混结构的"小洋楼"越来越多。在新建房屋的布线安装工程中，由于安装质量差，常发生绝缘损坏导致漏电、短路等故障。

1　常见的质量问题

（1）室内照明安装无图纸，导线色标不统一，同色线一处作相线、另一处却作为中性线，不便于故障处理和维修。

（2）预埋穿线管时就把线穿好同埋，由于浇注时个别穿线管漏浆，致使导线与水泥凝固在一起或使绝缘损坏漏电等。

（3）不预埋穿线管。有的图方便，为省工、省料，直接把线按需要走向布好抹灰，有的甚至把导线接头包扎后也直接抹入灰层内。

（4）导线截面积选择不合适。有些用线过粗，造成浪费和施工困难；有些用线过细，没有余量，限制了电器的使用和以后的发展，同时因导线过细，会使导线处于满载或过载状态运行，加速了导线绝缘的老化、缩短了使用寿命，潜伏的危险性也很大。

（5）大多数用户不使用接地保护线。

2 预防对策

（1）应先画好屋内照明平面布置图，并按图施工。布线安装前，应先考虑哪里需要安装开关、插座、灯具。照图埋穿线管，埋好后再穿线安装，穿线管内不准有接头。

（2）开关、插座的高度要符合 DL/T 499—2001 要求，拉线开关、插座应装在距地面高 1.8m 处。为了使用方便，如考虑电器摆放位置变动等，墙上插座与插座间的距离应不大于 3m。安装时，开关一定要接在相线上，开关的分离方向应一致，扳把向上为合，扳把向下为分；以面对插座的右边接相线，左边接中性线，三孔插座上边接保护地线。

（3）在电能表的出线侧安装剩余电流动作保护装置，在剩余电流动作保护装置后安装闸刀开关，这样比较安全。

（4）布线前，应先估算一下所用电器的最大电流，正确选择导线截面积。从目前情况来看，一般民宅安装的电能表为 5（10）A，所以，主线选用 2.5mm^2 的单根铜芯线（其安全电流为 27A，参考电流为 34A），分支线选用 1.5mm^2 的单芯铜线（安全电流为 13A，参考电流为 25A），就能满足要求。在购买电料时一定要购买正规厂家的电料，不要购买劣质电料。安装时，相线最好用深色线，中性线用浅色线，保护接地线用黄绿双色线。这样接线不会错，以后检修也方便。

（5）厨房内使用电饭煲、电炒锅的插座，应连同闸刀开关安装在一个小配电板上。使用时，先插上插座再合闸刀开关，这样比较安全。

4.25　怎样正确连接荧光灯电路

荧光灯照明电路接入供电电源时，灯管、镇流器和起辉器三者之间的相对位置，以及起辉器动、静触点的接线位置，对荧光灯的起动性能、灯管寿命有很大影响。

在如图 4-20 所示的四种荧光灯原理接线图中，在接入正常电压下虽然都能使荧光灯发光工作，但其起动性能是不一样的。实践证明以图 4-20（d）所示电路接线方式具有最好的起动性能。因为镇流器接在相线上，并与起辉器双金属片的动触极相连接，可以得到较高的脉冲电动势，使灯管只跳动一次就可起燃。在实际的荧光灯安装中，可先将起辉器底座接相线端标上记号。因为起辉器的外壳无触点标志，使用时可拆开外壳查看，并在外壳上将动触极端标上记号。安装时应将起辉器动触极端接在起动器底座相线侧即可。

图 4-20（a）的接法起动性能最差，可能要跳动 2～4 次灯管才能点燃，灯管在起燃时多跳动一次或多开关一次，灯管的使用寿命将缩短约 2h。

另外，在图 4-20（a）、（b）中，开关装设在中性线上。当断开开关时，虽然荧光灯熄灭了，但灯管一端仍与相线连接，由于灯管与墙壁或天花板之间有对地电容存在，或因中性线绝缘不好（特别是夏季潮湿时）等原因，灯管仍会出现微光，不仅浪费电能，而且缩短灯管的使用寿命。同时开关接在中性线上，即使断开开关，灯具仍带电，这样很不安全。

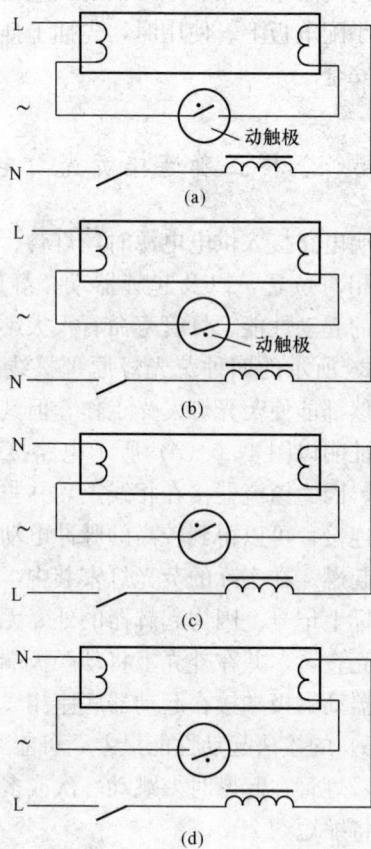

图 4-20 荧光灯原理接线图

4.26 荧光灯为何在低温下难以点燃

当 700V 左右的电压瞬间加在灯管两端的灯丝上时，灯丝在预热时释放出的电子在高压下加速运动。

高速运动的电子使管内氩气电离导电，也叫弧光放电，它把管内水银微粒电离成水银蒸汽，蒸汽状态下的水银被电离的同时放出大量紫外线，紫外线被荧光灯内壁上的荧光物质吸收，从而发出各种颜色的明亮光。

管内水银蒸汽压力随环境温度的增减而升降。当环境温度低于设计要求时，管内水银蒸汽压力降低到使部分水银蒸汽凝结成微小颗粒状态，使内管电阻大到弧光放电无法维持时，就使灯管无法点亮。有时也只能依靠镇流器作用出现的瞬时高压，让灯管亮一下、暗一下地不断闪亮，类似跳泡损坏造成的故障现象。这就是荧光灯在低温下不易点燃的道理。

4.27　中性线断线简易保护法

农村用电计量装置大部分装在变压器低压侧，这是防止窃电的一种技术手段。但是，种种原因造成的计量箱内中性线或其他相线烧断故障，用户、电工不易发现和及时检修，造成用户设备损坏和影响用户正常用电。为避免这一情况，可以利用总配电盘上的剩余电流动作保护装置，再加装一只继电器，就可有效、迅速地切断总电源，保证用户的电器设备安全。

中性线断线简易保护接线如图 4-21 所示。图中，L3 相电源→停止按钮 SB→中性线 N 形成回路。

L1 相电源→空气断路器动合辅助触点 QF1→继电器动断触点 KC1→空气断路器失压线圈 QF→继电器动断触点 KC2→空气断路器动合辅助触点 QF2→L2 相电源形成回路。

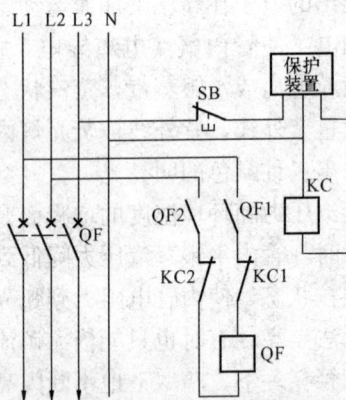

图 4-21　中性线断线简易保护接线图

　　工作原理：当空气断路器 QF 上端有电时，剩余电流动作保护装置正常工作，220V 电源送到继电器线圈 KC，其动断触点 KC1、KC2 断开。空气断路器 QF 合闸时，其动合辅助触点 QF1、QF2 闭合，但因继电器动断触点 KC1、KC2 已断开，空气断路器失压线圈 QF 仍然断电，使线路正常供电。当中性线发生断线故障时，因剩余电流动作保护装置电源未形成回路而使继电器 KC 线圈断电释放，触点 KC1、KC2 闭合，空气断路器失压线圈通电而使其跳闸。

4.28　怎样检查照明线路的短路故障

　　查找照明线路的短路故障时，一般应用分支路、分段与重点部位相结合的方法，灵活运用试灯或万用表配合进行检查。用试灯法查找短路点是一种比较方便的方法。

在检查时，先拔掉故障电路上所有家用电器的插头，拉开所有照明灯的开关，拔下两只总熔断器中的一只熔断器的熔丝，然后将一盏 60～100W 的白炽灯泡串联接在取下熔丝的一只总熔断器的接线柱上，如图 4-22 所示。然后合上开关 S，若试灯正常发光，说明故障在线路上；若试灯不发光或微微发光，说明线路没有问题，应再对每盏灯及家用电器进行检查。

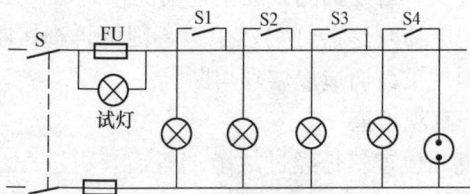

图 4-22　用试灯检查短路故障

检查每盏灯和家用电器时，可依次将每盏灯的开关闭合和逐个插入家用电器，每合一个开关或插入一个家用电器都要观察试灯，正常现象是试灯不亮或发红，但远达不到正常亮度。若开某盏灯或接入某一电器时，试灯突然接近正常亮度，则表明短路故障点在该用电器内部或其电源线内。用试灯检查短路故障时，必须注意安全，防止触电。

4.29　如何查找照明线路故障

查找照明线路的故障常用的方法有故障调查、直观检查、测试检查和分支路及分段检查。

1 故障调查

所谓故障调查，就是在处理故障前应先进行故障调查，向出故障时在现场者或操作者了解故障前后的情况，询问故障发生之前有什么征兆、故障发生时是什么现象、有无改动过接线等。例如，某一部分电灯突然熄灭，经询问是在某一盏灯或某一插座上插电器时发生的。若发现熔丝熔断，则可以大致判断是由于所开那盏灯或所用电器有短路故障，然后再进一步查实。若经询问，无上述情况，而是在无任何人开灯或开其他电器时这盏灯突然熄灭，则可再查熔断器熔丝，检查是否因过负荷而造成熔丝熔断等。

2 直观检查

所谓直观检查就是经过故障调查后，再进一步通过看、听、闻、等进行直观检查，即仔细观察线路或设备的外部状况或运行情况。首先沿线路巡视，查看线路上有无明显问题，例如，导线有无破皮、断线、相间碰线，灯口有无进水、烧焦等，然后再对重点部位进行检查。

（1）查看熔断器熔丝。根据熔丝熔断情况可初步判定故障是什么原因引起的。熔丝的熔断情况一般有以下三种情况：

1）熔丝断点在压接螺钉附近，断口较小，往往可以看到螺钉变色、有氧化层。这是由于压接过松、螺钉松动或压接时熔丝碰伤所致。对此应清洁螺钉、垫圈，重新装好新熔丝。

2）熔丝外露部分大部分或全部爆熔，反螺钉压接部分有残存，这是由于短路大电流在极短时间内产生大量的热量而使熔丝爆熔所致。在故障点未找出之前，且不可盲目地加大熔丝，以防事故扩大。

3）熔丝中部产生较小的断口。这是由于通过熔丝的电流长时间超过其额定电流所致。由于熔丝两端的热量能经压接螺钉散发掉，而中间部位的热量积聚较快，以致被熔化。因此可以断定为是线路过载或熔丝选的过细引起。对此，应查明过载原因，并选择合适的熔丝重新装上。

（2）查看闸刀、熔断器是否过热。

1）若螺钉孔上封的火漆熔化，有流淌痕迹，这是由于该电器过热造成的。

2）若电器触头或接触连接部分紫铜表面生成黑色氧化铜并退火变软、压接螺钉焊死无法松动等，也是由于过热造成的。

3）由于导线与开关、熔断器等接线端子压接不实或导线表面氧化接触不良，引起过热。铝导线若直接压接在铜接线端子上，由于"电化腐蚀"，铝导线极易被腐蚀，使得接触电阻变大，出现过热，最后导致断路。

3　测试检查

所谓测试检查就是除了对线路、用电设备进行直观检查外，应充分利用验电笔、万用表、绝缘电阻表、电流表、钳形电流表及试灯等仪表和设备进行测试。

4　分支路及分段检查

所谓分支路及分段检查就是对故障电路，本着先易后难的原则，可按分支路或"对分法"分段进行检查，以缩小故障范围，逐步趋近故障点。一般配电板电路和用电器具的测量检查比较方便，应先对其进行检查，然后再对线路进行检查。

用"对分法"检查故障电路，就是在检查有故障的线路时，在其大约一半的位置找一检查测试点，用试灯、万用表等进行测试。若该测试点正常，则可断定故障在测试点负荷一侧，若该测试点不正常，则可断定故障点在测试点电源一侧。下一步则应在有问题"半段"的中部再找一测试点，以此类推，则可很快趋近并找到故障点。

第五章 ◎

电能计量与电工仪表

5.1 电能表常见的异常运行与处理

电能表是供电部门与用户衔接最紧密、最关键的设备，是电能计量的重要依据。电能表在长期运行中，可能会出现一些异常情况，如接线盒烧坏、空转、表响、表停、计量不准等。

（1）接线盒烧坏。主要是由于过负载或接线时接线柱上的螺钉没有拧紧，接触不良，长时间运行逐步发热，导致接线盒烧坏。还有一种情况就是由于架空线路遭受雷击，雷电波侵入电能表，把电能表击坏。

处理方法：尽量错开家用电器使用时间，以减少供电电流；在装表接线时应将接线桩柱螺钉拧紧；对于多雷雨地区的配电变压器低压侧应加装低压避雷器。

（2）空转。有的是由于校表时没有调整好而引起的，有的是由于运行中电压波动引起的。一般来说，运行电压较电能表的额定电压高或低 10% 时，容易发生空转；还有的是因负载过大，致使电流线圈烧坏，也会引起空转。

处理方法：将电能表拆下重新校验；调整用电负载；严禁用铜、铁、铝丝代替熔丝，使用合格的熔丝。

（3）表响。电能表在运行中由于交变磁场的作用，会发生一些轻微的响声，这不会影响准确性，也不会损坏电能表

211

零件。但如果响声较大，则可能是电能表内的电磁元件固定螺钉松动，或是转动部件轴承缺少润滑油造成的，这会影响电能表的准确计量，需要进行检修。

处理方法：将表内的电磁元件固定螺钉拧紧。一般来说，电能表运行时间超过 3～5 年，就要进行拆洗加油、校验。

（4）表停。电能表圆盘不转动，计数器也不走字、不计量。

1）由于线路过负载、雷击或者表内零配件焊接不良，造成线圈断路，引起表停。

2）表盖密封不严，以致一些灰尘或小虫等进入表内卡住圆盘，致使圆盘不转、表停。

3）由于电能表运行时间较长，上、下轴承中的油垢增多，以及宝石磨损，增加了摩擦阻力，导致电能表圆盘不能转动，从而造成表停。

4）各部螺钉松动，正逆装置失灵，表内计数器本身轧牙而造成表停。

5）由于校验质量问题，造成字轴和铝盘衔接太紧，也会使表停转。

（5）计量不准。

1）电能表偏快。主要是表内永久磁铁的磁力减弱及电流线圈匝间短路，电压元件铁心与电流元件铁心之间的间隙太小等造成的。

2）电能表偏慢。主要是由于上、下轴承中的润滑油发腻或下轴承及宝石磨损而引起的，还有电流线圈匝间短路、电压元件铁心与电流元件铁心之间的间隙太大、永久磁钢磁性太强等。

以上两种情况，均要拆开进行检修、校验。

电能表内部的电磁元件，上、下轴承，计数器，永久磁铁等每一个零件都是经过校验后固定好的，不能任意变动。包括线圈烧坏后，都不能私自乱绕、乱配，否则将影响电能表准确计量。因此，电能表发生故障后，应立即通知供电部门及分管计量人员拆下检修、校验。

5.2　怎样对运行中的电能表进行检查

对运行中的电能表进行检查，是计量管理的一项重要工作。抄收人员应经常根据用户用电量的变化，分析、判断是不是电能表出现了故障，然后对用户的电能表进行检查、处理。对于运行中电能表检查的方法很多，在此，根据经验列举一些常用、可行的检查方法。

1　外观检查

对电能表及其他计量装置外观检查的内容主要有：

（1）检查封铅，看封铅是否完好。如果封铅变形或伪造，则说明可能有人窃电。

（2）看电能表的表盖窗口。如果窗口的玻璃模糊，表内有水蒸气的痕迹，则说明过载，电流线圈发热。有这种情况时，多数线圈已烧坏。不过有时电流线圈烧毁，窗口的水蒸气痕迹不是很明显，但在铭牌的转盘口处一般可以看到一点被熏染的黄斑。通过表盖窗口，还可以观察转盘的转动情况，可根据当时负载的大小估计转速是否正常。另外，也可以断开负载看转盘是否潜动，但要注意的是在电流线圈无电流和转盘连续转动超过一圈的条件下才能判断为潜动。

（3）检查电能表的接线是否正确，有无松动。

（4）检查电流互感器。对于配有电流互感器的电能表，可以用手去摸一下互感器的外壳，如果互感器热得厉害，则说明该电流互感器二次开路，此时电能表不能正确计量。

（5）检查电能表和互感器的外壳以及连接导线是否有人为损坏的地方。

2 拆开电压线（连片）检查

在表尾电压正常的情况下，当拆开电压线（或电压连片）后，再将电压线或连片轻轻点触接通回路，如果电压线圈完好的话，会在点触时产生火花，这是由于电压线圈的电感作用产生的。如果没有火花产生，则说明电压线圈烧毁、断路。另外，拆电压线（连片）检查的方法也常用于三相表的失相检查。就是先把三相表的电压线（连片）拆开，然后再每相轮流接回，看是否每一相的元件都能使转盘转动，如果接回某一相时不能转动的话，则说明这一相有故障。

3 使用钳形电流表检查

这种方法比较适合于配有电流互感器的电能表的检查。可以通过钳形表测量互感器的一、二次电流，看是否与互感器铭牌所标的变比相符，如果不符，则说明互感器有问题。

4 使用万用表检查

（1）在带电的情况下用交流电压挡检查表尾电压是否正常。

（2）在断电的情况下用电阻挡检查电压回路和电流回路的通断。

5.3 怎样鉴别电能表准确与否

鉴别电能表准确与否，首先应看清电能表铭牌上标明的盘转常数，即每计量 1kWh 电量，电能表圆盘应转的圈数。如电能表上标有 $C=3000r/kWh$，表明转盘转动 3000 圈计量为 1kWh 的电量。弄清盘转数后，即可按实际用量计算用电量，如有三盏灯共计 200W，同时用 1h，耗电 0.2kWh，圆盘应转 600 圈，即圆盘转一圈需要 6s。如此推算，如果电能表圆盘转动一圈的时间与计算出的时间悬殊较大，表明电能表不准确，应送有关部门校验。

5.4　怎样正确安装家用电能表

1　家用电能表容量的选择

选择家用电能表容量的原则是，应使用电负载在电能表额定电流的 20%～120% 之间。单相 220V 照明负载以每千瓦 5A，三相 380V 动力用电以每千伏安 1.5A 或每千瓦 2A 估算为宜。家用电能表容量可参照表 5-1 选择。

表 5-1　　　　　　　家用电能表容量的选择

电能表容量 （A）	220V 照明用电 （kW）	380V 动力用电 （kW）
3	0.6 以下	
5	0.6～1	0.6～1.7
10	1～2	2.8～5
15	2～3	5～7.5
20	3～4	7.5～10
30	4～6	10～15
50	6～10	15～25
100	—	25～50
200	—	50～100

2 电能表的安装与接线

电能表的安装质量与接线是否正确，将直接影响计量的准确性，因此安装电能表时应注意以下几点：

（1）电能表安装处的环境温度一般应在 0～40℃之间。

（2）电能表应安装在不易受震动的墙上或开关板上，距地面高度应在 0.7～2.0m 之间。

（3）装设电能表的地方应干燥、清洁，附近应无强磁场存在，并应尽量安装在明显的地方，以便读表和监视。

（4）在易受机械损伤和脏污的地方以及易碰触处，电能表应装在箱内。

（5）电能表应垂直安装，允许偏差不得超过 2°，同时不应受到冲击。

家用单相电能表的选型可按供电部门推荐的表型选择，如 DD862 系列。接线一般为直接接入法，家用单相电能表接线图如图 5-1 所示。

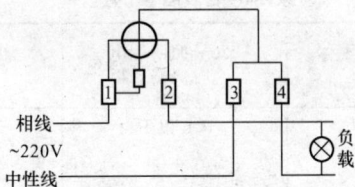

图 5-1　家用单相电能表接线图

因为是直接接入，所以与端子 1 相连的连片不可拆下，否则电能表不转，也不可将电流线圈并接于电源上，以防烧坏电能表。

5.5　怎样根据电能表数码计算用电量

用电计量一般是以电能表数码为依据来计算的。由于装用的要求与条件不同，用电量的计算方法也不相同。

（1）对电能表不经互感器的直读计算（计码为红窗口的是小数点以下数），其计算公式为

$$A_P = (W_2 - W_1) \cdot B_L \tag{5-1}$$

电能表有乘方数的，如 80A，30r/min 的电能表计码表上方标有 10^5、10^4、10^3、10^2、10^1 等字样的，计算电量时，个位数即为 10 位数的直读数。

（2）经互感器接入时的电量计算。

1）电能表与电流互感器配合使用时，计算实用电量的公式为（单位 kWh）

$$A_P = (W_2 - W_1) \cdot K_I \cdot B_L \tag{5-2}$$

2）电能表盘上注有倍率的，即盘上注有"×"号和"乘倍率" 10、20、30、40、…时，实际用电量可按式(5-3)计算（单位 kWh）

$$A_P = (W_2 - W_1) \cdot K_I \cdot B \tag{5-3}$$

3）电能表与电压互感器、电流互感器配合使用时，实际用电量计算式为（单位 kWh）

$$A_P = (W_2 - W_1) \cdot K_V \cdot K_I \tag{5-4}$$

4）电能表盘上注有倍率与电压互感器、电流互感器配合使用时，用电量计算式为（单位 kWh）

$$A_P = (W_2 - W_1) \cdot K_Y \cdot K_L \cdot B \tag{5-5}$$

5）电能表上注明了电流比值和电压比值的，表明该表是成套表计，如注明变流比为 100/5A、变压比为 10000/

100V，则表明该表与指定变比的互感器配套使用，且电能表指示的数就是真实电量，不必再乘变流比和变压比了，这时

$$A_P = (W_2 - W_1) \qquad (5\text{-}6)$$

6）如果电能表盘上标注的变比与使用的电压互感器或电流互感器变比不符时，用电量计算式为（单位 kWh）

$$A_P = (W_2 - W_1) \times \frac{K_V \cdot K_I \cdot B}{K_Y \cdot K_L} \qquad (5\text{-}7)$$

7）当电能表正转，后一次抄表指示数小于前一次指示数时，其用电量计算公式为（单位 kWh）

$$A_P = [(10^n + W_2) - W_1] \cdot B_L \qquad (5\text{-}8)$$

式(5-1)～式(5-8)中　K_I——实际电流互感器额定变比；

K_V——实际电压互感器额定变比；

K_L——电能表铭牌电流互感器变比；

K_Y——电能表铭牌电压互感器变比；

B——电能表铭牌倍率；

B_L——电能表的实用倍率；

A_P——电能表计量电能量；

W_1——前次抄表指示数；

W_2——后次抄表指示数；

n——电能表整数部分的位数。

如：一照明用户上月抄表指示数为 996，本月抄表指示数为 13。本月用电量应为

$$A_P = [(10^3 + 13) - 996] \times 1 = [1013 - 996] \times 1 = 17 \ (\text{kWh})$$

5.6　怎样防止出现电能计量差错

在实际用电中，常因以下几种情况而发生电能计量差错，应积极采取有效防范措施，防止出现这些电能计量差错。

1　电能表的虚接

电能表虚接的形式有：在接线前未清除导线端头、电流互感器接线柱及电能表接线孔等处的氧化膜；削剥导线绝缘层不彻底，导线端头掺杂着部分绝缘层被一同紧固在电能表接线孔中；导线端头插入电能表接线孔中的深度不够，只用一个紧固螺钉，没有足够的接触面；使用不合格的螺钉，使导线与电能表接线孔间没有足够的压力；维修不及时，导线与电能表接线孔或导线与电压互感器接线柱的连接点氧化锈蚀，造成接触不良。

2　电能表的错接线

接线时只凭经验，不注意不同电能表在不同供电方式下接线的要求。电能表接好后，只注意观察它是否旋转和转向，不注意分析它的转向与所带负载是否吻合。

3　环境的影响

不注重电能表安装环境的选择，忽略潮湿、粉尘、磁波等外界因素对电能表的侵袭和干扰；表壳封闭不严，不能有效地使用电能表密封胶垫，特别是在野外等恶劣环境下工作的电能表，不注意表箱安装牢固和封闭。

4　电能表失校

忽视对电能表这一精密计量设备的防护，特别是在电能表安装前的运输中。忽视电能表必须定期轮校的规定。

5 使用、安装不规范

电能表安装只用一个螺钉，固定不牢靠，忽略了电能表必须垂直安装的规定，甚至倾斜，倒置；忽视电流互感器对所带负载的要求，电能表与互感器之间的连接导线过长，甚至其中有接头存在或使用铝芯线；选用电流互感器不恰当，其变比与负载搭配不适宜；忽略电能表适用负载的范围。

6 计量方式不当

非三相平衡负载只用一块单相电能表；动力和照明用电混用一表计量；忽略了负载高低差的不利影响，使电能表很难保证计量的准确度。

5.7 怎样正确选择单相电能表的容量

1 选择单相电能表容量时所涉及的几个方面

（1）电能表的灵敏度。当电能表在额定电压、额定频率及功率因数等于1的条件下，能使电能表开始不停地转动所需的最小电流与标定电流的百分比，即是电能表的灵敏度。按规定这个电流应不大于0.5%标定电流；这个电流值通常叫起动电流，相应的功率值叫起动功率。

（2）电能表保证误差范围的负载电流。能满足电能表准确度要求的负载电流，即保证电能表误差在允许范围内的负载电流。由于电流电磁铁的非线性特性，负载电流太小或太大时都将使电能表误差增大，尤其是当负载电流大于电能表保证误差的负载电流上限时，电流电磁铁出现磁饱和，电能表读数将明显小于实际值。因此，为了保证电能表的计量精度，有关规程规定应使正常负载电流的变动范围大于电能表保证误差的电流下限，小于电能表保证误差的电流上限。国产感应型电能表保证误差的负载电流在功率因数为 1 时，通常为 10％至额定最大电流。

（3）电能表的最大允许电流。能满足电能表精度要求的最大负载电流，即为电能表的最大允许电流。它通常是电能表保证误差的负载电流上限值，有的在产品说明书上用额定最大电流表示。如：3（6）A 电能表的最大允许电流即 6A。常见单相电能表的有关技术参数见表 5-2。

表 5-2　　　　　常见单相电能表的有关技术参数

电表容量	额定最大电流	起动电流或功率（cosφ=1）	保证误差的负载范围（cosφ=1）
2（4）A	4A	10mA/2.2W	0.2A（44W）～4A（880W）
3（6）A	6A	15mA/3.3W	0.3A（66W）～6A（1320W）
5（10）A	10A	25mA/5.5W	0.5A（110W）～10A（2200W）
10（20）A	20A	50mA/11W	1A（220W）～20A（4400W）

2　单相电能表容量的选择方法

以目前普遍使用的 2 倍值标称表为例，具体可采用如下两种选择方法。

（1）根据用户的负载功率选择电能表容量。首先按常规方法统计用户的负载功率，然后换算成负载电流，使峰期电流在电能表 80％标定电流至 80％额定最大电流范围内即可。根据用电负载功率选择单相电能表容量见表 5-3。

表 5-3　　　　　根据用电负载功率选择单相电能表容量

用户最大负载（cosφ≈0.9）	所选配电能表容量
300W 以下/1.6A 以下	1（2）A
300～600W/1.6～3.2A	2（4）A
500～1000W/2.4～4.8A	3（6）A
800～1600W/4～8A	5（10）A
1600～3200W/8～16A	10（20）A

（2）根据用户的月用电量选择电能表容量。根据用户月抄表电量，每月高峰负载时间按 60h 考虑，高峰负载等于月用电量（kWh）×0.6/60，单位为 kW。例如：某用户月用电量为 100kWh，则其高峰负载为 100×0.6/60kW＝1kW。估算出高峰负载后，仍可按照根据用户负载功率选择电能表容量的方法选择电能表。根据用户月用电量选择单相电能表容量见表 5-4。

表 5-4　　　　根据用户月用电量选择单相电能表容量

用户月用电量	所选配电能表容量
30kWh 以下	1（2）A
30～60kWh	2（4）A
50～100kWh	3（6）A
80～160kWh	5（10）A
160～320kWh	10（20）A

3　须注意的几个问题

（1）新装和增容用户在办理报装手续时应按常规认真核实负载，既要避免电能表容量选择过大造成计量失准，又要顾及用户近期负载发展情况，尽量避免装表后不久就出现超载现象。

（2）一般居民用户加装空调等大功率电器设备时，应办理登记手续，以便及时掌握用户负载变化情况，确定是否需要补办增容手续和更换电能表。

（3）某些电压质量较差的地方，部分用户在电压偏低时采用调压器升压，根据变压器原理这实际上就是增加通过电能表的电流（通常电能表装在调压器电源侧），这个因素在选择电能表容量时也应考虑。

（4）按此法计算可能会出现两个容量等级的电能表供选择，此时一般以选择大容量级的电能表为宜。

（5）推广采用宽负载电能表。这类电能表保证误差的电流下限可小至 5％标定电流，上限则可达 4～6 倍标定电流，因而特别适用于一般居民用电的计量。目前，此类电能表已普遍用于城市居民用户，农村乡镇也已逐步推广采用。

（6）现今我国部分农村的一般居民用电负载仍在几百瓦以内，安装 3（6）A 以下电能表还是比较合适的；而城市和经济比较发达地区的乡镇居民用电负载普遍在千瓦以上。至于一般居民用户配置电能表的容量范围问题，各地供电部门应根据当地的实际情况灵活掌握。

5.8 怎样直观判断低压
电能表被烧坏的原因

【现象 1】 接线盒烧坏，而表内部完好。

这种现象是由于电能表接线盒上接线柱接触电阻较大，引起局部发热所致。主要原因是由于电能表进出线与接线柱之间接触电阻较大，另一个原因由于电流线圈与接线柱之间接触电阻较大。

防止办法：紧固螺钉，尽量增大导线与接线柱间的接触面积，降低接触电阻。

【现象 2】 表内电流线圈烧坏或线圈基架变形，而表内外其他部件完好。

这种现象是由于电能表超负载运行，导致电流线圈局部发热所致。

防止办法：限定用户负载或者计量增容。

【现象 3】 电流线圈及接线盒同时烧坏。

这种现象是由于用户严重超负载用电或者用户处出现电器短路等原因所致。

防止办法：限定用户负载，让用户加强电器设备管理，减少熔断器容量。

【现象4】 电压线圈烧坏，而表内外其他部件完好。

这种现象是由于加在电压线圈上的电压高，造成电压线圈发热或击穿所致。一种情况是由于电力线路上过电压或者用户处有过电压；另一种情况是雷电天气感应雷过电压所致。

防止办法：安装过压保护装置或者低压避雷器。

【现象5】 电流线圈、电压线圈同时烧坏，表内一片黑。

这种现象是由于用户过负载，造成表内发热温度升高，加速电压线圈的绝缘层老化后，形成电压线圈绝缘被破坏而短路烧坏，严重者还会导致计数器塑料字轮烧化。

防止办法：同上面现象1和现象2的情况。

【现象6】 表内烧得一片黑，且有放电痕迹。

这种现象如果出现在雷电天气之后，其主要原因是雷击所致；如果出现在无雷电季节，其原因现象4；如果表内任何部位都没有放电痕迹，也不是出现在雷电季节，则属于现象5的情况或者用户端电器短路所致。

5.9 如何判定电能表是否潜动

潜动是指电能表在没有任何负载的情况下，铝盘也徐徐转动不停，通常有以下几种情况：

（1）在用电状态下，电能表正常运转，当停止用电时，电能表可能继续转动，有时正转，有时反转，但铝盘转动不超过一整圈，就不再转了，这是正常现象。

（2）总表后面如果装有很多分表，即使在没有用电的情况下，由于分表的电压线圈要消耗电能，这对总表来说，等于接上了负载，所以虽然这时不使用电器，但总表仍会继续转动，这也是正常现象。

（3）如果电能表后没有分表，用电设备也没有用电，而电能表的铝盘仍然不停地转动，这时可将电能表后的总开关拉开，如果电能表的铝盘停止转动，则说明电能表正常，可能是线路有漏电引起的，应该检查线路；如果铝盘仍然继续转动，这就是电能表本身的问题引起的潜动，应到电力有关部门进行校验、检修或更换。

5.10　用钳形电流表现场检查电能表、电流互感器的简单方法

用便携式钳形电流表现场检测电流互感器变比、电能表误差，简单方便且能满足工作需要。在不拆动任何原线路和不影响供电的情况下，能迅速测算出电流互感器变比和电能表每分钟盘转数的准确度，是用电营业检查的一项技术性反窃电措施。

方法是：用便携式钳形电流表交流挡现场测试。首先，测得一次侧负载电流和经 TA 变流后的二次电流，然后根据测试数据，经简单运算，即可得出 TA 变比和电能表误差系数。

TA 变比计算公式为

$$K = I_1 / I_2 \tag{5-9}$$

式中　K——TA 倍率（变流比）；

　　　I_1——被测试 TA 一次侧负载电流；

　　　I_2——被测试 TA 二次侧电流。

【例 5-1】　计算 TA 变比。

某一计量箱 TA 变比标定为 $K=150/5$，用钳形电流表现场测得负载电流为 90A，二次电流为 2A，计算 TA 变比。

设 TA 实际倍率为 K'，实测数据代入变比计算公式得

$$K'=I_1/I_2=90/2=45$$

已知原标定 TA 变比（倍率）为 $K=150/5=30$，但通过现场测试，计算 TA 实际倍率是 45 倍。

此例实际倍率与标定倍率不一致，其原因可能是原变比标定值 150/5 不对；或者是计量接线有错误，应作进一步检查分析。

【例 5-2】 计算电能表盘转数。

某一计量箱电能表为单相 5A（用三只表三相四线计量），额定电压 220V，电能表常数为 1200r/kWh，TA 变比为 100/5，用钳形电流表现场测得某一相一次电流 70A，在 1min 内现场观察电能表转了 8 圈，计算该表应转多少圈（功率因数取 0.8）。

（1）计算 TA 一、二次侧功率 P，则有

$$P_1=U \cdot I \cdot \cos\varphi=70 \times 220 \times 0.8=12320 \text{（W）}$$
$$P_2=P_1/K=12320/20=616 \text{（W）}$$

（2）计算电能表每瓦每分钟内的标定盘转数。

已知每千瓦时为 1200 转，那么每瓦每分钟内的标定盘转数应是

$$n=1200/ \text{（} 1000 \times 60 \text{）} =0.02 \text{（r）}$$

（3）计算在该负载下电能表应转的转数，可得

$$n=616 \times 0.02=12.32 \text{（r）}$$

根据现场测得负载计算该表 1min 内应转 12.32 周，而现场观察在 1min 内电能表只转了 8 周，该表漏计电量为

$$[(12.32-8)/12.32] \times 100\%=35\%$$

通过上述方法，可有效地查处多种技术性窃电。如：私自改变 TA 二次绕组匝数、减小二次输出电流；短接 TA 二次绕组匝数，使二次输出电流减少；将电能表调为负误差等做法，均可获得查证。

5.11 怎样合理选择宽载电能表

86 系列宽载电能表，由于改进了过载补偿设计，其过载倍数达到了 4 倍，使负载电流可在电能表标定电流 I_b 的 5%～400%宽广范围内工作且较准确的计量，是电力部要求的更新换代产品。电能表铭牌上括号内的数表示额定最大电流，括号外的数表示标定电流。如 1.5（6）A，说明额定最大电流 6A、标定电流 1.5A，其过载倍数为 6/1.5＝4 倍。

以下分住宅户用电和电力用户用电两方面谈谈宽载电能表的选用。

（1）住宅户用电。其负载电流变动较大。对于用电量中等以下水平的用户，总容量在 1kW 左右，估算最大负载电流为 3～4A。对比配用 5A 非宽载电能表和配用 1.5（6）A宽载电能表的区别是：非宽载 5A 电能表，其标定电流 I_b＝5A，负载电流范围为（5%～100%）I_b，即 0.25～5A，而 1.5（6）A 电能表，其标定电流 I_b＝1.5A，负载电流范围为（5%～400%）I_b，即 0.075～6A。可见，后者适应负载电流变动范围更宽些，且比前者多了 1A 的负载电流发展裕量。我国有关部门在小康住宅目标建议中提出：月用电量 72～80kWh、用电负载 1.8kW、装电能表 10（40）A，作为一般目标。所以，家电电器总容量在 1～10kW 的，宜选用 1.5（6）A～10（40）A 之间适当规格的宽载电能表。

（2）电力用户用电。通常由三相电源供电，而且电能表要经互感器接入电路。电流互感器的二次额定电流一般是5A，可配用的电能表有：5A、3（6）A、1.5（6）A。但应明确，以优先配用过载倍数大的电能表为原则。电流互感器的一次额定电流 I_{1N} 应选为稍大于最大负载电流，不宜过载。电能表则依经常负载电流（或称持续负载电流）来选配。

1）经常负载电流＞60％ I_{1N}，可配用5A电能表；

2）经常负载电流＝（30％～60％） I_{1N}，可配用3（6）A电能表；

3）经常负载电流＜30％ I_{1N}，应配用1.5（6）A电能表。

这里应说明：当为情况1）和2）时，若配用1.5（6）A电能表，则轻载时计量更准确，且是电力行业要求的更新换代产品，应优先考虑。情况3）选配电流互感器时，要求采用0.5S级或0.2S级的。

【例5-3】 如何选用电能表。

某工厂装有配电变压器 SL7-315/10，接线 Yyn0，电压 10/0.4kV，电流 18.19/454.7A，空载损耗 760W。最大负载电流420A、经常负载电流200A、最小负载电流（厂休日）10A。

如为低压计费，应选电流互感器变比为

$$K＝500/5＝100$$

经常负载电流达电流互感器额定电流的40％，符合2），可选用电能表3（6）A或1.5（6）A。最小负载时，电流互感器二次电流为10/100＝0.1A，只达3（6）A电能表的3.33％ I_b，或为1.5（6）A电能表的6.67％ I_b。选用后者则大于5％ I_b，计量较准确。

如为高压计费，10kV侧应选用电流互感器变比为

$$K = 20/5 = 4$$

而 3（6）A 电能表起动电流 $0.5\% I_b = 0.015$A。1.5（6）A 电能表起动电流 $0.5\% I_b = 0.0075$A。电能表起动功率折算到 10kV 侧计算式为

$$P = \sqrt{3} UI\cos\varphi$$

式中 $U = 10$kV，I 应为电能表起动电流乘以变比 K，$\cos\varphi$ 规定为 1。

计算可得，前者为 1039.2W，后者为 519.6W。可见，变压器空载时即变压器仅输入空载损耗 760W 的情况下，能起动 1.5（6）A 电能表而不能起动 3（6）A 电能表，故应配用 1.5（6）A 电能表。

5.12　单相电能表常见的四种错误接线

单相电能表的接线比较简单，也容易掌握。但是，在农村也常常出现某些错误的接线。表面看起来不错，铝盘转向正确，在一定的条件下能正确计量所用的电能。但仔细分析，应属于错误接线，极易造成错计电能。现就农村常见的四种错误接线分析如下。

（1）相线和中性线互换。相线与中性线接错的接线如图 5-2 所示。

此种接线方式，当电能表和线路均正常时，能正确计量负载消耗的电能。正因如此，所以易被忽视。

这种接线存在三个方面的问题：

1）当 J1—J2 一段线路任何一点如 D 断开时，由于线路电容电流或漏电电流的存在，负载可以照常用电，但电能表由于电流线圈无电流流过，铝盘不转，漏计电量。

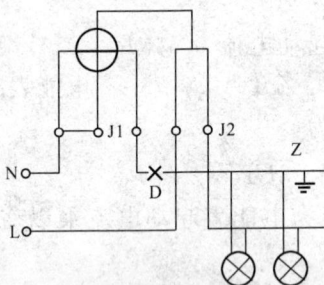

图 5-2 相线与中性线
互换错接线图

2）如果 D 点不是断开，而是接地，从 D 点分流出来的电流，未经过电能表，这部分电量漏计了。

3）即使线路和电能表都完好，如果用户在 Z 点将中性线接地，负载电流将大部分流入地中而不流经电能表，漏计电量数量将很大。

正确的接法是：相线（火线）一定要接进电能表电流线圈，决不能认为中性线接电能表电流线圈铝盘也会正转，而随意将相线和中性线互换。

（2）中性线不进电能表，而是直接跨接。此种接线方式，当电能表线路完好时，能正确计量负载耗用的电量，但是当螺钉松动接触不良时，负载可照常用电，而电能表却因电压线圈失去电压而不工作，少计了电量。

单相电能表的正确接线如图 5-3 所示。此种接法，电压线圈失去电压的机会大为减少。

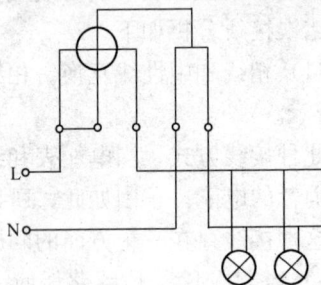

图 5-3 单相电能表的正确
接线图

（3）电流互感器一、二次进线端相连。错误接线如图 5-4 所示。此种接线方式，虽能正确计量负载耗用的电能，但是互感器二次绕组不能接地，这在中性点直接接地的低压电网中，属违规做法，是不允许的。

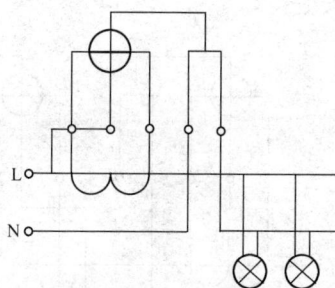

图 5-4　电流互感器一、二次
进线端相连的错接线图

正确的接法是，电能表电压线圈不应经电流互感器接入相线，而应是直接接在相线上。

（4）三只单相电能表计量三相四线回路电量，中性线串接。

此种接线方式，当线路和电能表均完好时，可以正确计量负载消耗的电能量。但是，当串接中性线的任意一点断开时（如电能表接线螺钉未拧紧），将引起计量误差或错误。根据断开点的不同，三块单相电能表有四种计量情况：①三块都不正确；②两块正确；③只有一块正确；④三块都正确。然而，三块表都正确或各表相对误差正巧相抵消的情况是偶然的。

三只单相电能表计量三相四线回路电能量的正确接线如图 5-5 所示。此种接法，中性线断开的可能性相对来说大为减少，即使断开，也较易发现，且容易计算其误差，便于更正电量。

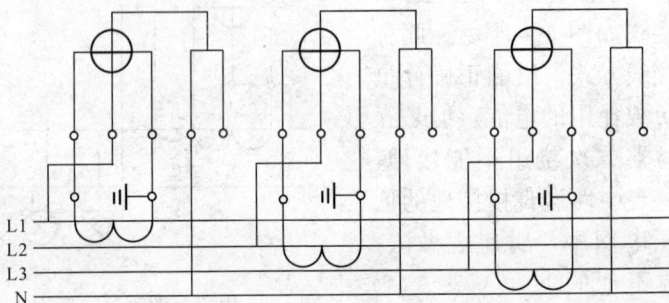

图 5-5　三只单相电能表计量三相四线回路
电能量的正确接线图

5.13　怎样识别电能表的铭牌标志与选型

每只出厂的电能表，在表盘上都有一块铭牌，标注有名称、型号、准确度等级、标定电流和额定最大电流、额定电压、电能表常数、频率等。必须弄懂铭牌标志的含义，才能正确使用。

1　铭牌标志

（1）名称。表示该电能表按用途分类的名称，如单相电能表、三相三线有功电能表、三相四线有功电能表。

（2）型号。国产电能表型号是用汉语拼音字母和数字组合表示的型号，一般为三部分：

第一部分为类别代号，即第一个字母，用 D 表示电能；

第二部分为组别代号，即第二个字母，不同的字母有不同的含义，D 表示单相，S 表示三相三线，T 表示三相四线，X 表示无功；

第三部分为设计序号，用阿拉伯数字表示。

例如：

DD——表示单相电能表，如 DD28、DD862 型。

DT——表示三相四线有功电能表，如 DT862 型。

DX——表示无功电能表，如 DX862 型。

（3）准确度等级。用置于圆圈内的数字来表示，如数字为 2.0 表示该表准确度等级为 2.0 级。

（4）标定电流和额定最大电流。作为负载基数的电流值叫标定电流。把电能表能长期正常工作，而误差与温升完全满足规定要求的最大电流值叫额定最大电流。

电能表铭牌上标注了标定电流，之后用括号内的数字标注额定最大电流，如 DD28 型电能表铭牌的标定电流栏内为 2（4）A 时，表示标定电流为 2A，额定最大电流为 4A。

（5）额定电压。单相电能表的额定电压为 220V。三相电能表铭牌上额定电压有不同的标志方法，需要加以说明，若标注为 3×380V，表示相数为三相，额定线电压是 380V；如标注为 3×380/220V，表示相数是三相，额定线电压是 380V，额定相电压是 220V，这就是说此表电压线圈能长期承受的工作电压是 220V。

（6）电能表常数。是电能表的计数器的指示数与圆盘转数之间的比例数，标明了 1kWh 电量对应的圆盘转数，以"××××r/kWh"表示。

（7）额定频率。表明电能表适用电力系统的频率，我国市场中的电能表产品额定频率均为 50Hz。

2 选型

（1）单相负载计量电量时应选用型号为 DD 型系列电能表，三相三线制供电计量电量时应选用型号为 DS 型系列电能表，三相四线制供电计量电量时应选用型号为 DT 型系列电能表。各系列产品中应优先采用设计序号为 862 系列的电能表，如 DD862、DT862 型，其优点是过载能力强（最大额定电流是标称额定电流的 4 倍），寿命长，稳定性好。该系列产品中有 1.5（6）A、2.5（10）A、5（20）A、10（40）A、20（80）A 等规格。

（2）三相三线低压计费时，电能表的额定电压应选用 3×380V；三相四线供电时，电能表的额定电压选用 3×380/220V。若是高压计量时，应选用额定电压为 3×100V 的电能表。

（3）选用电能表依据的一个重要技术数据，就是电能表的标定电流和额定最大电流。如果选用的电能表电流小，容易烧坏电能表的电流线圈；如果电能表标定电流太大时，通过小负载时电能表不转动。因而选用电能表时应满足：①电能表所计量的最小负载电流应大于电能表的起动电流，电能表的起动电流一般为标定电流的0.5％；②电能表计量的最大负载电流小于电能表的额定最大电流值。

5.14 怎样判断三相三线有功电能表的错误接线

1 电压回路的判断方法

（1）确定 TV 及二次回路的运行电压是否正常，即测量电能表电压端 A、B、C 间的线电压。正常时，其值均应接近相等且约为100V；若测得两个线电压约为100V，一个约为173V，则说明电压互感器有一只绕组极性接反。

（2）确定相序是否正确，若有相序表，可用相序表实测。若无相序表，可用电压表或者万用表电压挡测电能表电压进线端与电压互感器同名端的电压，如电压为零，则为同相。

（3）断开电能表 B 相电压线，在任何功率因数的情况下，接线正确时铝盘转速应为断开前的一半。

（4）将电能表的电压端 A、C 两相的两根电压线互换位置，若接线正确，调换前铝盘正转，调换后铝盘停转或略有蠕动。

2 电流回路的判断方法

（1）用一根临时导线，先将其一端良好接地，而将另一端接触电能表电流出线端，观察铝盘的转向及转速，若电流回路接线正确无误，临时导线接触前后铝盘转速应无明显变化。

（2）将临时接地线分别接触电能表二元件的电流进线端，当 $\cos\varphi > 0.5$ 时，接触电能表任意一元件电流进线端，铝盘转速均变慢；当 $\cos\varphi = 0.5$ 时，接触电能表第 I 元件电流进线端，铝盘转速应无变化，接触电能表第 II 元件电流进线端，铝盘应停止转动；当 $\cos\varphi < 0.5$ 时，接触电能表第 I 元件电流进线端，铝盘加快，接触电能表第 II 元件电流进线端，铝盘反转。

（3）用电流表或钳形电流表测量电流互感器公用线的电流（即 B 相电流），若电流是额定电流的 $\sqrt{3}$ 倍（即 $I'_b = \sqrt{3} I_b$），则说明电流互感器有一只绕组极性接反。

5.15 家用单相电能表常见故障原因及维护

家用单相电能表应用广泛，数量较多，其故障率也比较高。现将家用单相电能表常见故障原因及维护方法分述如下。

1 无负载表圆盘自转

（1）试验不合格。根据电能表检定标准，尤其是对没有防潜勾的电能表，轻载一般不应超过 0.4%～0.6%。

（2）电能表出线因潮湿或绝缘破坏引起漏电。针对具体情况，测量线路绝缘是否合格，及时消除线路漏电现象。

（3）有轻微负载（如配电板上的指示灯或隐蔽性用电等）。检查并及时取消轻微负载。

2 有负载表圆盘不转

（1）电压连片松动。检查紧固螺钉是否松动，电压连片是否牢靠，拧紧螺钉，达到接线良好。

（2）计数器的蜗轮与蜗杆接触过紧。打开表盖，检查计数器，使蜗轮与蜗杆调整在齿高的 1/2 处。

（3）永久磁铁或电磁元件有铁屑异物卡住表盘。打开表盖，清扫永久磁铁、电磁元件上的铁屑及异物。

（4）电压线圈烧坏或焊接头开焊。更换电压线圈或焊好接头。

（5）电流线圈烧毁。更换电流线圈。

3 负载稳定时圆盘时快时慢

（1）表倾斜。按标准规定，电能表安装垂直位置的倾斜度不应大于 2°。

（2）圆盘轴针上的宝石磨损，钢针磨损生锈。更换宝石、钢针。

（3）表圆盘变形。用转盘校正器校正转盘，达到转轴应垂直于转盘中心、转盘盘面平整的要求。

4 无负载时表圆盘反转

电流线圈超负载烧坏但未烧断线。应更换电流线圈。

5 接线盒及连片烧毁

（1）进出线导线过细。进户线用铝芯线截面积不应小于 $4mm^2$，铜芯线截面积不应小于 $2.5\ mm^2$。

（2）接线螺钉松动。拧紧接线螺钉及连片。

（3）负载过大。装表前应根据负载大小选择电能表，运行中不得随意增加负载。

6 运行时产生"吱吱"响声

电能表在运行时，有轻微的"嗡嗡"声，属于正常现象。但如果表内产生不规则的杂乱响声，则是表内部的某些配件老化、电磁场部分元件松动，或转动齿轮缺油等引起，应送有关部门校验。有时，当电能表处于严重超负载运行时，也会产生不规则的响声，应及时停用部分电器，以防损坏电能表。

7 铝盘停转或不跳字

电能表是一种精密计量仪表，它在出厂前都是经过严格校验的，其灵敏度、可靠性和稳定性应达到规定的标准。当负载电流小于 0.025A 时，电能表铝盘不转动、不跳字属正常范围，如果在较大负荷时仍不转动，很可能是铝盘变形后被卡住或电磁机构失灵等引起，应及时送有关部门校验。

5.16　怎样正确使用穿心式电流互感器

穿心式电流互感器，当穿心匝数不同时，其变比也随即改变，选择变比比较灵活。使用中如负载变化，可以改变穿心匝数来满足变比的需要，因此在农村被广泛采用。正是因为穿心式 TA 使用灵活、可变的特点，使用中也往往因穿错匝数等原因造成计量差错。

1　穿心式 TA 的选择

（1）TA 变比的大小要满足所测负载电流的要求，应使负载电流在 TA 一次额定电流的 1/3～2/3 之间。

（2）注意穿心式 TA 窗口的大小是否能穿过负载一次导线（铝排、铜排、铜、铝软导线）。

（3）直观检查：

1）外壳完整无损、无裂痕。

2）铭牌数据清晰，变比和穿心匝数明确，有 MC 制造许可标志及批准号。

3）二次接线螺钉、垫片无锈斑，最好有封盖。

4）用手摇动时，铁心及绕组在壳内不活动，固定良好。

5）有合格证及检定结果证书。

6）最好选用 S 级。普通等级的 TA 要求在 5％额定电流时误差达到规程要求，而 S 级则要求在 1％额定电流时误差达到规程要求，其精度明显提高。

2　穿心式 TA 的检定

经制造厂检定过的穿心式 TA，一般还需要到当地电业部门重新检定后再使用。这是因为：经过擀卷制成的圆形铁心，在运输当中受到振动等原因，可能会引起误差的变化。

另外，进入电网直接核算电费的 TA 需经电业部门检定，要求将其误差等技术数据全部进入微机存档，实施统一管理（周期检定、更换）。

3 **穿心式 TA 的使用**

使用穿心式 TA 最关键的一点是穿心匝数必须正确。穿心匝数 = $\dfrac{\text{一次电流}}{\text{变比}}$。安装时，不但要看铭牌上标明的变比，还要看穿心匝数。"穿心匝数"，是指一次负载导线穿过 TA 环形铁心的导体数。一般在铭牌上有一个小表格注明应穿心的匝数。

如：铭牌上标明的变比是 75/5，它的小表格注明为

一次电流（A）	150	75	50	30
穿心匝数（匝）	1	2	3	5

这说明这只 TA 在穿心 2 匝时，变比才是 75/5。

如：铭牌上标明的变比是 50/5，它的小表格注明为

一次电流（A）	200	100	50
穿心匝数（匝）	1	2	4

这说明这只 TA 在穿心 4 匝时，变比才是 50/5。

根据上述关系来推算所需穿心匝数为

$$\text{所需穿心匝数} = \frac{\text{一次电流（穿一匝时）}}{\text{需要的变比}} \qquad (5\text{-}10)$$

穿心式 TA 使用中还要注意：穿心时，一次电流的进（L1）出（L2）线不要穿反，二次电流进（K1）出（K2）线不要接反；K1、K2 接线螺钉不要发生接触不良。如接线螺钉处垫圈过大，在外壳的凹处压不上 TA 二次接头，会使导线悬在中间；接线时，旋转螺钉用力过大或螺钉过长会将

TA 内部接线柱顶掉，使导线和二次接头连接不上。

4 穿错匝数的退补电量计算

电量计量中的 TA 穿错匝数，将造成电能表错误计量。纠正的办法是计算退补电量。退补电量计算式为

$$退补电量=抄见电量\times\left(\frac{正确穿心匝数}{穿错的匝数}-1\right) \quad (5\text{-}11)$$

计算结果为 ＋值时，是应补电量；为 － 值时，是应退电量。

【例 5-4】 一组 TA 变比为 75/5，本应穿心 2 匝，错穿成 3 匝，抄见电量为 1000kWh。应退补电量为多少？

$$退补电量=抄见电量\times\left(\frac{正确穿心匝数}{穿错的匝数}-1\right)$$

$$=1000\times\left(\frac{2}{3}-1\right)=-333.3 \quad (\text{kWh})$$

所以应退电量为 333.3kWh

【例 5-5】 一组 TA 变比为 100/5，本应穿心 2 匝，错穿成一匝，抄见电量 1000kWh，应退补电量为多少？

$$退补电量=抄见电量\times\left(\frac{正确穿心匝数}{穿错的匝数}-1\right)$$

$$=1000\times\left(\frac{2}{1}-1\right)=1000 \quad (\text{kWh})$$

所以应补电量为 1000kWh。

5.17 电流互感器常见异常现象分析及处理

电流互感器又叫变流器，它的作用是把电路中的大电流按比例变为小电流，以供给测量仪表和继电器的电流线圈。由于电流互感器二次回路中只允许有很小的阻抗，所以它在

正常工作情况时接近于短路状态,声音极小,一般可认为无声。电流互感器故障时常常伴有声音或其他现象发生,这是电流互感器故障的重要特征。

若铁心的穿心螺钉夹得不紧,硅钢片就会松动。在铁心里交变磁通的作用下,硅钢片振动幅度增大且发出较大的"嗡嗡"声,此声音不随负载变化而变化,会长期保持。

轻负载或空负载时,某些离开叠层的硅钢片端部发生振荡,会造成一定的"嗡嗡"声。此声音时有时无,且随线路负载的增加而消失。

当二次回路开路,二次电流为零时,二次阻抗无限大,二次绕组产生很高的电动势,其峰值可达数千伏。因为在电流互感器正常运行时,二次回路呈短路状态,二次侧磁动势产生的磁通对一次侧产生的磁通起去磁作用,当二次侧开路时,去磁的磁通消失,使铁心里的磁通急剧增加,将导致铁心严重饱和。这时磁通随时间的变化波形变成平顶波。由于铁心损耗近似与磁通密度的平方成比例,很显然,二次侧开路时可能造成铁心过热进而烧坏电流互感器。因磁通密度的增加和磁能的非正弦性,使硅钢片振荡的力加强且振荡不均匀,从而发出较大的噪声。

电流互感器二次侧开路时,值班人员应穿上绝缘靴和戴好绝缘手套,在配电盘上将故障电流互感器的二次回路的试验端子短接,然后进行检查处理。若采取上述措施无效时,应认为电流互感器内部可能有故障,此时应将其停止使用。若电流互感器可能引起保护装置动作时,应停用有关保护装置。

电流互感器二次绕组或回路发生短路时,会使电流表、功率表等指示为零或减少,同时也会使继电保护装置误动作或不动作。若运行值班人员未及时发现而仍按正常情况加负载时,则将引起设备不允许的过负载而损坏。发生这种故障以后,应保持负载不变,停用可能误动作的保护装置,通知检修人员迅速消除。

若发现电流互感器内部冒烟或着火时,应断开断路器,将主回路电源切断,然后用沙子或干式灭火器灭火。

电流互感器异常现象的检查项目如下:

(1)电流互感器各接头有无发热及松动现象。

(2)检查二次侧接地是否良好。这种接地属于保护接地,它是预防一次侧绝缘击穿,二次侧窜入高压,威胁人身安全和损坏设备的。

(3)检查电流互感器有无异常气味,瓷质部分是否完整清洁,有无破损及放电现象。

(4)检查充油电流互感器油面、油色是否正常,有无渗、漏油现象等。

电流互感器常见故障如下:

(1)电流互感器发响声。

1)瓷套半导体漆质量不佳,涂层不匀或脱落,出现电晕放电。

2)铁心穿心螺钉松动,硅钢片间或磁分路片振动发响。

3)外壳内衬垫物松落,外壳受电动力作用振动发响。

(2)电流互感器一次绕组短路及烧坏。

1)一次线端压接不牢,铜铝接触发热,烧坏线间绝缘造成短路或烧坏。

2)雷电流流过,烧坏绝缘。

3)互感器变比选择不当,造成互感器长期过负载运行,烧坏绝缘。

（3）电流互感器二次绕组匝间短路。

1）绝缘老化。

2）受外力破坏。

（4）电流互感器二次接线端子烧坏。二次开路，电压升高，接触不良发热烧坏。

（5）油浸式电流互感器受潮。当油面下降到正常油位以下时，器身、引线露出油面受潮。

5.18　怎样测量电容器是否烧坏

洗衣机、脱排油烟机、排风扇、电扇等家用电器上的电容器容易出现干枯、漏电、短路等故障。电容器损坏使得电动机起动困难，甚至不转。有时因为不知是小小电容器的毛病，便车拉肩扛地把整机拖至维修点，既耗时又费力。

遇有以上情况时，应先对电容器进行测试。其方法是：首先通过眼观手摸检查，若电器上的电动机出现起动困难并伴有异常声或停转时，问题多半出在电容器上。这时可拔下插头，看电动机上电容器有没有鼓胀变形，手摸其外壳有没有炽热感，便可初步判定电容器是否有毛病。其次是使用万用表测试，把万用表拨至高阻挡 R×1000上，当用黑红表棒同时接触电容器两个极的瞬间时，若指针应迅速摆动一个很大的角度，之后指针慢慢退回原位，再将黑红表棒交换一下测试，电容器重复上述情况，说明电容器完好。测试中如果表针不摆动或摆动很小，或表针摆到最大位置时不返回或返回到某一位置停留不动，说明电容器已坏。确认电容器损坏后，只要按原电容器上标明的容量、电压替换装上即可。

5.19 怎样正确使用和维护万用表

万用表又称万能表、多用表等，是一种可以测量多种电参数的多量限可携式电工仪表。因为万用表的测量项目多、量程多、使用次数又频繁，所以稍有疏忽，轻则损坏元件，重则烧毁表头，造成不应有的损失。因此，为了保护万用表，电工应学会正确使用和维护万用表。

（1）使用万用表之前，必须熟悉每个转换开关、旋钮、按钮、插孔和接线柱的作用，了解表盘上每条刻度线所对应的被测电量。测量前，必须明确要测什么和怎样测量，然后拨到相应的测量种类和量程挡上。假如无法估计被测量的大小，应先拨到最大量程挡上测量，再逐渐减小量程到合适的挡位。每一次拿起表笔准备测量时，务必再核对一下测量种类及量程选择开关是否已拨到合适位置。

（2）在使用万用表时，红表笔应接在标有"＋"号的接线柱上，黑表笔应接在标有"－"或"＊"号的接线柱上。有些万用表另有交、直流 2500V 的高压测量端钮，若测量高电压，可将红表笔插在此接线柱上，黑表笔不动。

（3）万用表在使用时应水平放置。若发现表针不指在机械零点，须用旋具调节表头上的调整螺钉，使表针回零。调整时，视线应正对着表针，若表盘上有反射镜，眼睛看到的表针应与镜里的影子重合。

（4）测量完毕，将量程选择开关（转换开关）旋至交流电压最高挡或空挡，这样可以防止转换开关放在欧姆挡时表笔短路而长期消耗电池；更重要的是防止在下次测量时，忘记拨挡就去测量电压，而使万用表烧坏。

（5）测电流时应将万用表串联到被测电路中。测直流电流时，应注意正负极性，若表笔接反了，表针会反打，容易使表针碰弯。

（6）测电流时，若电源内阻和负载电阻都很小，应尽量选择较大的电流量程，以降低万用表内阻，减小对被测电路工作状态的影响。

（7）测电压时，应将万用表并联在被测电路的两端。测直流电压时，应注意正负极性。如果误用直流电压挡去测交流电压，表针就不动或略微抖动；如果误用交流电压挡去测直流电压，读数可能偏高一倍，也可能读数为零（和万用表的接法有关）。选取的电压量程，应尽量使表针偏转到满刻度的 1/2 或 1/3 处。

（8）严禁在测高压（如 220V）或大电流（如 0.5A）时拨动量程选择开关，以免产生电弧，烧坏转换开关触点。

当交流电压上叠加有直流电压时，交、直流电压之和不得超过转换开关的耐压值，必要时需串接 $0.1\mu F/450V$ 的隔直电容，也可直接从 dB 插孔输入。

（9）被测电压高于安全电压时，须注意安全，应当养成单手操作的习惯，预先把一支笔固定在被测电路的公共端，拿着另一支表笔去碰触测试点，应保持精神集中。测高电压时，必须使用高绝缘性能的表笔。

（10）测高内阻电源的电压时，应尽量选较大的电压量程。因为量程越大，内阻也越高，这样表针的偏转角度虽然减小了，但是读数却更真实些。

（11）万用表不能用于直接测量毫伏级的微弱信号。

（12）不能直接用万用表测量方波、矩形波、锯齿波等非正弦电压。因为万用表交流挡实际测出的是交流半波的平均值，但刻度上反映的是交流电压的有效值，并且这仅适用于正弦交流电。若被测电压为非正弦交流电，其平均值与有效值的关系不同于正弦波，因此不能直接读数。但只要掌握了非正弦电压波规律，用万用表测量周期性非正弦电压是可实现的。当被测正弦电压的非线性失真超过 5％时，万用表测量误差也要增大。

(13) 测量有感抗的电路中的电压时，必须在切断电源之前，先把万用表断开，防止由于自感现象产生的高压损坏万用表。

(14) 用万用表测量电压或电流时，要有人监护，监护人的技术等级要高于测量人。监护人的作用有两个：①使测量人与带电体保持规定的安全距离；②监护测量人正确使用仪表和正确测量。

(15) 测量电压或电流时，不要用手触摸表笔的金属部分，以保证安全和测量的准确性。

(16) 在测电阻前，要检查一下表内电池电压是否足够。检查的方法是将种类挡转换开关置于电阻挡，倍率转换开关置于 R×1 挡（测 1.5V 电池）或 R×10k 挡（测量较高电压电池）。将两表笔相碰看指针是否指在零位，若调整"调零"旋钮后，指针仍不能指在零位，则需要换新电池后再使用。

(17) 严禁在被测电路带电的情况下测量电阻（包括测电池的内阻）。因为这相当于接入一个外加电压，使测量结果不准确，而且极易损坏万用表。

(18) 每次更换电阻挡时应重新检查零点，尤其是当使用 1.5V 电池时，因为电池的容量有限，工作时间稍长电动势下降，内阻会增大，使欧姆零点改变。在测量的间歇，勿使两支表笔短路，以免空耗电池。

（19）测电阻时要选择合适的电阻挡，使仪表的指针尽量指在标度尺的中心位置附近；一般在 $0.1R_0 \sim 10R_0$（R_0 为欧姆挡中心值）的刻度范围内，读数较准。

（20）测高阻值电阻时，不允许两手分别捏住两支表笔的金属部分，以免引入人体电阻（约为几百千欧），使读数减小。

（21）检查仪器上的滤波电容时，应先将电解电容正负极短路一下，防止大电容上积存的电荷经过万用表泄放，烧毁表头。

（22）测量晶体管、电解电容器等有极性元器件的等效电阻时，必须注意两表笔的极性，如：在电阻挡时，正表笔（红表笔）接表内电池的负极，所以带负电；负表笔（即黑表笔）接表内电池的正极，因此带正电。若表笔接反了，测量结果会不同。

（23）采用不同倍率的电阻挡测量非线性元件的等效电阻时（如晶体二极管的正向电阻），测出的电阻值也不同。因 R×1、R×10、R×100、R×1k 挡一般公用一节 1.5V 电池，而各挡欧姆中心值又不同，所以通过被测元件的电流也不相等。二极管伏安特性是非线性的，正向电流愈大，正向电阻就愈小。

（24）万用表的 R×10k 挡多采用 9、12、15V 叠层电池，电池电压较高，不宜检测耐压很低的元件，以免损坏元件。

（25）不能用电阻挡直接测量高灵敏度表头的内阻，以免烧毁线圈或碰弯表针。

（26）测量线路内元件的电阻时，应考虑到与之并联电阻的影响。必要时应拆开被测元件的一端再测。对于晶体三极管，需脱开两个电极。

（27）利用万用表测热敏电阻时，由于电流的热效应会改变热敏电阻原阻值。这在 R×1 挡上表现尤为显著。

（28）应在干燥、无振动、无强磁场、环境温度适宜的条件下使用和保存万用表，防止表内元件受潮变质。机械振动能使表头磁钢退磁，灵敏度下降；在强磁场附近使用，测量误差会增大；环境温度过高或过低，均可使整流元件的正反向电阻发生变化，改变整流系数，引起温度误差。

（29）长期不用的万用表，应将电池取出，避免电池存放过久而变质，漏出电解液腐蚀电路板。

5.20 怎样正确使用数字式万用表并应注意哪些事项

数字万用表以其精度高、测试功能多、量程范围宽、自身耗电小、保护功能完善、可靠性高、读数迅速等一系列优点，日益受到人们的欢迎。特别是近几年来，数字式万用表价格不断下降，已成为电气工作者的首选仪器。现以 DT890B 型表为例，就其使用及注意事项作如下介绍。

1 数字万用表的使用

（1）直流电压的测量。先将黑表笔插入 COM 插孔，红表笔插入 V/Ω 插孔。然后，将功能开关置于 DCV 量程范围，根据所测直流电压的大小，选择适当的量程，将功能开关旋至相应挡位，然后将测试笔并联到待测电源或负载上进行测量。如果不知道被测电压大小，应将功能开关置于最大量程。如果显示屏只显示 1，表示所测电压已超出该挡量程，应将功能开关上调。

（2）交流电压的测量。除应将功能开关调到 ACV 量程范围内这点不同外，其他操作同直流电压测量。

（3）直流电流的测量。黑表笔插入 COM 插孔，当测量电流最大值为 200mA 以内时，红表笔插入 mA 插孔。根据所测直流电流的大小，选择适当的量程，将功能开关旋置 DCA 相应挡位。当测量电流为 200mA 以上而小于 20A 时，应将红表笔插入 20A 插孔，并将表笔串入待测电路。如果使用前不知道被测电流大小，应将功能开关置于最大量程上。如果显示屏只显示 1，表示测试电流已超过所选量程，功能开关应置于更高的挡位。

（4）交流电流的测量。除应将功能开关置于 ACA 量程这一点不同之外，其他操作同直流电流测量。

（5）电阻的测量。黑表笔插入 COM 插孔，红表笔插入 V/Ω 插孔。将功能开关置于 Ω 量程适当挡位，两表笔接待测电阻或电路两端。如果被测电阻值超出所选挡位最大值，将显示 1，这时应加大量程挡位。如果选到最大量程仍显示 1，则有可能为被测对象断路。数字表没有调零装置，短路两表笔，200Ω 挡位将有一些数字显示，这是表笔引线本身及插件的接触电阻，测试完某一电阻的数值后，应从中减去这个数字。

（6）电容测量。数字表设有专门的电容测试插座。测量时视电容器容量大小，把功能开关旋置于 C 量程适当挡位，把待测电容器两脚直接插入即可。如电容值超出所选量程，将显示 1，须加大量程。如电容值和挡位选择合适，仍显示 1，则有可能是电容器短路。该表电容挡的最大测量值为

$20\mu F$。测试较大容量的电容器时，稳定读数需要一定的时间。在 2000p 挡位，当没有测试电容插入时，往往会有数字显示，这是电路的杂散电容。测试好某一电容值时，应从中减去此数值。

（7）测试二极管及短路。黑表笔插入 COM 插孔，红表笔插入 V/Ω 插孔，功能开关置于⊶挡。黑表笔接二极管负极，红表笔接二极管正极，读数即为二极管的正向压降值。两表笔接线路某两点，如阻值低于 70Ω，内置蜂鸣器发声，表示该两点短路。

（8）三极管的测试。将功能开关置于 hef 量程，根据晶体管是 NPN 或 PNP，将集电极、基极、发射极分别插入面板上专用的相应插孔，即可直接读数。

2 数字万用表使用注意事项

（1）数字表每个功能的测量，均由机内电池供电。为了节约电池，每次使用后，要及时关闭电源开关。当打开电源开关后，若显示屏显示 ⊏⊐ 符号，表示机内电池电压已不足，应予更换新电池。

（2）测试表笔插孔旁的 ⚠ 符号，表示输入电压或电流不应超过指示值。否则内部电路将受损。

（3）在测试过程中，不得转换功能开关，如需换挡或换量程，须在表笔脱离电路之后进行。

（4）不能用数字表测量人体的等效电阻，因为人与大地之间存在分布电容，人体上能感应出较强的 50Hz 交流电压信号，从而使量程越限。

（5）由于表内电路属性所限，数字表不易测量高频信号。用数字表直接测量，误差会很大。如需测高频信号，则需加高频探头。

(6) 测量电容前，必须保证电容器没有储存电能，否则应予放电。不然的话，将会损坏表内电路。

(7) 当功能开关置于 Ω 或 ⚡ 挡时，严禁将电压源接入。

(8) 数字表的输入阻抗很高，在灵敏度较高的挡位上，特别是 200mV 挡位，表笔线会感应出空间的电磁场信号，从而显示一定的读数。两表笔短路，即可消除此现象。并不影响该挡的测试。

(9) 当表内熔丝熔断时，一定要按要求更换，不得随意改变规格。

(10) 不能在阳光直射、高温环境中使用或保存，否则容易损坏数字表的液晶显示屏。

(11) 当数字表长期不用时，应将机内电池取出，妥善保存。

(12) 一旦数字表出了问题，严禁乱动机内元件，一定要请专业人员修理。

5.21 单相电子式电能表的优点

1 准确度高，计量准确

由于电子式电能表的测量原理是数据采样，由乘法器来完成对电功率的测量，其测量准确度高。2.0 级电子式电能表基本误差在 0.2～0.6 之间，相当于机械表误差的 10%。电子式电能表灵敏度高，对同规格的机械表，如 5 (20) A 单相机械式电能表，起动电流为 25mA，而同规格单相电子式电能表仅为 10mA，故在小负载时能做到准确计量。

2 检定工作量降低，工作效率提高

（1）由于电子式电能表没有机械器件，无需修理，免去了修理工序。

（2）电子式电能表误差曲线线性好，在各负载点下为一条平线，调整误差方式为专业软件调整，整线平移，调校方便，无需打开表盖，节约时间。

（3）电子式电能表用脉冲信号输入到检定装置上进行校验，只要接好脉冲线，一次取样即成功，节约时间。

3 电子式电能表体积小、质量轻、运输方便

电子式电能表体积小、质量轻，运输时，能够承受轻微震荡，误差不易发生变化。

4 电子式电能表功耗小，有利于降低线损

电子式电能表为电子元器件，各元器件的工作电压、工作电流都是毫伏和毫安级，电子元器件本身功耗小，经过测试，同一规格的电子式单相电能表功耗小于 0.6W，而机械式电能表的功耗将近 1.8W。

5 具有防窃电功能

电子式电能表的电压回路与电流同路不是独立回路，表尾接线端子没有感应式电能表的电压小钩，有利于防窃电。电子式电能表的电流回路为锰铜片构成，电阻值低，在回路中一般不起分流作用。电子式电能表计数器具有防倒计量功能，无论电流回路是正向还是反向接入，都能正向计量。

6 电子式电能表故障率低

电子式电能表电流回路过载能力强，不易烧坏。同时采用了专用大规模集成电路，在静态下工作无机械磨损。

7 有利于抄表方式的改革

电子式电能表的工作原理决定了脉冲信号是最基本的数

据信息，不经过任何转换。用电子式电能表可实现远程抄表，施工简单，抄收准确、方便。

5.22 怎样正确使用绝缘电阻表

1 选用绝缘电阻表的一般原则

绝缘电阻表又叫摇表、兆欧表，是测量电气设备绝缘电阻的一种仪表。一般绝缘电阻表的规格是以发电机发出的最高电压来区分的，电压越高，测量绝缘电阻的范围就越大。被测设备的电压等级不同，选用的绝缘电阻表也应不同。如果用低压绝缘电阻表测量高压设备的绝缘电阻，由于绝缘较厚，在单位长度上的电压分布较少，不能形成介质极化；同时对潮气的电解作用也减弱，因此所测的数据不能反映其真实情况。反之，如果低压设备用高压绝缘电阻表测量其绝缘电阻，很可能击穿绝缘。为此，必须选择合适规格的绝缘电阻表。选择绝缘电阻表电压的原则是：被测电气设备的额定电压在 48V 以下的，选用 250V 的绝缘电阻表；被测电气设备额定电压在 500V 以下的，选用 500V 或 1000V 的绝缘电阻表；被测电气设备的额定电压在 500V 以上的，选用 1000V 或 2500V 的绝缘电阻表；测量绝缘子、母线、隔离开关的绝缘电阻，选用 2500V 及以上的绝缘电阻表。

选择测量范围的一般原则是：要使绝缘电阻表测量范围适应被测设备绝缘电阻的数值，避免读数时产生较大的误差。有些绝缘电阻表的读数不是从零开始，而是从 1MΩ 或 2MΩ 开始，这种表只能用于较高绝缘阻值的设备，而不适宜用于测量处在潮湿环境中的低压电气设备的绝缘电阻。

2 使用绝缘电阻表测量绝缘电阻前应做的准备工作

（1）应根据被测电气设备的额定电压和绝缘电阻来选择绝缘电阻表。

（2）被测设备应先停电，并进行接地放电等安全措施，以保证人身和设备的安全。

（3）应对被测设备上的尘土、污垢进行清扫、擦干净，以免漏电影响测量结果。

（4）检查绝缘电阻表连接用线的绝缘是否完好，有无破损等。

（5）应对绝缘电阻表做一次开路试验（连线开路，摇动手柄，指针应指向"∞"位）和短路试验（连线直接短路，慢摇动手柄，指针应指向"0"位），若指针指示不对，说明表有故障，应调修好再用。

（6）按照要求对绝缘电阻表和被测物体进行正确连线后，即可测量。

3 如何正确使用绝缘电阻表

接线时，要注意保护环应接近相线所接的端子，要远离接地部分，以免影响测量结果的准确性。把线接好后，将绝缘电阻表水平放置，顺时针方向慢慢摇动发电机手柄，逐渐加速到发电机的额定转速 120r/min，注意防止被测绝缘损坏和接线短路现象发生而损坏绝缘电阻表。当转速达到额定转速时，可匀速转动 1min，观察指示位置，并记录测量结果。测量绝缘吸收比时，开始时可按额定转速转动，分别读取 15s 和 60s 时的绝缘电阻值。

4 使用绝缘电阻表易发生哪些问题

（1）未采取安全措施。测量设备的绝缘电阻时，必须先断电源，对具有较大电容的设备，还必须先进行放电。

（2）表壳、玻璃、摇柄、端钮、提手、指针表面等受损伤。

（3）当测量端钮"L"、"E"开路，并以额定转速转动发电机，指针不指向刻度"∞"处，应调修（具有"∞"调节装置的绝缘电阻表应同时调节"∞"调节器）好后才能使用。

（4）当测量端钮"L"、"E"短路，以额定转速转动发电机时，指针不指向"0"位置。应调修好后使用。

（5）放置严重倾斜。应重新选择水平工作位置，使之向任何方向倾斜不得大于10°，否则将增加附加误差。

（6）被测物体的保护环引线靠近绝缘电阻表接地部分"E"端子，造成绝缘电阻表过载，使端电压急剧降低，影响测量结果。

（7）转速不能按额定转速匀速转动，将会加大附加误差。

（8）未能选择与被测设备的额定电压、绝缘电阻值相适应的绝缘电阻表，致使被测设备的绝缘损坏或加大读数误差。

（9）绝缘电阻表的引线绝缘损坏。引线绝缘不好，会影响测量结果。

（10）误将"E"端和"L"端错接。错接后，由于"E"端没有屏蔽，流过被测设备的泄漏电流增加，一般这样测出的结果要比实际的绝缘电阻值偏低。

（11）将测量线互相绞在一起。如果将两根引线绞在一起进行测量，当绝缘不良时，相当于给被测物体并联了电阻；当绝缘较好时，因有引线间的电容存在，也会影响测量结果。

（12）充电时间不够。由于被测电容器、电缆、线路、大容量变压器、大容量电动机等容量较大的设备，要有一定的充电时间，电容量愈大，充电时间愈长。

（13）在天气潮湿的情况下测试电缆电阻时，没有接"屏蔽端子"，影响测量结果的准确性。

（14）在测试过程中，用手或布擦拭表的玻璃镜面，引起测量误差。用手或布擦拭无屏蔽措施的正在工作的绝缘电阻表的玻璃镜面，将因产生静电，会使绝缘电阻表出现分散性很大的测量误差。

（15）绝缘电阻表内部的发电机、流比计各部件损坏。必须更换部件，调修合格后方可使用。

5 **保护环（屏蔽端子）的作用**

测量中，在"L"、"E"端钮间有高达几百伏、有的甚至达到数千伏的直流电压。在这样高的电压下，"L"、"E"两端子间的绝缘物表面也存在漏电。如果把这两种电流引入测量机构，将给测量结果带来很大的误差。保护环的作用就是便于漏电电流直接从屏蔽端子"G"流回发电机负极，而不流过测量机构，防止给测量结果带来误差。特别是在相对湿度大于80%的潮湿天气或对电缆的绝缘电阻进行测量时，必须引接保护环线。

6 **绝缘电阻表摇不动或摇时很重的常见原因**

发生此现象一般是因绝缘电阻表内部出现故障，常见原因有：

（1）发电机转子与磁极相碰，有卡住现象，此时应拆下发电机重新装配。

（2）各增速齿轮咬合不好或损坏，此时应调整齿轮位置。

（3）滚珠轴承脏、油干涸、轴承偏斜，此时应拆下转轴清洗，并重新上油。

（4）转轴在滚珠轴承中位置不正，这主要是由于小机盖固定螺钉松动所引起。

（5）转轴在轴承中的间隙距离过小。此时，可以在小机盖固定螺钉处填上一些胶木垫片。

（6）转轴弯曲。

（7）整流环击穿短路，转子绕组短路，发电机并联电容器击穿，内部线路短路等，均会造成发电机电压降低、摇柄很重现象。

7 指针不转动或转动时有卡住现象的常见原因

（1）仪表可动线圈框架内部铁心松动，造成铁心与线圈相碰。

（2）线圈内部的铁心与极掌间隙有铁屑、灰尘杂物。

（3）由于导丝变形在线圈转动时，导丝与某些固定部分相碰。

（4）线圈本身变形或上、下轴尖位置有变动，造成线圈与铁心、极掌相碰。

（5）支持线圈的上下轴尖松动或脱落。

（6）表盘有细毛和指针相碰，线圈和铁心、极掌间有细毛等杂物。

8 测量高压回路电容器绝缘电阻的注意事项

在测量高压回路电容器绝缘电阻后，不能立即停止转动绝缘电阻表。

在测量电容器绝缘电阻过程中，电容器逐渐被充电；而当测量要结束时，电容器已储备有足够的电场能。在这时如果突然将绝缘电阻表停止运转，则电容器势必对绝缘电阻表放电。电压愈高、容量愈大的设备，常会使表针偏转过度而损伤，有的可能烧损绝缘电阻表。因此在测量完毕时，绝缘电阻表要保持继续转动，不能骤然停止，而须逐渐减慢转动速度，等到被测物体对地放电或绝缘电阻表测量线从电器上取下后再停止转动。放电和拆线时，必须注意安全，以免触电。

9 对绝缘电阻表引线的要求

绝缘电阻表的引线必须用绝缘良好的单根线，不能用双股胶线，更不能将两根引线缠在一起使用。引线不宜过长，也不能与电气设备或地面接触。绝缘电阻表从端子"L"的引线和从接地端子"E"的引线可采用不同颜色，以便于识别和检查接线。

10 指针指不到"∞"位置的常见原因

（1）导丝变质、变形，残余力矩发生变化（变大时指不到"∞"位置，变小时超过"∞"位置）。

（2）发电机电压不足。

（3）电压回路电阻变质，阻值发生变化（阻值增高指针指不到"∞"位置）。

（4）电压线圈匝间短路或断路。

（5）绝缘电阻表轴尖磨损或轴承碎裂。

（6）测量完电容设备后，绝缘电阻表停止转动，而设备处于放电状态，这时指针可能会超过"∞"位置。

11 绝缘电阻表短路时指针指不到零位的常见原因

（1）电流回路电阻发生变化（电阻增大后指针指不到零位，阻值减小指针超出零位）。

（2）电压回路电阻发生变化（阻值大指针超过零位，阻值小指针指不到零位）。

（3）导丝变质、变形。

（4）电流线圈零点平衡线圈有短路或断路。

（5）绝缘电阻表轴尖磨损或轴承碎裂。

（6）短路线断路。

12　在摇发电机时有火花声的原因

这主要是由于发电机炭刷与整流环磨损，表面不光滑或是炭刷位置偏移，使之与整流环接触不在正中，而造成接触不良，从而产生电火花，并发出声响。

13　绝缘电阻表读数为零是不是被测设备一定有故障

读数为零，被测物体并不一定有故障。其原因有：

（1）误将绝缘电阻表接线短路。

（2）绝缘电阻表测量范围不适合。如：绝缘电阻表读数为兆欧，而小电阻的数值则读不出。

（3）在相当潮湿的环境下，被测电器设备漏电较大。

（4）被测线路较长，绝缘子多或沾有尘埃较多，致使积累起来的漏电流值较大。

（5）被测线路较长、设备较大且摇动发电机时间较短，在未充电前读数为零。

（6）使用绝缘电阻表的方法不正确，引线短路或采用较长的绞合线做两根引线，而使绝缘电阻下降。

14　用绝缘电阻表测量电容器、电缆等电容性设备的绝缘电阻时，出现表针左右摆动现象的原因

绝缘电阻表在测电容性设备的绝缘电阻时，转速高，输出电压也高；该电压对被测试品充电；当转速低时，被测试品向表头放电。这样导致表针摆动，影响读数。而测纯电阻性设备时，电压有微小的变化，对绝缘电阻表的测量结果影响不大。

5.23　低压验电笔的几种特殊用法

（1）判断感应电。用一般验电笔测量较长的三相线路时，可在验电笔的氖管上并接一只 1500pF 的小电容（耐压应取大于 250V），在测带电线路时，验电笔可照常发光；如果测得的是感应电，则验电笔不亮或微亮。据此可判断出所测得的是电源带电还是感应电。

（2）判别交流电源是同相或异相。两只手各持一支验电笔，站在绝缘物体上，把两支验电笔同时触及待测的两条导线，如果两支验电笔均不太亮，则表明两条导线是同相；若两只验电笔的氖管发出很亮的光，则说明两条导线是异相。

（3）区别交流电和直流电。交流电通过验电笔时，氖管中两极会同时发亮；而直流电通过时，氖管中只有一个极发亮。

（4）判别直流电的正负极。把验电笔跨接在直流电的正、负极之间，氖管发亮的一头是负极，不发亮的一头是正极。

（5）用验电笔测直流电是否接地，并判断是正极接地还是负极接地。在要求对地绝缘的直流装置中，人站在地上用验电笔接触直流电极，如果氖管发亮，说明直流电存在接地现象；若氖管不发亮，则不存在直流电接地。当验电笔尖端的一极发亮时，说明是正极接地，若手握笔端的一极发亮，则是负极接地。

（6）做中性线监视器。把验电笔一头与中性线连接，另一头与地线相连接，如果中性线断路，氖管即发亮。

（7）做家用电器指示灯。把验电笔中的氖管与电阻取出，将两元件串联后接在家用电器电源线的相线与中性线之间。家用电器工作时氖管便可发光。

（8）判断物体是否带有静电。手持验电笔在该物体周围寻测，若氖管发亮，证明该物体上已带有静电。

5.24　怎样正确使用钳形电流表

钳形电流表与普通电流表不同，它由电流互感器和电流表组成。可在不断开电路的情况下测量负荷电流。但只限于在被测线路电压不超过 500V 的情况下使用。

（1）测量前，应先检查钳形铁心的橡胶绝缘是否完好无损。钳口应清洁、无锈，闭合后无明显的缝隙。

（2）使用钳形电流表测量线路中的电流时，被测线路的电压与钳形电流表的额定电压应在同一等级，切不可测量高于该表额定电压的线路，否则会损坏仪表，甚至造成人身触电事故。

（3）测量前先估计被测电流的大小，然后选择适当的量程进行测量，不可用小量程测量大电流。若无法估计，可先选择较大的量程进行测量，然后逐挡减少，转换到合适的挡位。转换量程挡位时，必须在不带电情况下或者在钳口张开情况下进行，以免损坏仪表。如果被测电流较小，为减小测量误差，可把被测导线绕几圈放置钳口的中央进行，表上读数除以放进钳口中导线的匝数即为实测电流。

（4）测量电流时应一根一根地测量，不可一次测两根或三根线中的电流。把被测导线放置钳口的中央，使钳口的两个面紧密结合，如果钳口上有污垢，应先清除再测量，使测得的数值接近实际数值。

（5）测量时，被测导线应尽量放在钳口中部，钳口的结合面如有杂音，应重新开合一次，仍有杂音，应处理结合面，以使读数准确。

（6）测量时不准改换量程。需要改换量程时，应把被测导线从钳口中退出后方可进行。

（7）使用钳形电流表时应戴绝缘手套，穿绝缘鞋，潮湿和雷雨天气不可在室外使用。

（8）测量完毕，一定把开关放在最大量程的挡位，以免下次使用时未经选择量程而被测电流又较大而损坏仪表。

5.25　接地电阻测量仪的使用注意事项

接地电阻测量仪，也称接地绝缘电阻表，它是用来测定电气设备接地体的接地电阻值的仪表。主要由手摇发电机、电流互感器、电位器、电位辅助极等组成，用补偿法测量接地电阻值的大小。在测量前应将仪表放平，然后调零，使指针指在红线上，将被测接地体与 E 连接，电位探针 P 和电流探针 C 与接地体沿直线依次相距 20m 插入地中，将"倍率标度"置于最大倍率。在测量接地电阻过程中，当检流计接近平衡时，应加快发电机摇柄转速，使其达到 120r/min。

在测量刻度盘小于 1 时，应将倍率开关放在较小一挡，然后重新测量。

测量小于 1Ω 的接地电阻时，应将 2 个 E 端连接片打开，分别用导线连接到被测接地体上，以消除接线电阻及接触电阻。

测量多接地点的接地网体接地电阻时，应取 2～3 个测量点测量，然后取其平均值，以消除不同测量点的接触电阻、仪表安放位置、探针不同位置等原因引起的附加误差。禁止在有雷电或被测物带电时进行测量。

5.26　怎样测量土壤电阻率

在电网接地工程和过电压保护设计中，土壤的电阻率是一个重要的参数，现介绍一种简便的测量土壤电阻率的方法。

首先，拿一块新型四接线柱的接地电阻测量仪，把 C2、P2 端子的连片拆下，将 C2 端接在被测接地装置上（或电器设备外壳接地装置引下线上）。另三根接线柱 C1、P1、P2 端分别接三根接地探针，三根探针等距离直线布置，距离为 $a$mm，测量土壤电阻率接线图如图 5-6 所示。

然后选择适当电阻挡位，按 120r/

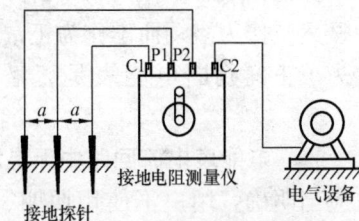

图 5-6　测量土壤电阻率接线图

min 速度摇动绝缘电阻表手柄，待指针稳定后，读出该接地装置对地电阻值 R，那么该地区的土壤电阻率为

$$\rho = \frac{R}{2\pi a} \tag{5-12}$$

注意事项：

（1）接地线生锈或氧化会影响测量值，在测量前应注意进行除锈。

（2）若地表较干燥，应事先在每一根探针下浇水，过一会儿再测量。

（3）用这种方法测出的土壤电阻率为实用数值。如要精确计算，应借助于数学模型进行微积分运算求得。

5.27　电能表的潜动及确定方法

运行中的电能表出现潜动，应满足两个条件：①电能表的电流线圈中应无电流；②电能表铝盘连续转动应在一整圈以上。

同时满足上述两个条件才能判定为电能表潜动。电压在额定值的 80%～110% 范围以外引起的潜动，按计量规程规定，不作为潜动。但对于使用者，由于牵涉到退补电费问题，显然应作为潜动而不作为正常。

为了正确判断电能表是否潜动，根据上述条件分析如下。

1　电能表电流回路中无电流

应当明确，用户不使用照明、电扇、电视机等家用电器，并不能确切判定电能表的电流回路中无电流，因为还会有以下原因导致电能表电流回路中有电流。

（1）表后室内线路漏电。室内布线由于年久失修、绝缘破损等原因会导致线路对地漏电，在线路带电状态下，漏电电流则经过电能表电流线圈，可能会使电能表转动，此种情况不满足条件①，故不应判定为电能表潜动。

（2）若接在总表后面的分电能表，冬季误开了拆除风叶的吊扇等设备，虽无声、光等明显用电现象，但实际上电能表已接有负荷，这类现象也不能作为电能表潜动。

因此，为了确切判定电能表本身是否属故障性潜动，必须断开电能表负荷侧总开关，才能确定电能表电流回路是否有电流。

② 电能表不应连续转动

在确定电能表电流回路无电流后，再根据表盘是否连续转动，才能确定是否为潜动。判断连续转动就是在窗口观察到电能表转盘标记两次以上。在确认潜动以后，应记下电能表每转一圈的时间 t（min）及电能表常数 c（r/kWh），可根据式（5-13）退补电费。应退补电量为

$$\Delta A = (42 - T) \times 60 \times D / ct \tag{5-13}$$

式中　T——每日用电时间，h；

　　　D——电能表潜动天数。

若电能表潜动方向与电能表转向一致，则应退电量，若转向相反，则应追补电量。

引起电能表潜动的原因还会有以下情况。

（1）由于电能表过载等原因使电流线圈出现部分短路现象。这时电压工作磁通受此影响，分裂成不同空间不同时间的两部分磁通，会造成电能表潜动。

（2）三相有功电能表未按指定相序安装。三相有功电能表一般应按正相序安装，或按要求的相序安装。若实际未按要求的相序进行安装，则有些电磁相互干扰严重的电能表，有时会发生潜动现象，相序改正后即可消除。

因此，电能表发生潜动以后，不仅要检查电能表本身是否存在问题，还在应检查线路用电情况、接线是否正确及其他情况后，进行综合判断。

第六章

低 压 漏 电 保 护

6.1 低压电网的漏电保护方式与
剩余电流动作保护装置的选择

1 低压电网的漏电保护方式

根据低压电网的接线方式和配电变压器容量大小的不同，低压电网的漏电保护有总保护、干线保护和多级保护三种方式。

（1）总保护。对于容量较小的配电变压器，低压电网可用总保护方式，总保护方式接线如图 6-1 所示。

在配电变压器低压侧安装一台剩余电流动作保护装置，作为低压电网的总保护。这种保护方式投资少、设备少，但在出现漏电故障跳闸时，该低压电网全部停电，寻找线路故障时，各分支线路出口处必须安装分路开关，每条分支线路不能太长。

（2）干线保护。配电变压器容量在 50kVA 以上，低压电网有多路出线时，可在每条干线出口处安装独立的剩余电流动作保护装置，干线保护方式接线如图 6-2 所示。干线保护方式的投资比总保护多，但当漏电故障跳闸时，停电面积小，各干线的供电互不干扰，寻找线路故障较方便，有利于剩余电流动作保护装置的投运和管理。供电范围较大或有重要用户的低压电网，宜采用干线保护方式。

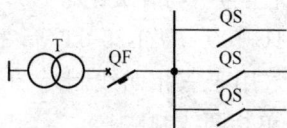

图 6-1　总保护方式接线图　　图 6-2　干线保护方式接线图

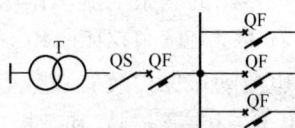

（3）多级保护。多级保护就是在配电变压器低压侧、各条干线出口处、各分支线路和用电设备端都安装剩余电流动作保护装置，多级保护方式接线如图 6-3 所示。

多级保护是一种比较完善的漏电保护。当任一分支线路或用电设备出现漏电故障时，该分支线路或设备端的剩余电流动作保护装置动作。自动切断电源，保证人身和设备安全，不影响其他线路的供电和设备用电，减少停电面积，提高供电可靠性。同时，上一级保护还可

图 6-3　多级保护
方式接线图

以作为下一级保护的后备保护。但多级保护投资大、设备多。采用多级保护，各级剩余电流动作保护装置的漏电动作电流要相互配合，要求动作正确可靠，不越级跳闸。在有条件的地方，对较大的低压电网宜采用多级保护。

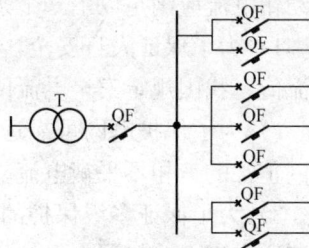

2　**剩余电流动作保护装置的选择**

（1）剩余电流动作保护装置型式的选择。目前国际上主要有两种剩余电流动作保护装置，即电磁式剩余电流动作保护装置和电子式剩余电流动作保护装置。

常用的剩余电流动作保护装置型号（与开关组合式）主要有 DZL-20、DZ15L-40、DZL21B-100、DZL25-63 等。剩余电流动作保护装置极数有 4 极（用于三相四线制）、3 极（用于三相三线制）和 2 极（用于单相两线制）。

DZ15L 系列是纯电磁式快速电流型剩余电流动作保护装置，适用于交流 50Hz、电压 380V 的中性点接地的线路中，主要用作漏电保护，同时也可保护线路过载或短路。

（2）漏电动作电流的选择。剩余电流动作保护装置的漏电动作电流应满足以下三个条件：

1）为了保证人身安全，漏电动作电流应小于人体安全电流值，我国规定安全电流值为 30mA。

2）为了保护电网可靠运行，漏电动作电流应躲过低压电网正常的三相不平衡电流。

3）为了保证多级保护的选择性，下一级漏电保护动作电流应小于上一级漏电保护的漏电动作电流，各级漏电动作电流应有 1.2～2.5 倍的级差。

第一级剩余电流动作保护装置安装在配电变压装置低压侧出口处。该级保护的线路长，漏电电流较大。其漏电动作电流在无完善多级保护时，最大不得超过 100mA。实现完善多级保护时，漏电电流较小的电网，非阴雨季节取 75mA，阴雨季节取 200mA；漏电电流较大的电网，非阴雨季节取 100mA，阴雨季节取 300mA。

第二级剩余电流动作保护装置安装于分支线路出口处，被保护线路较短，用电量不大，漏电电流较小。剩余电流动作保护装置的动作电流应介于上、下级保护的漏电动作电流值之间，一般取 30～75mA。

第三级剩余电流动作保护装置用于保护单个或多个用电设备，是直接防止人身触电的保护设备。被保护线路和设备的用电量小，漏电电流也小，一般不超过10mA。该级剩余电流动作保护装置的动作电流应按人体触电摆脱电流值（10～20mA）选择，不应大于30mA，一般取15～30mA。

（3）剩余电流动作保护装置延时时间的选择。为使剩余电流动作保护装置动作具有正确的选择性，除动作电流值要上、下级保护匹配之外，其动作延时也必须协调匹配。即上一级的保护动作应具有一定的延时功能，其动作分断时间应较下一级保护延时0.2s。但对保护人身安全之用的保护装置，如家庭住宅、握持式电动工具及工作环境潮湿、恶劣场所装设的剩余电流动作保护装置，应采用快速动作（要求动作时间小于0.04s）的剩余电流动作保护装置。

6.2 剩余电流动作保护装置的使用注意事项与运行维护

1 剩余电流动作保护装置使用中的注意事项

（1）剩余电流动作保护装置既能起到保护人身安全的作用，还能监测配电网低压系统或设备的对地绝缘状况。但不要以为安装了剩余电流动作保护装置后，就可以万无一失而麻痹大意，应仍以预防为主，做好安全用电的宣传教育和管理工作，落实好各项安全技术措施，才是实现安全用电的根本保证。

（2）剩余电流动作保护装置是在人体发生单相触电事故时，才能起到保护作用。如果人体处于对地绝缘状态，触及两根相线或一根相线与一根中性线时，剩余电流动

作保护装置并不会动作，即此时它起不到对人身的保护
作用。

（3）剩余电流动作保护装置安装点以后的线路应是对地
绝缘的。若对地绝缘降低，漏电电流超过某一定值时，剩余
电流动作保护装置便会动作并切断电源。所以要求线路的对
地绝缘必须良好，否则将会经常发生误动作，影响正常
用电。

（4）低压电网实行分级保护时，上一级保护应选用延时
型剩余电流动作保护装置，其分断时间应比下级保护装置的
动作时间增加 0.1s 以上（一般为 0.2s）。

（5）安装在总保护和末级保护之间的剩余电流动作保护
装置，其额定剩余动作电流值，应介于上、下级剩余电流动
作保护装置的额定剩余动作电流值之间，且其级差通常应为
1.2～2.5 倍。

（6）总保护的额定剩余动作电流最大值分别应为 75～
100mA（非阴雨季节）及 200～300mA（阴雨季节）；家用
剩余电流动作保护装置应实现直接接触保护，其动作电流值
不应大于 30mA；移动式电力设备及临时用电设备的剩余电
流动作保护装置动作电流值为 30mA。

（7）低压电网总保护采用电流型剩余电流动作保护装置
时，变压器中性点应直接接地；电网的中性线不得有重复接
地，并应保持与相线一样的良好绝缘；剩余电流动作保护装
置安装点后的中性线与相线均不得与其他回路共用。

（8）照明以及其他单相用电负荷要均匀分配到三相电
源线上，偏差大时要进行调整，力求使各相漏电电流大
致相等；当低压线路为地埋线时，三相导线的长度宜
相近。

2　剩余电流动作保护装置的运行维护

（1）剩余电流动作保护装置在投入运行后，使用单位应建立运行记录和相应的管理制度。

（2）管电人员每月至少应对剩余电流动作保护装置进行一次跳闸试验，即按动试验按钮，检查剩余电流动作保护装置动作是否可靠。每当雷击或其他原因使剩余电流动作保护装置动作后，应作检查并进行跳闸试验。农村用电高峰季节，应增加试跳次数；停用的剩余电流动作保护装置重新使用前应先进行跳闸试验。

（3）为全面掌握剩余电流动作保护装置的运行状况，应定期（如在每年安全检查期间）对剩余电流动作保护装置进行抽样检查测试。

（4）对剩余电流动作保护装置的测试工作，应由供电所专职安全管理人员组织实施。定期测试剩余电流动作保护装置动作特性的项目应包括剩余动作电流值、剩余不动作电流值、分断时间。

（5）对低压电网的测试内容包括：被保护电网的对地不平衡泄漏电流、被保护电网和各种负载（如电动机）的绝缘电阻值、配电变压器低压侧中性点泄漏电流值，各用电设备保护接地装置的接地电阻值。对测试数据与上一次测试结果相比较，进行综合分析。对测试不合格或有较大缺陷者，应及时进行检修或更换。

（6）剩余电流动作保护装置的动作特性试验和被保护电网模拟漏电动作试验，应使用国家有关部门检测合格的专用测量仪表，由专业人员进行操作。严禁用相线直接触碰接地装置对被保护电网进行模拟漏电动作试验。

（7）试跳、测试、整定和试验过程必须设专人记录，记录项目和数据不得混淆、错误，供以后运行分析时参考。

（8）若在剩余电流动作保护装置的保护范围内发生电击伤亡事故，应检查保护装置动作情况，分析其原因，并写入事故报告中。在供电部门未派人检查前，要保护好现场，不得改动剩余电流动作保护装置现场。

（9）对用户有意使剩余电流动作保护装置拒动或误动者，应当给予批评教育和警告，经批评教育仍不悔改者可暂时停止该户用电。

（10）剩余电流动作保护装置动作后，经检查未发现事故原因时，允许试送电一次，如果再次动作，应查明原因找出故障，不得连续强行送电。严禁私自拆除剩余电流动作保护装置强行送电。

（11）剩余电流动作保护装置的维修应由专业人员进行，运行中遇有异常现象时应找电工处理，以免扩大事故范围。

（12）供电所应配备常用测试表计和一定数量的备用剩余电流动作保护装置。应定期分析剩余电流动作保护装置的运行情况，及时更换不能正常使用的剩余电流动作保护装置。

6.3 怎样安装剩余电流动作保护装置

我国农村常用一台一次重合闸电流型剩余电流动作保护装置做总保护。其安装特点：①考虑配电变压器的运行方式；②安装在低压配电盘上，周围电器多，线路密，干扰大；③本身功能全，接线多，故技术要求较高。

1 正确地按说明书安装

安装中应注意以下问题。

（1）剩余电流动作保护装置应安装在通风干燥的地方，避免灰尘和有害气体的侵蚀。一些农村因配电室阴暗潮湿、通风不良，一些厂矿因配电室住人、堆物或与生产车间相通，使剩余电流动作保护装置受潮遭腐蚀，过早损坏。

（2）剩余电流动作保护装置的探头（即用铁壳或塑壳封闭起来的零序电流互感器）应尽量远离交流接触器和母线，一般上下、左右、前后的距离应为 200mm 以上。如果随意把探头固定在一个空间，探头可能会受到较大的电磁干扰，容易使保护装置产生误动。

（3）中性点接地应良好。接地良好（中性点接地电阻 $4\sim10\Omega$）保护装置才能灵敏运行。中性接地线（铝线不小于 $10mm^2$）接于配电变压器接地极上，接头要处理好。实践中，中性点接地不良问题较多，主要有两个方面：①在配电室内用铁棍打入地下做接地极，入地深度不够，且配电室的地下土壤较干燥因而接地不良，阻值较大；②接头处理不好，接触电阻太大，或当时处理得好，日久之后铝铁接头处氧化生锈，接触电阻增大，造成信号衰减，灵敏度降低，甚至保护装置拒动。

2 用电负载不能接在探头两端

若配电盘上的照明灯分别接在探头两端时，一开照明灯，总保护就跳闸，如图 6-4 中的虚线接线所示。

四线穿过探头接线时，所有负载都必须接到探头之后。若有负载接到探头两端，使四线电流合成矢量不为零，故这些负载一开时，保护装置就动作，图 6-5 中虚线所示为错误接线。

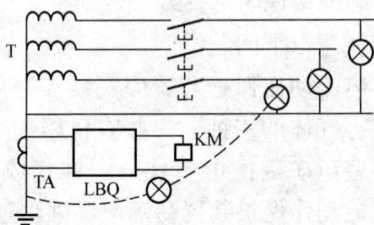

图 6-4　用电负载接在探头两端的错接线（一）

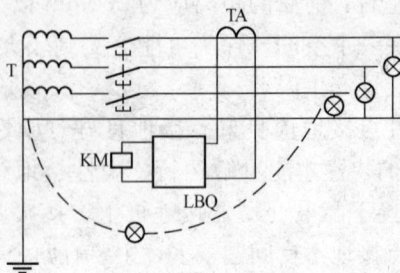

图 6-5　用电负载接在探头两端的错接线（二）

6.4　安装剩余电流动作保护装置时中性线为什么不能重复接地

　　某变电站站用交流屏上安装剩余电流动作保护装置时，保护装置不能正常投入，出现了空载合闸可以合上，但一带负载就跳闸的现象。经查发现，供变电站用电负载的380/220V线路，无绝缘损坏、漏电现象。最后查明，问题出在站用交流屏未使用中性线母线绝缘子，而是直接接在了屏体上，形成了系统中性线重复接地，如图 6-6 所示，造成保护装置带负载时误跳闸现象。经加装中性线母线绝缘子取消重复接地后，保护装置可正常运行。其原因分析如下：

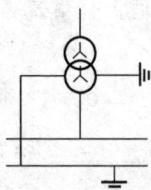

图 6-6　中性线接地示意图

重复接地形成分流示意图如图 6-7 所示，当 380/220V 系统带单相负载 P 时，在用电器 P 中流过一个电流 I_c。流出的电流则分成两部分，一是经过中性线流过的电流 I_d，二是经过大地（或者接地网）流过的电流 I_0。此时零序电流互感器感应出的电流为

$$I_0 = I_c - I_d$$

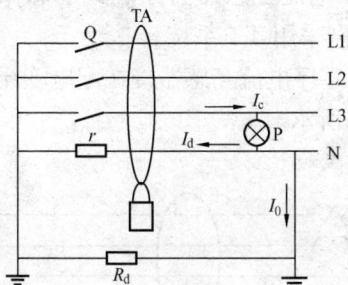

图 6-7　重复接地形成分流示意图

I_0 的大小取决于大地的电阻 R_d，如式（6-1）所示。

$$I_0 = I_c \cdot \frac{r}{r + R_d} \tag{6-1}$$

当 I_0 达到剩余电流动作保护装置动作电流时，开关 Q 掉闸。

根据上述分析，在安装剩余电流动作保护装置前，不但要检查相线绝缘情况，而且还应检查中性线的绝缘情况及中

性线是否有重复接地,以防止类似情况的发生。

6.5 剩余电流动作保护装置常见 错误接线及拒动原因分析

农村电工的技术水平、文化素质参差不齐。当电工技术水平达不到要求时,难免出现保护装置接线错误而导致无法投运、影响安全用电的现象。因此,纠正错误接线,提高保护装置的投运率,是搞好农村安全用电工作的重要环节之一。

现将几种常见的错误接线及故障原因分析举例如下。所举例子是指零序电流互感器为穿心式的总保护(或出线保护),低压电力网采用 TT 系统。

错接线 1:零序电流互感器接在配电变压器中性点的电源侧,如图 6-8 所示。

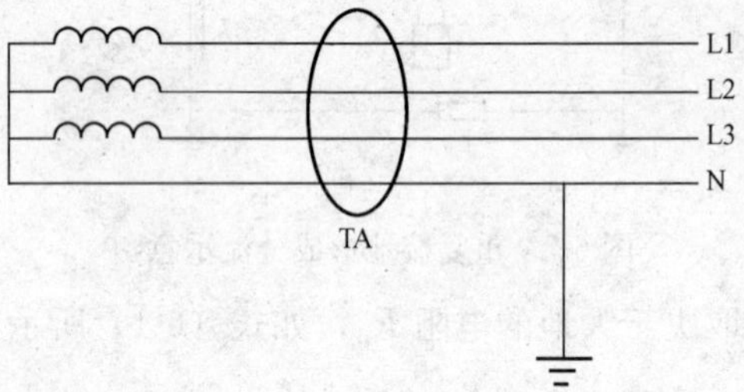

图 6-8 剩余电流动作保护装置错接线(一)

当低压电网漏电或有人触电时,剩余电流动作保护装置会失去保护作用。该错误常发生在配电变压器中性点原来不接地运行,安装剩余电流动作保护装置实行总保护后,中性

276

点恢复接地运行时。在这种情况下，按试验按钮，保护装置动作正常，用一试验电阻（2kΩ）在零序电流互感器电源侧接地，保护装置动作正常，当用试验电阻接地时，流过零序电流互感器的电流 $i_N = i_{L31}$，该电流大大超过保护装置额定动作电流值，保护装置动作，当有人在零序电流互感器负载侧触电时，流过电流互感器的电流 $i_N = i_{L32} = 0$，保护装置不动作。

错接线 2：零序电流互感器接在配电变压器低压侧中性点接地线上，且该电网有重复接地，剩余电流保护装置会产生拒动或误动，如图 6-9 所示。

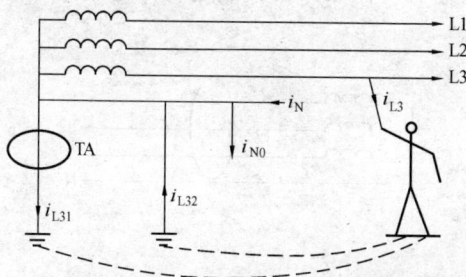

图 6-9 剩余电流动作保护装置错接线（二）

如果有人在 L3 相触电，触电电流为 i_{L3}，一部分电流为 i_{L32} 经重复接地线回到电源中性点；流过零序电流互感器的电流为 i_{L31}，这样触电电流受到分流，明显降低了剩余电流动作保护装置的灵敏度。

若三相负载不对称，那么低压线路在运行时，中性线中有不平衡电流 i_N 产生。因为中性线有两个接地点，i_N 分为两条路径流回电源侧，由于接地阻抗比中性线回路阻抗大得多，所以绝大部分电流经过中性线回到电源中性点，而一部

分电流 i_{N0} 经重复接地和零序电流互感器后回到电源中性点，而 i_{N0} 远大于剩余电流动作保护装置额定动作电流值，所以保护装置无法投运。

以上分析后得出结论：必须拆除中性线重复接地。

错接线 3：中性线没有穿过零序电流互感器，剩余电流动作保护装置无法投运。

如图 6-10 所示，农村低压电网正常运行时，单相负载不可能均匀地分布在三相上，三相负载不可能对称，因此流过电流互感器的电流 $i_{L1}+i_{L2}+i_{L3} \neq 0$，中性线上的电流要大大超过剩余电流动作保护装置额定动作电流值，所以保护装置不能投运。

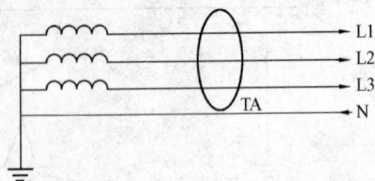

图 6-10　剩余电流动作保护装置错接线（三）

错接线 4：单相负载接在零序电流互感器的电源侧一相线及互感器负载侧中性线之间，当这一相线有电流流过时，保护装置就动作于跳闸。

如图 6-11 所示，因为流过零序电流互感器的电流为 i_{L3}，该电流远大于剩余电流动作保护装置额定动作电流值，故保护装置会跳闸。

错接线 5：在三相负载不完全平衡的回路中，只将中性线穿过零序电流互感器，而三根相线没有穿过，保护装置不能投运。

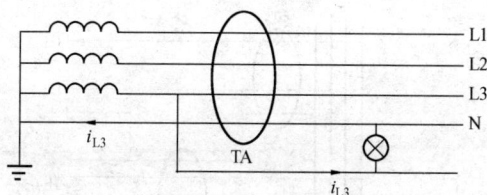

图 6-11 剩余电流动作保护装置错接线（四）

如图 6-12 所示，这种接线当三相负载对称时，流过零序电流互感器的电流 i_0 为零，保护装置能投运。但在农村电网中，三相负载是不可能完全对称的，这样，零序电流互感器检测到的是三相负载的不平衡电流，而该电流远大于保护器的额定动作电流，因此保护装置不能投运。

错接线 6：一根中性线同时穿过两只或多只零序电流互感器，保护装置不能投运。

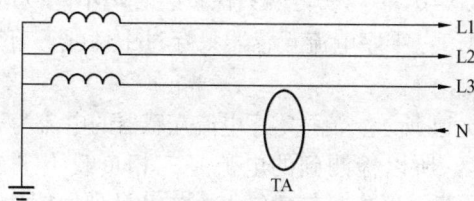

图 6-12 剩余电流动作保护装置错接线（五）

如图 6-13 所示，该情况较多发生在原来只有一路出线安装一只总保护装置，之后又改为两路出线并又安装一只保护装置时。

流过零序电流互感器 TA1 的零序电流为 $i_{1L1}+i_{1L2}+i_{1L3}+i_{N1}+i_{N2}=i_{N2}$，也是穿过零序电流互感器 TA2 的三相负载

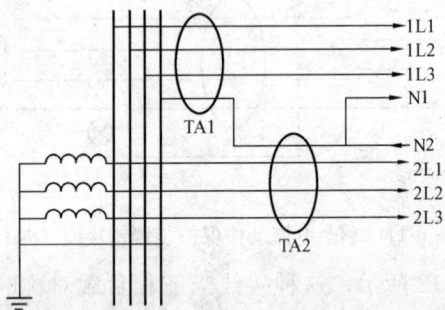

图 6-13　剩余电流动作保护装置错接线（六）

不平衡电流。同理，零序电流互感器 TA2 的零序电流为 $i_{2L1} + i_{2L2} + i_{2L3} + i_{N2} + i_{N1} = i_{N1}$，也是零序电流互感器 TA1 的三相负载不平衡电流。如果低压电网运行时，$i_{N2} = 0$，保护装置 TA1 能投运；$i_{N1} = 0$，保护装置 TA2 能投运。实际运行中，$i_{N1} \neq 0$，$i_{N2} \neq 0$，两只保护装置均不能投运。

错接线 7：零序电流互感器只穿过中性线，且装在接地点的电源侧。

如图 6-14 所示，流过零序电流互感器的电流为 $i_{L1} + i_{L2} + i_{L3} + i_N + i_0$，所以检测到的电流是三相负载不平衡电流 i_N 和线路正常漏电电流、事故触电电流及其他原因造成的接地

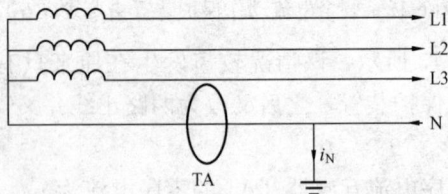

图 6-14　剩余电流动作保护装置错接线（七）

电流 i_0 之和，因不平衡负载电流 i_N 比较大，常常超过保护装置额定动作电流，所以无法投运。

错接线 8：导线没有完全穿过零序电流互感器，保护装置不能投运。

如图 6-15 所示，流过零序电流互感器的电流为 $i_{L2} + i_{L3} + i_N$，此时如果 $i_{L1} = 0$，保护装置能投运。实际上 L1 相电流一般情况下不可能等于零，因此保护装置不能投运。

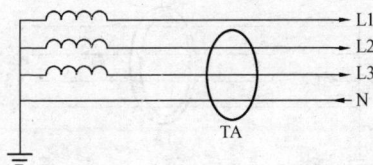

图 6-15　剩余电流动作保护装置错接线（八）

错接线 9：中性线穿过零序电流互感器时，与相线方向相反，剩余电流动作保护装置不能投运。

如图 6-16 所示，流过零序电流互感器的电流为 $i_{L1} + i_{L2} + i_{L3} + (-i_N) = -2i_N$，当 $i_N = 0$ 时，即三相负载平衡时保护装置能投运，事实上农村低压电网三相负载是不平衡的，而 i_N 常大于保护装置额定动作电流，所以保护装置不能投运。

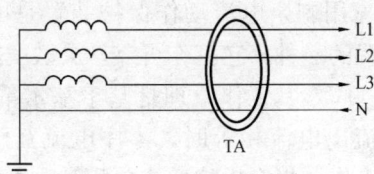

图 6-16　剩余电流动作保护装置错接线（九）

错接线 10：其中一相导线（如 L1 相）穿过零序电流互感器时，与其他导线方向相反，剩余电流动作保护装置不能投运。

如图 6-17 所示，流过中性线电流互感器的电流为 $(-i_{L1})+i_{L2}+i_{L3}+i_N=-2i_{L1}$，当 L1 相电流为零时，保护装置能投运。但是，在农村低压电网运行时，L1 相一般是有电流通过的，而该电流往往大大超过保护装置额定动作电流值，所以保护装置不能投运。

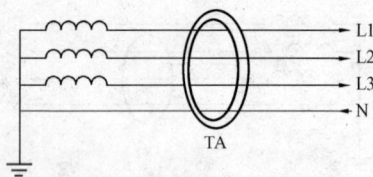

图 6-17　剩余电流动作保护装置错接线（十）

6.6　怎样正确应用家用剩余电流动作保护装置

这里以 DZL18 型家用剩余电流动作保护装置（俗称漏电开关）为例说明。它适用于交流 220V、50Hz 的单相或三相四线且中性点接地的电路中，具有触电和过压保护等功能。

1　剩余电流保护作用

DZL18 型家用剩余电流动作保护装置是电流型剩余电流动作保护装置的一种，它工作可靠，灵敏度高，适用电压范围为 150～300V，其工作原理是基于基尔霍夫第一定律。当流入电流与流出电流相等时，零序电流互感器无感应电流，线路正常工作；当发生接地或单相触电事故且电流大于 25mA 时，零序电流互感器产生一定量的感应电流，单向可控硅导通，在 0.012～0.1s 内切断电源，达到保护之目的。

　　这种剩余电流动作保护装置特别适用于平房或地面较潮湿场所，高楼或地面干燥场所灵敏度低，但保护作用不变。因为地面电阻大，与人体串联形成的漏电电流小，达不到 25mA 时保护装置不动作，这是安全电流，对人体伤害较小；达到或超过 25mA 时保护装置动作切断电源。DZL18 型家用剩余电流保护动作装置工作原理如图 6-18 所示。

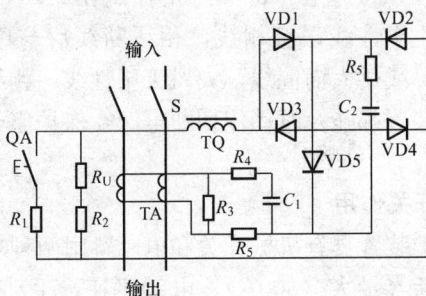

图 6-18　DZL18 型家用剩余电流保护动作装置工作原理图

2　反窃电作用

一般比较隐蔽的窃电方式如图 6-19 所示。

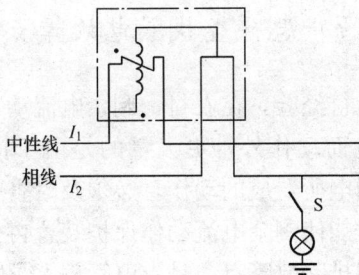

图 6-19　隐蔽窃电方式示意图

如果安装家用剩余电流保护动作装置，这种窃电行为就无法实现。因为这种窃电时，$I_2 > I_1$，保护装置就动作而切断电源。保护装置的动作电流出厂时控制在 25mA 以内，则有 $220V \times 0.025A = 5.5W$，这说明只要窃电者的用电功率大于 5.5W，保护装置就动作，使窃电者无法窃电。

③ 过电压保护作用

保护装置内的压敏电阻 R_U 起过电压保护作用。在出厂前经多次试验，将过电压范围严格控制在 $270 \sim 290V$ 范围内。只要发生中性线误接相线，相线断线后与中性线相碰接，弧垂不等或过大而混线，大风天中性线、相线相碰等故障时，保护装置都能及时动作切断电源，保护家电免遭不必要的损失。

④ 开关作用

这种保护装置具有机械开关和电动跳闸两种功能，通断时限短，通断容量大（300A），电动迅速，手动感觉良好。分合闸有指示，有明显的断开和合闸标志。如果遇到紧急情况，可不搬动手柄，而直接按试验按钮，这样动作简单，时间短，可避免事故的延长和扩大。

6.7　怎样查找漏电故障点

根据实际运行经验，在农村，剩余电流动作保护装置除了因为人身触电而动作外，更大量的是由于接地漏电而动作。对于接地漏电所造成的动作，必须及时查明故障点，在排除故障点后才能使剩余电流动作保护装置再投入运行。但是，如何查找和排除故障点，是农电管理人员特别是农村电工普遍感到困难的一个问题，为此，特介绍一下漏电故障点的查寻流程，如图6-20所示，供参考。

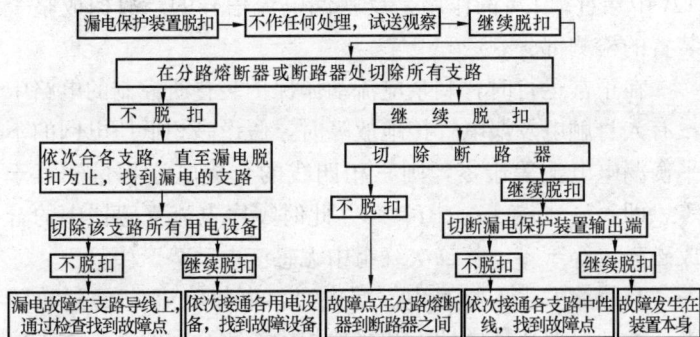

图 6-20　漏电故障点的查寻流程图

6.8　脉冲型剩余电流动作保护
装置拒动原因分析

1 **安装接线错误**

脉冲型剩余电流动作保护装置在三相四线制电路中的应用原理接线如图 6-21 所示。

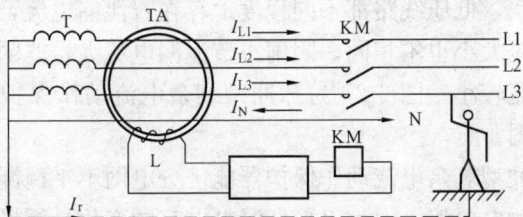

图 6-21　剩余电流动作保护装置应用原理接线图

根据基尔霍夫电流定律，在任一时刻，流入一个节点的电流之和等于从该节点流出电流之和。从图 6-21 中看出，在三相四线制电路中，电源线 L1、L2、L3 及中性线 N 从 TA 中穿过。TA 的作用是反映漏电流信号的，故构成整个装置的检测部分。

在正常运行时，剩余电流动作保护装置所控制的电路中没有人身触电及漏电等接地故障时，假设三相低压电网的不平衡漏电电流等于零，则三相四线的合成电流相量和等于零，即：$i_{L1}+i_{L2}+i_{L3}+i_N=0$。此时零序电流互感器中的合成磁势也等于零，其二次绕组中无感应电动势产生。

当线路发生人身触电、漏电时，事故电流 I_r 经过故障点、大地、变压器中性点和接地相构成闭合回路。流过零序电流互感器 TA 内各线的合成电流不再等于零，其数值为 $i_{L1}+i_{L2}+i_{L3}+i_N=i_r$。该电流会在 TA 二次绕组 L 中感应出电动势。感应电动势经检测放大判别后到执行电路，控制主开关 KM 跳闸，切断电源。

如发生安装接线错误，漏电流无法在零序电流互感器 TA 中反映出电流值，保护装置就会拒动。

2 保护装置设计性能缺陷

一般的低压电路泄漏电流的大小，决定于线路的健康水平。其实，低压线路都不同程度地存在着泄漏电流，各相的泄漏电流大小也不相同，阴雨季节泄漏电流大，非阴雨季节泄漏电流较小。图 6-22 为脉冲型剩余电流动作保护装置原理方框图。

脉冲型剩余电流动作保护器能区分电网不平衡漏电电流与人身触电电流，因为不平衡漏电电流的变化是缓慢的，而人身触电电流则是突变的。它是在电流型保护装置电路的基础上，增加了一套鉴相鉴幅装置，动作信号取决于人体触电电流与网络三相不平衡电流之相量和的幅值与相位的变化

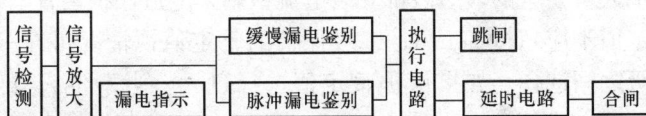

图 6-22　脉冲型剩余电流动作保护器原理方框图

量。在设计制造上尚不能完全不受电网三相不平衡漏电电流的影响，仍存在一定的不动作死区。作为低压电网总保护时，当有漏电电流大于突变动作值的分支线投入运行或断开时，会发生误动现象。有些产品虽采用自动重合装置，即当保护装置动作切断电源后，经过 20s 间隔再自动恢复电路供电。当再次合闸初期，虽然保护装置的突变保护功能暂时退出，躲过一个短暂时间，最后将保护投运，但这样做的结果，在时间上也产生了一个不动作死区。

3　定值整定不准确

剩余电流动作保护装置在运行中应根据有关规定合理选择动作电流整定值，这样才能有效地防止人身触电伤亡和漏电火灾事故，从而达到保证人身安全和电网稳定运行的两项要求。目前，国内外公认的人体摆脱电流为 10～20mA，从而对脉冲型剩余电流动作保护装置的触电电流动作值定为 30mA。漏电电流动作定值一般为 100～150mA，或更大一些。对于漏电电流较小的电网，非阴雨季节为 75mA，阴雨季节为 200mA；漏电电流较大的电网，非阴雨季节为 100mA，阴雨季节为 300mA。触电电流动作跳闸后延时 20s 再重合一次，漏电电流动作后不允许重合。

对安装三级剩余电流动作保护装置的网络，其保护可按脉冲型剩余电流动作保护装置整定值整定；末级保护是直接保护人身安全的，一般都安装电流型剩余电流保护装置，其整定值不应超过 30mA；二级保护的整定值视情况可在一、三级之间选择。如果保护整定值选择过大，当发生人身触电、漏电或单相接地时，保护装置就会拒动。

4 装置性故障

（1）电气线路故障。零序电流互感器、保护装置和交流接触器线圈及各连接回路出现断线、接点接触不良等。

（2）保护装置内电子元件故障。集成电路损坏，电子元件参数变化，电路板电子元件焊接不牢等。

（3）机械故障。交流接触电磁铁卡涩，触头变形，机械传动机构失灵等。

6.9 简易排除剩余电流动作
保护装置跳闸的四个方法

1 直观检查法

所谓直观检查法就是巡视人员针对故障现象进行分析判断，对保护区域包括剩余电流动作保护装置和被保护的线路设备等进行直观检查，从而找出故障点。检查时应着重对线路的转角、分支、交叉跨越等复杂地段和故障易发点进行检查。这种方法简便易行，适用于对明显故障点的查找。如导线断线落地、拉线与导线接触、绝缘子遭雷击及错误接线等。

2 试送法

这种方法可直接查找剩余电流动作保护装置自身故障。具体操作方法是：先断电退出剩余电力动作保护装置，并将剩余电流动作保护装置的零序电流互感器负载侧引线全部拆除（二级、三级剩余电流动作保护装置可直接将出线拆除），然后再将剩余电流动作保护装置投入。若此时剩余电流动作保护装置仍然无法投运，则说明剩余电流动作保护装置自身存在故障，应予以修理或更换。若能正常运行，则说明剩余电流动作保护装置本身并无故障，应再继续查找配电盘或者线路是否有故障。其操作方法是：先将各路出线开关断开，无任何输出线路和负载。此时若不能运行则说明配电盘上存在故障，应检查各路电气、仪表等设备是否绝缘良好，接线是否正确；若此时能正常运行则说明配电盘上无故障。其故障点应发生在对外输出的线路上，此时可采用分线排除法继续查找。

3　分线排除法

用分线排除法查找线路故障点时，可以按照"先主干、再分支、后末端"的顺序进行。断开低压电网的各条分支线路，仅对主干线进行试送电，若主干线无故障，那么主干线便能正常运行。然后，再依次将各分支和末端线路负载投入运行。哪条线路投入运行时剩余电流保护装置跳闸，说明故障点就在哪条线路上，此时可在此线路上进一步查处故障点。

4　数值比较法

所谓数值比较法就是借助仪器仪表对线路或设备的绝缘电阻值进行测量，并把所测的数值与原数值进行比较，从而进一步查出故障点。

6.10　中性线混接导致剩余电流动作保护装置误动一例

1　故障现象

一栋两层式楼房照明用户，出现晚间剩余电流动作保护装置时而动作于跳闸的现象。使用中发现只要一开楼梯间照明灯（简称楼梯灯），剩余电流动作保护装置就会跳闸，因此该住户只好关掉此灯，晚上摸黑上下楼。

2　故障检查

该楼供电属 220V 电源供电，分一楼、二楼两条回路，每条回路上各装一只 DZL33-10 型剩余电流动作保护装置。一、二楼分别送电带负荷时均正常，但两条回路同时送电再开楼梯灯后，上述故障即出现，致使整个楼房停电。用万用表重点对楼梯灯灯头、双联开关、引线测试，均无接地现象，可排除漏电的可能。再单合一楼剩余电流动作保护装置，开楼梯灯不亮，查灯泡未坏，测灯头一桩头有电，另一桩头有感应电。将灯泡装上，用验电笔测二楼剩余电流动作保护装置（此时未合闸）下桩头发光。由此可判断，楼梯灯的中性线误接在二楼电源回路剩余电流动作保护装置出线侧的中性线上，这正是故障原因所在。

3　故障分析

从剩余电流动作保护装置的动作原理可知，剩余电流动作保护装置的动作是利用零序电流互感器检测线路的不平衡电流。单相线路正常工作时，相线和中性线中电流的相量和为零，零序电流互感器铁心中的磁通也为零，其二次侧绕组没有信号输出，剩余电流动作保护装置不应动作。当发生接地故障或有人触及带电体时，相线和中性线中电流的相量和不为零，零序电流互感器铁心中产生磁通，在其二次侧绕组产生感应电压及电流，当故障电流达到整定值时，剩余电流动作保护装置就会动作，自动切断故障线路，起到应有的保护作用。

而上述一例的接线，当两只剩余电流动作保护装置均在

合闸位置，操作楼梯灯的任一双联开关开灯时，即有约
180mA 的灯泡负荷电流（楼梯灯功率为 40W）经一楼剩余
电流动作保护装置的相线至二楼剩余电流动作保护装置的中
性线形成回路，其值远远大于剩余电流动作保护装置的动作
电流 30mA，所以只要操作任一双联开关，就会造成剩余电
流动作保护装置动作于跳闸。

4 故障处理

故障原因找到后，顺着楼梯灯中性线查找与二楼中性线
总线的连接点，将其拆开，利用预敷的备用线将其接至一楼
的中性线出线上，恢复送电后，即可正常用电。

值得注意的是，如遇有几个回路且分别安装剩余电流动作
保护装置的照明线路，在布线时必须严格区分，接线时要保证
相线、中性线均在同一回路，切不可图省事，就近搭接中性线。

6.11 判断被保护线路漏电故障性质的两个方法

1 判断是被保护线路相线故障还是中性线（N）故障的方法

将因漏电不能投运线路的交流接触器 U、V、W 三相线
全都断开，然后一相一相分别送电。若某相送电后总保护不
能正常投运，则证明此相线路有漏电故障；若三相分别送电
后一级剩余电流动作保护装置都不能投运，则证明中性线上
有漏电故障，即中性线上存在重复接地或多路电源中性线混
用现象。

2 判断中性线故障属于重复接地还是多路电源中性线混用的方法

将因漏电不能投运线路的 L1、L2、L3 三相线全都断开

（即电网不送电），然后用钳形电流表测量此线路的中性线，若有电流显示，且可能有较大的电流，则证明是多路电源中性线混用；若没有电流显示，则证明是中性线有重复接地故障。

6.12 剩余电流动作保护装置 误动作的常见原因及对策

（1）由于交流接触器的动静触头存在烧蚀现象，造成缺相运行，导致三相负荷严重不对称，引起剩余电流动作保护装置频繁动作。消除和预防此类故障的方法，一是选用的交流接触器必须是合格达标产品，二是三相触头接触压力应一致，三是对接触器的动静触头必须定期进行检查和维护。

（2）用户厨房、猪舍等的开关盒、吊灯盒和灯头内积尘积垢后受潮接地，或导线接头绝缘损坏，穿墙线、暗敷线未套管形成隐蔽接地，导致剩余电流动作保护装置频繁动作。此类故障一般点多面广，且泄漏电流值不稳定，很难查找。消除和预防的办法是，对新上用户，室内安装一定要符合DL/T 499—2001要求的标准，特别是厨房等易积尘积垢和易受潮的室内线、穿墙线要用套管敷设。对老用户易污染、易受潮的室内线路和开关盒、吊灯盒等要定期拆下清洗或更换，及时消除漏电隐患。

（3）水泥制品的预制场、基建工地移动式电器设备的故障接地和电源线接头接地以及小水泵碰壳、单相潜水泵内部进水接地等。此类故障发生时一般在白天的上班时间，且接地信号比较大，保护装置重合不成功。消除和预防的办法是，对预制场、基建工地的移动式电器设备要定期进行绝缘摇测检查，及时消除漏电隐患，移动式电器设备的电源引线要采用合格的绝缘橡套电缆，当中间有接头或出现露芯时要用绝缘塑料带包好后再用防水胶带包缠，以满足防潮防水的要求。另外对移动式电器设备和小水泵、潜水泵一定要逐台安装分路剩余电流动作保护装置，且漏电动作值不得大于30mA。

（4）树枝碰触导线形成接地故障，引起剩余电流动作保护装置频繁动作。此类故障多发生于风雨雪天。预防和和处理方法是，每年的春秋两季定期进行砍剪线路走廊内的树枝，平时加强特殊巡视，及时清扫障碍。

（5）中性线接地，引起剩余电流动作保护装置频繁动作。此类故障的特点是，线路空载时运行正常，当线路负荷（特别是单相负荷）增加，中性线接地分流达到保护装置动作值时，剩余电流动作保护装置即动作。预防和和处理方法是，定期测试低压电网的绝缘状况，及时消除中性线的接地隐患。新上用户或整改线路时，对中性线的绝缘要求必须与相线一致。

（6）架空线路导线弧垂过大或与弱电线路及引水管线的线间距离不够，形成分流或接地，引起剩余电流动作保护装置频繁动作。其特点是早晨和深夜供电正常，一遇炎热天气或冰雪天气，剩余电流动作保护装置即动作于跳闸，且不能重合。预防和和处理方法是，新架线路时要确保线间距离达到 DL/T 499—2001 要求，对于运行中的线路要定期检测线路弧垂并及时消除线间距离不够的隐患。

（7）线路由于雷击或机械应力的长期作用，造成绝缘子损坏，形成接地故障，引起剩余电流动作保护装置动作。其特点是，一遇雨雾天气，剩余电流动作保护装置发生频繁动作。预防和和处理方法是，每年进行一次登杆检查，更换有机械损伤和零值绝缘子。

第七章

常用电气安全技术

7.1 怎样正确保管和使用 绝缘操作杆

绝缘操作杆（绝缘杆）是农村电工的常用工具。尽管目前在其材质的选择上，逐渐向耐压强度高、耐腐蚀、耐潮湿、机械强度大、质轻便携方面发展，但因其与带电体、特别是高压带电体直接接触，因此决不可忽视日常的妥善保管，更不可忽视使用中的注意事项。

1 保管方法

（1）一副绝缘杆一般由三节组成，存放或携带时，应把各节分解后再将外露丝扣一端朝上装入特制的专用工具袋中，以防杆体表面擦伤或丝扣损坏。

（2）存放时要选择通风良好、清洁、干燥的地方，悬空平放在特制的绝缘杆架上，并由专人管理。

（3）一旦绝缘杆表面损伤或受潮，应及时处理和干燥。杆体表面损伤不宜用金属丝或塑料带等带状物缠绕。干燥最好选用阳光自然干燥法，不可用火熏烤。经处理和干燥后的绝缘杆必须经试验合格后方可再用。

（4）每年必须进行一次交流耐压试验。试验不合格的绝缘杆要立即报废销毁，不可降低标准使用，更不可与合格绝缘杆混放在一起。

2　使用注意事项

（1）使用前，首先要详细检查绝缘杆有无损坏，并用清洁柔软又不掉毛儿的布块擦拭杆体。如有疑问可用 2500V 绝缘电阻表测定，其有效长度的绝缘电阻值不可低于 10000MΩ。

（2）在操作现场，要戴洁净手套轻轻地从专用工具袋抽出绝缘杆，悬离地面进行节与节之间的丝扣连接，此操作不可将杆体置于地面上进行，以防杂草、土质进入丝扣中或黏敷在杆体的外表上。丝扣要轻轻拧紧，丝扣尚未拧到位不可开始使用。

（3）使用绝缘杆时，要尽量减小对杆体的弯曲力，以防损坏杆体。雨天使用一定要有防雨措施。

（4）操作时，绝缘杆有效长度不得低于 0.7m。

（5）绝缘杆使用后，按连接各节绝缘杆时的操作要求一样，将各节分解，并将杆体表面的污迹、水滴等擦拭干净，轻轻装入专用工具袋中。

7.2　农村电工检修工作中应采取哪些安全措施

电工在检修低压电气装置时，容易发生的工伤事故有两类，即触电事故和高空摔跌事故。其中高空摔跌事故往往也由触电所引起，并会造成重伤或死亡。

在一般情况下，电工进行检修工作是不准带电作业的。但是，由于种种原因，在检修点往往会突然来电，如：断开了的电源总开关有时会被人误合闸，没有明显断开点的开关（自动开关和接触器等）受强烈振动而发生弹跳性误合闸等。

如果检修点出现意外带电，电工就很可能发生触电事故。因此，电工在日常检修和维护工作时，必须严格执行停电检修的安全工作规程，防止发生触电事故。

1　可能形成的触电回路

（1）两线间的触电回路。当检修者人体的两个不同部位，同时触及两根导线的裸露部分或两个接线端子时，人体就接通了两线间的电路，形成触电回路。如果两点触及的是低压线路的两根相线，则人体承受了 380V 的线电压；如果触及的是一根相线和一根中性线，则人体承受了 220V 的相电压。假定检修者的人体电阻为 1000Ω，那么通过人体的电流分别为 380mA 和 220mA，这样大的电流通过人体会有生命危险。

（2）线地间的触电回路。当检修者人体与建筑物和大地形成电流回路时。人体也可能承受到 220V 电压，流过人体的电流值也严重地威胁生命。

（3）人体串入电路的触电回路。当电工在检修单线控制开关（如普通电灯开关）、熔断器或导线连接点时，如果人体同时触及两个接线端子或断开的两个线头时，一旦线路上带电，那么人体就串入用电器的电流回路。这时，通过人体的电流又与用电器功率的大小有关，往往超过人体所能承受的程度，对电工生命的威胁也很大。

2　避免形成触电回路的安全操作技术

（1）单线操作。在进行检修工作时，人体在任何时间都不得分别触及两个线头、接线端子、触点。操作时，必须一个线头一个线头的进行。凡有可能因不慎而触及的邻近带电裸导体，必须预先加以遮护。

（2）与大地隔绝。电工在检修时，人体各部分必须与大地

（包括与大地有连通的可导电的建筑物及管道）有可靠的绝缘隔离。因此，电工必须严格按照安全工作规定穿着电工绝缘鞋、防护工作服和使用带有绝缘手柄的工具，以及采用竹或木结构的干燥梯子（或用干燥的木凳）登高。即使不登高，也应用干燥的木板或橡皮等绝缘物垫在脚下。同时，在操作时人体不可触及建筑物。此外，在接受未与大地绝缘者递交工具或零件时，检修者必须停止操作，双手必须脱离检修点。

（3）分断电流回路。电工在检修用电器具的个别电路时，应首先断开可能形成电流的闭合回路。如在检修电灯开关时，必须先拧下灯泡，这样，即使人体同时分别触及开关的两个接线端子，也不会因人体串入而形成触电回路。又如在配电板上更换整只熔断器时，必须先拔去移动电器的电源插头，这样，即使双手同时触及上下两个连接线头，人体也不会因串入电路而形成触电回路。此外，在检修灯头或吊线盒等时，必须把电灯开关分断，这样可以避免同时触及两个接线端子时而形成触电回路。

必须着重指出的是：电工应尽可能停电工作，工作之前要验电，要有防止突然来电的措施，如果万不得已而采用带电工作方式时，以上避免形成各种触电的安全措施必须同时采用。

7.3 跨步电压的危害及防范措施

1 跨步电压及危害

当电气设备发生接地故障时，接地电流通过接地体向大地流散，在地面上形成分布电位。这时若人们在接地短路点周围行走，其两脚之间（人的跨步一般按0.8m来考虑）的电位差，就是跨步电压。由跨步电压引起的人体触电，称为跨步电压触电。人体受到跨步电压作用时，人体虽然没有直接与带电导体接触，也没有放电现象，但电流是沿着人的下身，从一只脚经胯部到另一只脚，与大地形成通路。触电时，先是感觉脚发麻，后是跌倒。当触到较高的跨步电压时，双脚会抽筋而倒在地上。跌倒后，由于头脚之间的距离大，故作用于身体上的电压增高，触电电流相应增加，而且也有可能使电流经过人体的路径改变为经过人体的重要器官，如从头到脚或从头到手，因而增加了触电的危害性。人体倒地后，电压持续 2s，人就会有致命危险。跨步电压的大小决定于人体离接地点的距离，距离越远，跨步电压值越小，在远离接地点 20m 以外处，电位近似为零；越接近接地点，跨步电压越高。

2　预防跨步电压触电的措施

（1）利用多种形式、各种宣传媒介，如黑板报、村广播、村民大会、放电影、田间地头、中小学生课堂等进行安全用电常识的宣传工作，讲跨步电压触电的危害及后果。

（2）村电工负责每年对本村供电区内的全部用电设备进行春检和秋检，落实安全措施，堵塞漏洞，预防事故的发生。

（3）架空线和接户线要经常维护，定期进行全面巡视检查，遇有大风、雨、雪、雾、冰雹、洪水等恶劣天气和用电高峰季节，要增加巡视检查次数和夜巡次数。对危及用电安全的设备、线路，应及时处理或采取暂停供电的应急措施。

（4）在事故停电或剩余电流动作保护装置动作后，必须立即进行巡视检查，排除故障后方可恢复送电。

（5）在平时工作或行走时，一定要格外小心，当发现设备出现接地故障或导线断线落地时，要远离导线落地点。

（6）一旦不小心跨入断落导线接地点周围且感觉到跨步电压时，应赶快双脚并拢或用一只脚跳离断线落地点。

（7）当必须进入断线点救人或排除故障时，一定要穿绝缘靴。

7.4　农村低压电气设备的接地技术

理论上讲，大地既是一个导体，也是一个无限大的零电位电极。把大地定为零电位并作为参考点，在电力生产技术中已得到广泛应用。电气设备接地的目的，就是为了在正常和事故以及雷击的情况下，利用大地作为接地电流回路的一个元件，从而将设备接地处固定为允许的接地电位，保护设备和人身的安全。因此，接地技术是广大农村电工必须掌握的一门重要的专业知识。

1　接地的基本概念

（1）接地的种类。接地按其目的区分为保护接地、工作接地、过电压保护接地和防静电接地。电力设备的金属外壳如果在设备绝缘损坏时可能带电，为防止这种电压危及人身安全而设置的接地称为保护接地。正常运行需要的接地称为工作接地，如配电变压器低压侧中性点的接地。防雷设备的接地称为过电压保护接地。储油罐等防止静电危险的接地称为防静电接地。

（2）接地与接零。电力设备或防雷设备用接地线直接与接地体连接称为接地。电力设备的外壳不直接接地，而与低压电网中的中性线连接者称为接零。

（3）接地体、接地线和接地装置。埋入地中并直接与大地接触的金属导体，称为接地体。电力设备的接地螺栓与接地体连接用的金属导体称为接地线。接地体与接地线的总和称为接地装置。

（4）接地电阻。工频电流从接地体向周围大地散流时，土壤呈现的电阻称为接地电阻。接地电阻的阻值，等于接地体的电位与通过接地体流入地中电流的比值。接地装置的接地电阻阻值，等于接地体对地电阻与接地线电阻之和。

2　农村用电设备接地电阻标准

（1）接地电阻值。100kVA 以上变压器接地电阻值应不大于 4Ω；100kVA 及以下变压器、高压避雷器、高压移相电容器等接地电阻值应不大于 10Ω；低压配电装置及低压用电器接地电阻值应不大于 80Ω；防静电装置接地电阻值应不大于 30Ω；家用电器接地电阻值应不大于 500Ω。

（2）接地电阻的测量周期，不应超过 6 年 1 次。

（3）接地线的接触情况检查周期，每年雷雨季节前应检查 1 次。

3　接地装置的制作

（1）接地体的材料选用。有关规程规定，人工接地体水平敷设的，可用圆钢或扁钢，垂直敷设的用角钢或钢管，其截面积应符合热稳定与均压的要求。对农村电气设备的接地装置，通常采用 L50mm×50mm×5mm 角钢或直径 10～12mm 圆钢，可完全满足要求。对腐蚀性较强的场所，宜采用热镀锌材料或适当加大材料截面。

（2）接地线材料的选用。接地线一般采用钢质材料，如钢绞线等，其截面积应大于 50mm²。携带式用电设备的接地，应用多股软铜线，其截面积应大于 2.5mm²。

（3）家用电器的接地。家用电器的保护接地体，一般选用直径 8mm、长为 800mm 圆钢埋入地下，其接地电阻值可满足要求。接地线应用大于 1.5mm² 多股软铜线。

（4）接地装置的一般技术要求。水平敷设，埋深应大于 0.6m。环型接地体的外缘应做成闭合环路。接地装置的地下连接应用焊接工艺，焊接面积应不低于接地体材料的截面积，杜绝点焊。地面上接地线连接一律采用螺栓，并加装平垫片和弹簧垫片。

4 接地电阻的测量方法

（1）仪表选用。接地电阻的测量，一般可用电子接地电阻测量仪或手摇接地电阻测量仪。经试验和实践证明，目前 ZC-8 型手摇接地电阻测量仪，具有不需要试验电源、使用操作方法简单、携带方便、性能稳定、抗干扰能力强、价格低等优点，是农村用电设备接地电阻测量的最适用仪表。

（2）测量接线。ZC-8 型等测量仪表都配有专用测量线。测量点选在接地体的某一方向上，能保证电流电压同方向即可测量。

（3）注意事项。不能在雨后测量。测试方向上应避开地下的下水道、排水沟、地下金属管道。测试桩的插入深度要符合规定，应插在自然土壤中，不能插在水塘边，也不能插在砖石混杂的土壤中。测量时摇表要匀速，一般在 120r/min 左右。如因地电流造成仪表指针振动不止时，应改变方向重新测量。

7.5 电气火灾与爆炸的起因及预防

若配电线路或用电设备发生短路、过载、导线接头接触不良，则会产生电火花和电弧引起火灾。设备绝缘老化后击穿，导、地线选择不当等也是产生电气火灾的直接原因。而麻痹大意，对电气设备维护管理不善，则是火灾发生的主要特点。

1　电气火灾与爆炸的起因

（1）绝缘导线因长期露天运行，受到高温、潮湿或腐蚀、过载、绝缘炭化而失去绝缘能力，用金属丝捆扎导线损坏绝缘层等情况都有可能会发生短路着火事故。

（2）使用裸导线时，由于安装高度不符合规程要求，线间距离不够，因风吹、树枝撑起导线或其他物件碰线而发生短路着火事故。

（3）在安装、修理时，错接导线或忘记拆短路线造成人为短路着火事故。

（4）导线截面积太小，用电负载重，致使导线严重过热，引起短路着火事故。

（5）电气连接点由于热作用或长期振动，接触部位处理不好而发热、打火，甚至产生电弧，从而使金属变色甚至熔化，导致引起绝缘物、可燃物的燃烧。

（6）熔丝熔断、开关通断时，产生的电火花引燃可燃物着火事故。

（7）充油设备由于长期运行，油质炭化或严重缺油，在操作时气化的绝缘油而发生爆炸燃烧。

（8）电热器具因长时间通电过热，引燃易燃物着火。

（9）各种违章用电，人为破坏设备的正常动作，形成设备的强制性用电方式而过热着火等。

（10）电气设备和电气线路过热。由于设计、选材、施工、制造不当而形成线路和设备固有缺陷，或使用方法不正确等因素造成短路、过载、铁损过大、接触不良、机械摩擦、通风散热条件恶化等，都会使电气线路和电气设备整体或局部温度过高，从而引燃易燃易爆物质而发生电气火灾或爆炸。

（11）电火花和电弧。电气线路和电气设备发生短路或接地故障、接头松脱、炭刷冒火、过电压放电、静电放电、熔断器中熔体熔断、电器触头开闭等都会产生电火花和电弧。电火花和电弧不仅可以直接引燃或引爆易燃易爆物质，电弧还会导致金属熔化、飞溅而构成引燃易燃物品的火源。所以，在有火灾危险场所，尤其是在有爆炸危险场所，电火花和电弧是引起爆炸和火灾的重要因素。

（12）电热和照明设备使用不当。电热和照明设备使用不当或使用时不注意安全要求，也是引起火灾和爆炸的原因之一。

2　电气火灾与爆炸的预防

（1）应定期检查配电线路的绝缘强度。将导线退除负荷断电后，按每千伏工作电压1000Ω的要求检查（摇测）。一般在绝缘强度达不到规定数值的50%时，应对线路进行全面检查，找出绝缘水平降低的原因，并采取相应的措施。

（2）架空线应经常砍剪导线下的树木，穿墙、转墙弯、叉接的导线要加装硬塑料管或瓷护管，以防碰线短路。

（3）根据各支线负载控制要求装设支路断路器或熔断器，以便当负载剧增时切断电路。

（4）用电增容时，要考虑原导线承载电流的能力。

（5）严禁用铜丝、铁丝、铝丝代替熔丝。

（6）应经常对运行设备进行巡视检查，并组织夜间检查，及时发现设备运行异常、接线头松动等不良现象，若有发热烧红时应及时处理并分析其原因。

（7）刀开关等设备应安装在非燃烧材料的基座上，需通风的设备要搞好通风，防止设备过热。

（8）导线或通电设备附近禁止堆放可燃或易燃物。

（9）电气设备应可靠接地，并应随身携带一支验电笔，经常检查电气设备是否漏电。

（10）注意季节性设备的管理。夏秋季应搞好避雷器试验和装设，农村麦收、秋收季节应注意导线和堆垛农作物的距离，冬季应防止私设电炉、电热元件等高耗能发热设备。

（11）保持良好的通风，以便把易燃易爆气体、粉尘和纤维的浓度降低到爆炸限度之下。

（12）加强存在有易燃易爆物质的生产设备、容器、管道和阀门的密封，以断绝危险物质的来源。

（13）排除电气火源。对正常运行时能够产生电火花、电弧和危险高温的非防爆电气装置，应安装在危险场所之外；危险场所应尽量不用或少用携带式电气设备；在危险场所，应根据危险场所的级别，合理选用电气设备的类型并严格按规定安装和使用。

（14）危险场所的电气线路应符合防火防爆要求。

1）爆炸危险场所敷设的电缆和绝缘导线，其额定电压不得低于500V。工作中性线应采用与相线截面积相同的绝缘导线共管敷设。

2）易发生火灾场所内的电气线路，应采用无延燃性外护层的电缆和绝缘导线敷设，其额定电压不得低于500V，铝线截面积不得小于 $25mm^2$。高压线路应采用铠装电缆。

3）正确选用保护、信号装置和连锁装置，保证在电气设备和线路过负荷或短路故障时，及时、可靠地报警或切除故障设备和线路，防患于未然。

4）危险场所的电气设备，正常不带电的金属外壳，应可靠接地或接零。

5）突然停电有可能引起火灾或爆炸的场所，应由两路或两路以上电源供电，且两电源间能自动切换。

6）加强对线路和设备的维护、试验、检修和运行管理，确保电气装置的安全运行。

（15）在土建方面的防火防爆措施。

1）采用耐火材料建筑，与危险场所毗邻的变、配电室的耐火等级不应低于二级，变压器室与多油开关室应为一级；隔墙应用防火绝缘材料制成，门用不易燃材料制作并向外开。

2）充油设备间应保持一定的防火间距。①油量为2500kg以上的室外变压器，应保持不小于10m的防火间距。②露天油罐与主变压器间的防火间距，不应小于15m，不能满足时，其间应设防火墙。③电容器室与生产建筑物分开布置时，防火间距不应小于10m，相邻布置时，隔墙应为防火墙。

3）电气建筑或设施应尽量远离危险场所，室外配电装置与爆炸危险场所的间距应在30m以上。架空电力线路严禁跨越爆炸和火灾危险场所，两者间的水平距离不应小于杆塔高度的1.5倍。

（16）常用电气设备本身的防火防爆措施。

1）导线和电缆的安全载流量不应小于线路长期工作电流；供用电设备不可超过其负荷能力，以防止线路或设备过热；特别应监视变压器等充油设备的上层油温，勿使其超过允许值。

2）保持电气设备绝缘良好，导电部分连接可靠。定期清扫积尘。

3）开关、电缆、母线、电流互感器等设备应满足热稳定的要求。

4）当发现电力电容器的外壳膨胀、漏油严重或声音异常时，应停止使用。

5）保护装置整定值应正确、可靠动作；操动机构动作应灵活可靠，防止拒动。

6）保护环境应通风良好，机械通风装置应运行正常。

7）使用电热、照明以及外壳温度较高的电气设备应注意防火，并不得在易燃易爆物质附近使用这些设备。如必须使用时，应采取有效的隔热措施。

3　电气火灾的灭火及注意事项

（1）先断电后灭火。当配电线路、电气设备发生火灾，引起附近可燃物燃烧时，首先应设法切断电源，将着火设备隔离后进行灭火。

停电时，应按规程所规定的程序进行操作，严防带负荷拉隔离开关。在火场内的开关和闸刀，由于烟熏火烤，其绝缘水平可能降低，因此，操作时应戴绝缘手套，穿绝缘靴，使用相应电压等级的绝缘工具。

切断带电导线时，切断点应选择在电源侧的支持物附近，以防导线断落后触及人体或短路。切断低压多股绞线时，应使用有绝缘手柄的工具分相剪断。非同相的相线、中性线应分别在不同部位剪断，以防在钳口处发生短路。

需要电力部门切断电源时，应迅速联系，说明情况。切断电源后的电气火灾，多数情况可按一般性火灾扑救。

（2）不切断电源灭火的安全措施。发生电气火灾，一般应设法断电，如果情况十分危急或无断电条件，就只好带电灭火。为防止人身触电，带电灭火时应注意以下安全事项。

1）带电灭火时应使用不导电的灭火剂，例如二氧化碳、四氯化碳、1211、干粉灭火剂。不得使用泡沫灭火剂和喷射水流类导电灭火剂。

2）扑救人员及所使用的导电消防器材与带电部分应保持足够的安全距离。

3）高压电气设备或线路发生火灾时，在室内，扑救人员不得进入距故障点 4m 范围以内；在室外，扑救人员不得接近距故障点 8m 范围以内。如进入上述范围，必须穿绝缘靴，需接触设备外壳或构架时应戴绝缘手套。

4）对架空线路或空中电气设备进行灭火时，人体位置与带电体之间的仰角不应大于 45°，并应站在线路外侧，以防导线断落后触及到人。

5）充油电气设备局部着火时，可带电用二氧化碳、四氯化碳、干粉、1211 灭火器进行灭火。严禁使用泡沫灭火器带电灭火。着火严重时应迅速停电进行灭火，并防止油蔓延使事故扩大。

7.6 怎样安全带电作业

如何安全带电作业，要回答这个问题，首先应知道触电伤害的根本原因是电流通过了人体，特别是由左手左脚经心脏更为厉害。它使人体组织遭受电击、电伤从而伤害管理心脏和呼吸机能的神经中枢，使呼吸停止，造成死亡。为了不受电击电伤，就得想方设法阻隔电流，使之不与人体构成闭合回路，就是说应使人体不为电流搭桥，或者等电位，人就不会触电，人身就会安全。要使电流不通过人体，就必须堵住三条通路。

第一条通路是一相电源经人体与另一相电源相通，人体承受的是线电压。

第二条通路是相电源经人体与地体（指地表面，自来水管、建筑物及墙壁等与大地连接的物体）相通，人体承受的是相电压。

第三条通路是电流经人体与中性线相通，这和第二条通路相似，承受的是相电压。

只要堵住了这三条通路，人就安全。如何堵住这三条通路呢？人们在长期生产实践和科学实验中得出了三条技术防范措施。

（1）绝缘。把带电的导体封闭起来，隔绝起来，如低压带电体绝缘电阻要求不低于 0.5MΩ。

（2）间距。就是把带电体与带电体之间、带电体与地之间，带电体与人体之间保持一定距离，如 10kV 带电体对人体的安全距离不得小于 0.7m。

（3）屏护。就是用遮栏、护罩、护盖、箱匣把带电体与人体隔离开来，如瓷底胶盖的盖壳就是把人限制在安全范围内，防止误接触带电体。

这三条措施应根据电压等级的不同，采取相应的做法和材料。如低压带电作业可穿绝缘鞋（此鞋穿起来和普通鞋一样，但它能耐受 3kV 以上电压）。使用绝缘工具单线单手操作，不与地接触，并保持一定距离。虽然人体用验电笔测量是带电的，但因绝缘阻隔，无电流通过人体，人无触电感觉。对于高压带电作业，除采用相应绝缘、间距、屏护措施的间接带电作业外，还可以直接带电作业，也称等电位作业。穿的不是绝缘衣，而是镀了银的或是铜金属丝编织的全套屏蔽服，它包括帽、袜、手套等。直接带电作业时与另一带电体也应保持一定间距。若屏蔽不好会像针扎一样难受。对于高压带电作业人员，须经专门严格训练，使用专用设施，切不可轻举盲动。当开始接触带电体时，最好用一支手背试探，万一人体隔离绝缘不好，人可以本能的摆开电源，不致形成伤害。

7.7 怎样正确使用与存放安全带

安全带是进行高空作业时防坠落的重要用具之一，它具有系挂保险绳、腰绳和吊物绳等综合作用。

（1）使用前应检查安全钩、环是否齐全，保险装置是否可靠，大小带有无老化、脆裂、腐朽等现象。若发现有破损、变质等情况，严禁使用。

（2）大带静拉力不应小于 225kgf（1kgf＝9.807N），小带静拉力不应小于 150kgf。

（3）安全带应高挂低用或平行拴挂，严禁低挂高用。

（4）使用安全带时，只有挂好安全钩环，上好保险装置，才可探身或后抑，转位时不应失去安全带的防护。

（5）安全带不应系在电杆梢和要撤换的部件上，而应系在电杆上合适、可靠的部位。

（6）安全带可放入低温水中用肥皂轻轻擦洗，再用清水漂净、晾干，不许浸入热水中以及日光下曝晒或用火烤。

（7）安全带应存放在干燥、通风的地方，严禁与酸性、碱性物质混放在一起。

7.8 装拆接地线时应注意的若干问题

装拆接地线是发、供、用电单位经常做的工作。带地线合闸和带电装设接地线恶性事故的发生，主要是因违反一系列的规程、规定和要求所致，现就有关装设接地线的若干个问题，简述如下。

（1）验电的规定。验电的作用主要是当工作设施停电后，验证其确实无电压，以便及时完成接地措施。如果不验电，直接装设地线是极其危险的。这类事例很多，有的造成了大面积停电和设备损坏，有的造成人员伤亡事故。因此，必须要把验电当成装设接地线前的一个必不可少的步骤。验电时，必须用电压等级合适而且合格的专用验电器，在检修设备进、出线两侧各相分别验电。高压验电必须戴绝缘手套。验电前，应先在有电设备上进行试验，以确认验电器良好。

（2）有关接地线的规定。装设接地线是保证作业人员安全的有效技术措施，是作业人员安全的必要条件，因此接地线质量的优劣对确保人身安全起着重要作用。规程要求接地线应为多股软裸铜编织线，其截面积应满足短路电流的要求，但不应小于 $25mm^2$。

（3）对接地线装设位置的要求。接地线应能保护工作人员在工作地点不受各方突然来电的伤害，应使工作人员始终处在接地线的保护范围之中。检修部分若分为几个在电气上不相连接的部分时，则各段应分别验电接地短路，接地线与检修部分之间不得连有开关或熔断器。室内配电装置检修，不论接地线装设在楼上、楼下或墙前、墙后，都必须满足检修工作人员的安全要求。因接地线与导体、接地网的可靠连接是决定接地线是否起到安全作用的关键，所以装设接地线应使用专用固定线夹连接，不准悬挂在隔离开关的触头上。紧固接地线处的导体应将油漆刮去，接地线与接地网接头连接必须用螺母压紧，接触良好，严禁用缠绕的方法进行接地或短路。

（4）对装拆接地线操作的要求。装拆接地线时，应按操作票的程序进行。装设接地线必须由两人进行，必须先接接地端，后接导体端。拆接地线的顺序与此相反。装拆接地线均应与操作票上所注明的确切地点和编号一致。在装设接地线前，应验证确无电压后才能实施；在合闸送电前，必须检查在送电范围内的接地线是否已经全部拆除。

（5）对装拆接地线防误操作的要求。断路器、隔离开关依次停电，操作完成后验电，验证确无电压后方可装设接地线。这是防止带电装设接地线的基本程序。为确保这一操作顺序，要求在相关的断路器、隔离开关、接地网接头之间装设闭锁装置。只有断路器、隔离开关均在开断位置，接地网接头的闭锁装置才能开启，然后才能实施装设接地线的工作。反之，只有接地网接头中的接地线拆除了，闭锁装置才能开启，隔离开关、断路器的操作才能依次进行。这种程序闭锁装置的正确应用，是避免误操作的可靠保证。

7.9 验电时应注意的事项

验电，是在停电的电气设备上工作之前必须完成的措施之一。验电，既可验证停电设备是否确无电压，又是检验停电措施是否正确完善的重要手段。但是，在实际工作中，有的工作人员在工作前因验电操作不当，从而导致人身伤亡事故及设备事故。

1 验电必须采用与电压等级适当且合格的验电器

（1）采用低于设备额定电压的验电器进行验电操作时，

对工作人员人身安全是危险的。反之，用高于设备额定电压的验电器进行验电，有可能造成误判断。

（2）验证验电器是否完好。应首先在有电设备上进行试验，以确定验电器是否良好。

2 验电操作

（1）验电时必须在设备进出线两侧各相分别验电，以防在某些意外情况下，可能出现一侧或其中一相带电而未发现。

（2）当对停电的电缆线路进行验电时，若线路上未接有能构成放电回路的三相负载，由于电缆的电容较大，剩余电荷较多，一时不易将电荷泄完，因此，若在停电后立即进行验电，验电器仍会指示出带电现象。出现这种情况，必须经过一段时间再可进行验电，直至验电器无指示为止，决不可凭经验办事。当验电器指示有电时，误认为是剩余电荷所致，而盲目进行操作，更是十分危险的。

3 信号表计不得作为设备无电压的根据

信号和表计可能因失灵而错误指示，因此，不能以其指示来判断设备是否带电。但如果信号、表计指示有电，在未查明原因前，不得在该设备上工作。

7.10 低压验电笔的原理及其使用

低压验电笔也叫测电笔、试电笔，是电工常用的一种辅助安全工具，用于检验 500V 以下导体或各种用电设备外壳是否带电（即是否和大地之间有电位差）。验电笔外形大多是钢笔式结构，前端有金属探头，后端有金属挂钩，内部有发光氖泡、降压电阻及弹簧。

验电笔的作用原理是：当手拿着它测试带电体时，带电体电流经验电笔、人体到大地形成回路（即使是穿了绝缘鞋或站在绝缘物上，也可以认为是形成了回路，因为绝缘物的漏电和人体与大地的电容电流足以使氖泡起辉）。只要带电体和大地之间存在的电位差超过一定数值（通常约 60V），验电笔就发出辉光。若是交流电压，氖泡两极均发光；若是直流电压，则一极发光。

使用验电笔应注意以下几点：

（1）测试前，验电笔应先在确认的带电导体上试验，以证明验电笔是否良好，防止因氖泡或其他部件损坏而作出错误判断。

（2）测试时，应穿绝缘鞋。

（3）测试时，让验电笔笔尾的金属件与手接触，手指不要触及笔尖的金属部分（为安全起见，笔尖金属部分可套上塑料管保护）。

（4）在明亮光线下测试，往往不易看清氖泡的辉光。这时应让氖泡避光，用手遮一下，将观察窗口置于较暗处。

（5）有些设备工作时外壳因感应带电，虽然用验电笔测试有电，但不一定会造成触电危险。这种情况，必须用其他方法（如用万用表测量）判断是真带电还是感应带电。

（6）电压高时，氖泡亮度大。对于 36V 以下安全电压带电体，验电笔基本无效。

7.11　常用电工工具的操作技艺

① 扳手的操作技艺

（1）活扳手操作技艺。活扳手是一种旋紧或拧松有角螺栓或螺母的工具。常用的有 200、250、300mm 三种，使用时应根据螺母的大小选配。

使用时，右手握手柄。手越靠后，扳动起来越省力。扳动小螺母时，因需要不断地转动蜗轮，调节扳口的大小，所以手应握在靠近呆扳唇处，并用大拇指调制蜗轮，以适应螺母的大小。

活扳手的扳口夹持螺母时，呆扳唇在上，活扳唇在下。不可反过来使用。在扳动生锈的螺母时，可在螺母上滴几滴煤油或机油，这样就好拧动了。在拧转不动时，切不可采用钢管套在活络扳手的手柄上来增加扭力，因为这样极易损伤活扳手的扳唇。不得把活扳手当锤子用。

（2）开口扳手操作技艺。它有单头和双头两种，其开口是与螺栓头、螺母尺寸相适应的，并根据标准尺寸做成套。

成套扳手有正方形、六角形、十二角形（俗称梅花扳手）。其中梅花扳手在农村电工中应用颇广，它只要转过30°，就可改变扳动方向，所以在狭窄的地方工作较为方便。

（3）套筒扳手操作技艺。是由一套尺寸不等的梅花筒组成，使用时用弓形的手柄连续转动，工作效率较高。当螺栓或螺母的尺寸较大或扳手的工作位置很狭窄时，就可用棘轮扳手。这种扳手摆动的角度很小，能拧紧和松开螺栓或螺母。拧紧时作顺时针方向转动手柄。方形的套筒上装有一只撑杆。当手柄向反方向扳回时，撑杆在棘轮齿的斜面中滑出，因而螺栓或螺母不会跟随反转。如果需要松开螺栓或螺母，只需翻转棘轮扳手朝逆时针方向转动即可。

（4）内六角扳手操作技艺。它用于装拆内六角螺栓。常用于某些机电产品的拆装。

（5）测力扳手操作技艺。它有一根长的弹性杆，其一端
装着手柄，另一端装有方头或六角头，在方头或六角头套装
一个可更换的套筒用钢珠卡住。在顶端上还装有一个长指
针。刻度板固定在柄座上，每格刻度值为1N。当要求一定
数值的旋紧力，或几个螺母（或螺栓）需要相同的旋紧力
时，则用这种扳手。

（6）六角扳手操作技艺。这是梅花扳手的一种，俗称眼
睛扳手。用于装拆大型六角螺栓或螺母，拆装位于稍凹处的
六角螺母或螺栓特别方便。外线电工可用它装卸铁塔之类的
钢架结构。

2 电工刀的操作技艺

电工刀是农村电工常用的一种切削工具。普通的电工刀
由刀片、刀刃、刀把、刀挂等构成。不用时应把刀片收缩到
刀把内。

（1）用电工刀剖削电线绝缘层时，可把刀略微翘起一
些，用刀刃的圆角抵住线芯。切忌把刀刃垂直对着导线切割
绝缘层，因为这样容易割伤电线线芯。

（2）连接导线接头前应把导线上的绝缘剥除。用电工刀
切剥时，刀口千万别伤着芯线。一般常用级段剥削或斜
削法。

（3）电工刀的刀刃部分要磨得锋利才好剥削电线但不可
太锋利，太锋利容易削伤线芯。若磨得太钝，则无法剥削绝
缘层。磨刀刃一般采用磨刀石或油磨石，磨好后再把底部磨
点倒角，即刃口略微圆一些。

（4）对双芯护套线的外层绝缘的剥削，可以用刀刃对准
双芯线的中间部位，把导线一剖为二。

（5）圆木台与木槽板或塑料槽板的吻接凹槽，就可采用

电工刀在施工现场切削。通常用左手托住圆木台，右手持刀切削。

（6）用电工刀也可以削制木榫、竹榫。

（7）多功能电工刀的锯片，可用来锯割木条、竹条，制作木榫、竹榫。

（8）多功能电工刀除了刀片外，还有锯片、锥子、扩孔锥等。

（9）在硬杂木上拧螺钉很费劲时，可先用多功能电工刀上的锥子锥个洞，这时拧螺钉便省力多了。

（10）圆木台上需要钻穿线孔时，可先用锥子钻出小孔，然后用扩孔锥将小孔扩大，以利较粗的电线穿过。

3　钢丝钳的操作技艺

使用钢丝钳时一般用右手操作。将钳口朝内侧，便于控制钳箭部位，用小指伸在两钳柄中间来抵住钳柄，张开钳头，这样可灵活得分开钳柄。

电工常用的钢丝钳有 150、175、200、250mm 等多种规格。可根据内线或外线工种需要选购。

钢丝钳的刀口可用来剖切软电线的橡皮或塑料绝缘层。也可用来切剪电线、铁丝。剪 8 号镀锌铁丝时，应用刀刃绕表面来回割几下，然后只需轻轻一扳，铁丝即断。也可用来切断电线、钢丝等较硬的金属线。

钢丝钳的塑料绝缘管耐压 500V 以上，可以带电剪断低压电线。但使用中切忌乱扔，以免损坏绝缘塑料管。切勿将钢丝钳当做锤子使用。不可用钢丝钳剪切双股带电导线，否则会造成线路短路事故。

4　尖嘴钳的操作技艺

尖嘴钳也是电工常用的工具之一。主要用来剪切线径较细的单股与多股线以及给单股导线接头弯圈、剥塑料绝缘层等。

用尖嘴钳弯导线接头的操作方法是：先将线头向左折，然后紧靠螺杆依顺时针方向向右弯即可。

5 剥线钳

剥线钳是内线电工、电机修理、仪器仪表电工常用的工具之一。它适宜于塑料、橡胶绝缘电线、电缆芯线的剥皮。使用方法是：将待剥皮的线头置于钳头的适当刀口中，用手将两钳柄一捏，然后一松，绝缘皮便与芯线脱开。

7.12 低压用电设备的接地与接零情况分析

农村不少地区普遍存在的安全用电问题是：在三相四线制中性点直接接地系统中，所采取的保护方式绝大多数只有保护接地措施。例如电动机的外壳只用一金属打入地下；洗衣机、电风扇的三眼插头中的接地柱接在自来水管、下水管或打一独立的接地极上。其实这种做法是不能保证人身安全的。

保护接地原理如图 7-1 所示。如果电动机仅有保护接地装置，当任一相发生碰壳短路时，人身处在与保护接地装置并联状态。保护接地简化电路图如图 7-2 所示。图中 U 为相电压，R_d、R_r 和 R_o 分别为保护接地装置的接地电阻、人体电阻和变压器中性点接地电阻。这时人体承受的电压是降落在电阻 R_d 上的电压，此电压为

$$U_d = U_r = \frac{R_d R_r}{R_o R_d + R_o R_r + R_d R_r} U \qquad (7-1)$$

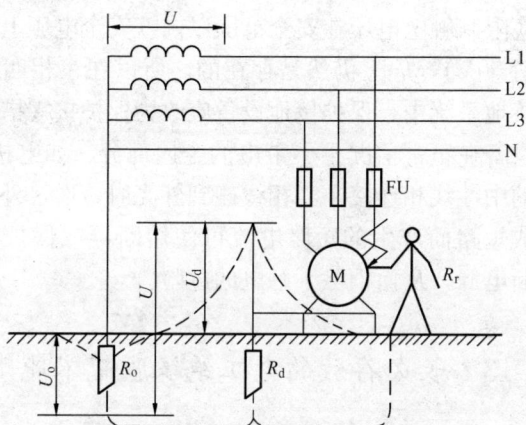

图 7-1 保护接地原理图

在一般情况下，$R_o \leqslant R_r$，$R_d \leqslant R_r$，式（7-1）的分母中 $R_o R_d$ 可忽略，所以上式可简化为

$$U_r \approx \frac{R_d}{R_o + R_d} U \quad (7\text{-}2)$$

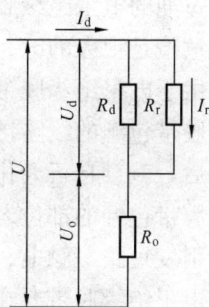

图 7-2 保护接地
简化电路图

因为是采取三相四线中性点直接接地系统，其相电压为 220V，通常 R_o 和 R_d 一般不超过 4Ω，如果按 4Ω 来考虑，可以得到

$$U_r \approx \frac{4}{4+4} \times 220 = 110 \quad (V)$$

这个电压对人体仍然是很危险的。保护接地电阻越大，那么加在人身上的电压越高。这就是说在直接接地的电网中，单

纯采用保护接地，虽然比不采用任何安全措施好一些，但并没有彻底限制触电电压在安全范围以内（安全电压上限为交流有效值50V），危险仍然是存在的。所以在三相四线中性点直接接地系统中，保护接地设备应改为保护接零措施。即将电气设备在正常情况下不带电的金属部分（如电机外壳）与电网的中性线相连接。当相线碰到外壳时，通过外壳与中性线构成短路而产生的短路电流可使熔断器或保护开关动作，切断电源，从而消除了触电的危险。

7.13　长久存放的电工绝缘胶带不能用

电工绝缘胶带的储存时间一般不得超过15个月，存放时间久了，不但黏度减小，而且绝缘性能也会大大降低，用这种过期的电工绝缘胶带包缠线路接头或电器裸露的带电部位，危险是很大的。

由于电工绝缘胶带本身有正常使用寿命，因此，用电工绝缘胶带包缠的线路接头或电器裸露的带电部位，运行一定时间后，就会自行老化失效，所以必须定期检查更换，以防绝缘胶带包缠的部位老化、破损，失去绝缘防护的作用而漏电，引发短路、触电、火灾等恶性事故。

电工绝缘胶带要在常温、通风的条件下储存，不能放在热源附近，也不能长期受到阳光的暴晒。

使用电工胶带时，以半重叠方式包缠，来回包缠两层即可。为使包缠均匀、整齐，包缠时应施力足够、拉力均匀。

第八章

常用保护电器及低压配电电器

8.1 用熔丝保护电器设备的简易计算方法

在电器设备使用中，因熔丝选用不当，经常发生电器设备烧毁事故，有时甚至造成人身伤害。因各种电器设备保护熔丝的选用计算比较繁杂，一般不易口算，很不方便。为此，根据运行经验，介绍如下简易计算方法，供读者参考。

（1）变压器（320kVA 及以下）高压侧采用 RW3-10 型跌落式熔断器保护。

10kV 电压等级

$$I_{FU} = 0.1 S_N \tag{8-1}$$

6.3kV 电压等级

$$I_{FU} = 0.15 S_N \tag{8-2}$$

400V 电压等级

$$I_{FU} = 1.5 S_N \tag{8-3}$$

（2）发电机（容量在 100kW 及以下）。

6.3kV 额定电压

$$I_{FU} = 0.17 P_N \tag{8-4}$$

3.15kV 额定电压

$$I_{FU} = 0.34 P_N \tag{8-5}$$

400V 额定电压

$$I_{FU} = 2.0 P_N \tag{8-6}$$

（3）三相异步电动机（容量在 14kW 及以下）。

380V 额定电压

$$I_{FU} = (4 \sim 5)P_N \qquad (8-7)$$

10kW 以上装有随机补偿器的电动机采用 $4P_N$。

（4）电阻（或单相 220V 照明负载）。

220V 额定电压

$$I_{FU} = 5P_N \qquad (8-8)$$

（5）静电电容器（30kvar 及以下）。

400V 额定电压

$$I_{FU} = 2.5P_Q \qquad (8-9)$$

10kV 电压用跌落熔断器保护

$$I_{FU} = 0.1P_Q \qquad (8-10)$$

6.3kV 电压用跌落熔断器保护

$$I_{FU} = 0.17P_Q \qquad (8-11)$$

式（8-1）～式（8-11）中　I_{FU}——熔丝额定电流，A；

$\qquad\qquad\qquad\qquad\quad$ S_N——变压器额定容量，kVA；

$\qquad\qquad\qquad\qquad\quad$ P_N——发电机、电动机或电阻

$\qquad\qquad\qquad\qquad\qquad\quad$ 负载额定容量，kW；

$\qquad\qquad\qquad\qquad\quad$ P_Q——高压静电电容器容量，

$\qquad\qquad\qquad\qquad\qquad\quad$ kvar。

按以上各式计算选择的熔丝，已考虑到降压变压器高、低两侧熔丝的配合问题，不会造成熔丝越级熔断，能保证变压器正常运行，可为工作人员正确判断及处理事故提供依据。

应当提出的是当计算出熔丝额定电流值后，应按最接近的规格标准选用，如 $S_N=40\text{kVA}$ 变压器，计算出 10kV 熔丝为 4A 应选 5A；计算出 400V 熔丝为 60A，仍选 60A，不得任意选用。为使各级熔丝取得配合，保证安全可靠用电，

当选用 400V 线路分支熔丝时，应比变压器低压侧总熔丝小
1～2 级，以保证各级熔丝取得配合。

熔丝规格摘抄如下。

(1) RW₃-10/50 熔断器标准熔丝额定电流：3、5、
7.5、10、15、20、25、30、40、50、60、80、100、125、
150、200A。

(2) RTO 型熔断器熔丝额定电流：30、40、50、60、
80、100、120、150、200、250、300、350、400、450、
500、550、600A。

8.2　怎样选择和安装跌落式熔断器

1　跌落式熔断器的选择

10kV 跌落式熔断器适用于环境空气无导电粉尘、无腐
蚀性气体及易燃、易爆等危险场所，年度温差变化在 ±40℃
以内的户内外场所。其选择是按照额定电压和额定电流两项
参数进行的，也就是熔断器的额定电压必须与被保护设备
（线路）的额定电压相匹配。熔断器的额定电流应大于或等
于熔体的额定电流。而熔体的额定电流可选为额定负载电流
的 1.5～2 倍。此外，还应按被保护系统三相短路容量，对
所选定的熔断器进行校核。保证被保护系统三相短路容量小
于熔断器额定断开容量的上限，但必须大于额定断开容量的
下限。若熔断器的额定断开容量（一般是指其上限）过大，
很可能使被保护系统三相短路容量小于熔断器额定断开容量
的下限，造成在熔体熔断时难以灭弧，最终引起熔管烧毁、
爆炸等事故。

跌落式熔断器的各部分零件应完整无损，转轴光滑灵

活，铸件无裂纹、砂眼、锈蚀，瓷体良好，熔丝管不应有吸潮膨胀或弯曲等不良现象。

② 跌落式熔断器的安装要求和注意事项

（1）安装时应将熔体拉紧（使熔体受到 24.5N 左右的拉力），否则容易引起触头发热。

（2）熔断器安装在横担（构架）上应牢固可靠、排列整齐、高低一致，不能有任何的晃动现象。触头接触应接触紧密，操作应灵活可靠，上、下引线要压紧，与线路导线的连接要紧密可靠。

（3）熔管应有向下 $25°\pm2°$ 的倾角，以利熔体熔断时熔管能依靠自身重量迅速跌落。

（4）熔断器应安装在离地面垂直距离不小于 4m 的横担（构架）上，若安装在配电变压器上方，应与配电变压器的最外轮廓边界保持 0.5m 以上的水平距离，以防万一熔管掉落引发其他事故。

（5）熔管的长度应调整适中，要求合闸后鸭嘴舌头能扣住触头长度的 2/3 以上，以免在运行中发生自行跌落的误动作，熔管也不可顶死鸭嘴，以防止熔体熔断后熔管不能及时跌落。

（6）所使用的熔体必须是正规厂家的标准产品，并具有一定的机械强度，一般要求熔体最少能承受 147N 的拉力。

（7）10kV 跌落式熔断器安装在户外，要求相间距离应不小于 0.7m；安装在户内时不小于 0.5m。

8.3 怎样做好低压配电盘（箱）的防火

低压配电盘（箱）是由盘板、开关、熔断器、电气仪表等组成。由于人们对它的火灾危险性不够了解、疏于防范,常引发火灾。

引起低压配电盘着火的常见原因有:①布线零乱、接触不良、绝缘导线受潮,开关、电气仪表等选择不当,便会产生短路、接触电阻过大、过载等现象,引起火灾;②没有根据用电量的多少,选用合适的熔断器,甚至用铁丝、铜丝代替熔体,一旦过负载便会引起火灾;③长期不检修、不清扫,甚至在配电盘下面堆放可燃物,在拉、合闸时,熔丝熔断产生火花而引起火灾。

防止低压配电盘发生火灾应采取的措施:

(1) 电气设备应按规定和用电场所的防火要求选定,并安装牢固。开关的额定电流和额定电压应和实际使用情况相适应。选用熔断器的熔丝时,熔丝的额定电流也应与被保护的设备相适应。配线应采用绝缘线,破损的导线要及时更换。线路应连接牢靠、排列整齐、尽量做到横平竖直、绑扎成束,用线卡固定在板面上。

(2) 配电盘最好安装在单独的房间内,固定在干燥清洁的地方。一般应安装在电源进口处,下边距离地面 1.4~1.8m,离通道或门要有一定距离。木结构配电盘的盘面,应采用耐火材料或铺设铁皮。户外配电盘应有防雨措施。

(3) 在中性点接地系统中,单极开关必须接在相线上。否则开关虽断,电气设备仍然带电,一旦相线接地,就有发生接地短路引起火灾的危险。尤其是库房内的电气线路更要注意,开关损坏时,应及时更换。

(4) 配电盘的金属支架及电气设备的金属外壳,必须有可靠的接地保护。

8.4 跌落式熔断器的操作与维护

1 怎样正确操作跌落式熔断器

一般情况下，跌落式熔断器不允许带负荷操作，只允许操作其空载设备（或线路）。

（1）操作时应由两人进行，一人监护，一人操作。操作人员必须戴经试验合格的绝缘手套，穿绝缘靴、戴护目眼镜，使用与电压等级相匹配的合格绝缘棒，在雷电或者大雨的天气下禁止操作。

（2）在拉闸操作时，一般规定为先拉断中间相，再拉背风的边相，最后拉断迎风的边相。这是因为配电变压器由三相运行改为两相运行，拉断中间相时所产生的电弧火花最小，不致造成相间短路。其次是拉断背风边相，因为中间相已被拉开，背风边相与迎风边相的距离增加了一倍，即使有过电压产生，造成相间短路的可能性也很小。最后拉断迎风边相时，仅有对地的电容电流，产生的电火花则已很轻微。

（3）合闸时操作顺序与拉闸时相反，先合迎风边相，再合背风的边相，最后合上中间相。

（4）操作熔断器熔管是一项频繁的项目，若操作不良，则会造成触头烧伤引起接触不良，使触头过热，弹簧退火，导致触头接触更为不良，形成恶性循环。所以，在拉、合熔管时要用力适度，合好后，要仔细检查鸭嘴舌头是否紧紧扣住舌头长度的 2/3 以上，可用拉闸杆钩住上鸭嘴向下压几下，再轻轻试拉，检查是否合好。若合闸时未能到位或未合紧密，会使熔断器上静触头压力不足，极易造成触头烧伤或者熔管自行跌落。

2　怎样正确维护跌落式熔断器

为使熔断器能安全、可靠的运行，除按规程要求严格地选择正规厂家生产的合格产品及配件（包括熔件等）外，在运行维护管理中应特别注意以下事项：

（1）检查熔断器额定电流与熔体及负载电流值是否匹配合适，若配合不当应及时进行调整。

（2）操作熔断器时必须认真仔细，不可粗心大意，特别是合闸操作时，必须使动、静触头接触良好。

（3）熔管内必须使用标准熔体，禁止用铜丝、铝丝等代替熔体，更不准用铜丝、铝丝及铁丝将触头绑扎住使用。

（4）对新安装或更换的熔断器，要严格验收工序，必须满足规程质量要求，熔管的安装角度应满足向下 25°左右倾斜角的要求。

（5）熔体熔断后应更换同规格的合格新熔体，不可将熔断后的熔体连接起来再装入熔管继续使用。

（6）应定期对熔断器进行巡视，每月不少于一次夜间巡视，查看有无放电火花和接触不良现象，若有放电现象，会伴有"嘶嘶"的响声，要尽早安排处理。

（7）在春秋季检修时应做好下列检查和处理：

1）检查静、动触头接触是否紧密完好，有否烧伤痕迹。

2）检查熔断器转动部位是否灵活，有无锈蚀、转动不灵等异常，零部件是否损坏、弹簧是否锈蚀。

3）熔体本身是否受到损伤，经长期通电后有无发热伸长过多变得松弛无力现象。

4）熔管经多次跳闸动作后消弧管是否烧伤及日晒雨淋后是否损伤变形、长度是否缩短等不良现象。

5）清扫绝缘子并检查有无损伤、裂纹或放电痕迹，拆开上、下引线后，用 2500V 绝缘电阻表测试绝缘电阻应大于 300MΩ。

6）检查熔断器上下连接引线有无松动、放电、过热现象。

8.5 怎样用热继电器做电动机的过载和缺相保护

热继电器是一种接线简单、价格低廉、使用广泛、保护性能较为完善的低压保护电器。根据热元件数目可分为两极和三极型热继电器，三极型又分为带断相保护和不带断相保护两种，常见型号有 JR0、JR16，热继电器具有与电动机容许过载特性相同的反时限动作特性，若选择合理，能在电动机未达到其容许过载极限前动作，切断电动机电源，这样既能充分发挥电动机过载能力，又能使其免遭损坏。

1 定子绕组不同联结的电动机过载和断相时的电流

（1）星形联结。电动机过载时，一般三相电流都会增大，断相运行时的过载，一般也有两相电流增大，同时电动机线电流等于相电流，从原理上讲，线路中采用两极型热继电器就能起到过载和断相保护作用。但如果三相电源电压不平衡，也会引起线电流不平衡，例如三相电压不平衡仅为 4%，就会引起线电流不平衡达 25%，如果不平衡的线电流只有一相超过热元件的整定电流值，而恰好这一相未装热元件，电动机势必要烧毁。农村地区三相电源电压不平衡且超出 4% 的现象是常有的，所以采用两极型热继电器不能得到有效的保护，应选用三极型热继电器。

（2）三角形联结。电动机正常运行时，其线电流是相电

流的 $\sqrt{3}$ 倍，$I_{ph}=0.58I_1=0.58I_N$（I_N 为电动机额定电流）。当发生电源一相断线（如熔断器一相熔断）缺相运行时，电路如图 8-1 所示。

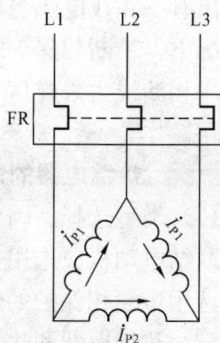

图 8-1　电机缺相
运行电路图

由于各绕组阻抗相同，则 $I_{P2}=2I_{P1}$，$I_1=I_{P1}+I_{P2}=1.5I_{P2}$，$I_{P2}=2\,I_1/3$，这就造成了线电流不能正确反映相电流，用采集线电流大小信号不能正确反映电机绕组是否真正过载。

当在额定负载下断相运行时，$I_{P1}=0.58I_N$，$I_{P2}=1.16I_N$，$I_1=\sqrt{3}\,I_N$，一般三极型热继电器也可以起到保护作用。当负载为额定功率的 64％ 下断相运行时，$I_{P1}=0.37I_N$，$I_{P2}=0.75I_N$，$I_1=1.12I_N$，因断相造成的过电流没有超过 20％，一般三极型热继电器不可能动作，但有一相电流已超过 58％ I_N 运行而烧毁。因此，三角形联结电动机在三相上串接一般三极型热继电器得不到有效保护，应采用带断相保护的热继电器。

当定子绕组一相断线，如绕组引出线与接线端子间一相松脱，电路如图 8-2 所示。则有 $I_{L1}=I_{L2}=I_P$，$I_{L3}=\sqrt{3}\,I_P$。可

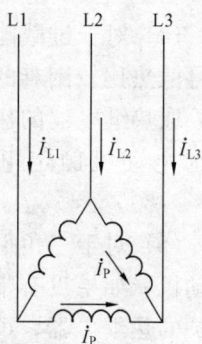

图 8-2　定子绕组
缺相时的电路图

以看出有一相线电流与相电流的关系同正常运行时一样，此种情况下，带断相保护的热继电器也能起到保护作用，而以电源一相断线为采样信号的各种形式的断相保护器将不起保护作用。

2　热继电器的选择

（1）类型选择。因农村地区经常出现三相电压不平衡，星形联结电动机应选用普通三极热继电器，三角形联结电动机应选用带断相保护的热继电器。

（2）热继电器和热元件的额定电流选择。热继电器的额定电流应大于电动机的额定电流，热元件的额定电流应略大于电动机的额定电流。

（3）热元件整定电流的调节。非频繁起动场合且起动电流为额定电流6倍左右，起动时间不超过5s时，热元件的整定电流可调至电动机的额定电流。若起动时间较长，拖动冲击负载或不允许停机者，整定电流为电动机额定电流的1.1倍。

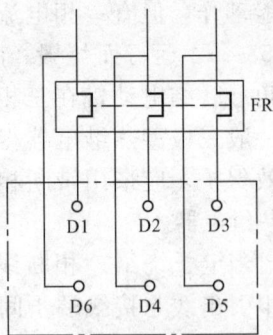

图 8-3　三极型热继
电器保护接线图

（4）对于过载能力较差且散热比较困难的电动机，取热继电器的额定电流为电动机额定电流的60%～80%。

（5）对于三角形联结电动机，如果没有带断相保护的热继电器，可采用一般三极型热继电器，将热元件串接在电动机相绕组电路中，如图8-3所示。

3　热继电器使用中应注意的事项

（1）热继电器出线端的连接导线截面积应严格按规定选择。

（2）热继电器不能作为线路的短路保护装置，电气控制线路中必须另装熔断器，电动机起动时间特别长（或操作频繁）及反复短时间工作时，不能使用热继电器。

（3）热继电器与其他电器安装在一起，应将其安装在其他电器的下方，以免其他电器发热影响其动作特性。使用中应定期去除尘污。

（4）热继电器动作后，自动复位时间在5s内，手动复位要在2min后按下复位按钮。

（5）发生短路故障后，应检查热元件是否良好，双金属片是否变形（绝不能弯曲双金属片），但不能将元件拆下。

（6）更换热继电器时，新热继电器必须符合原来规格。

8.6　交流接触器线圈运行中被烧毁的原因

（1）因机械原因使接触器动铁心不能吸合。接触器触头变形、脱出，触头之间或动静铁心之间或弹簧之间有异物，使接触器线圈通电后动铁心不能吸合或吸合不好，导致线圈被烧毁。这是因为线圈通电后，若动铁心不能吸合，则在磁路中长期存在一段空气隙，也即磁路磁阻 R_m 较正常情况下要大许多倍。根据

$$U = 4.44fN\Phi \tag{8-12}$$

式中　U——电源电压有效值；

　　　f——电源频率；

　　　N——线圈匝数；

Φ——主磁路中的磁通。

可知 U 不变时主磁路磁通 Φ 是不变的。当 R_m 增加许多倍时，按磁路欧姆定律

$$\Phi = NI/R_m \tag{8-13}$$

可以知道 I 也要相应地增加，即线圈电流将远远超过其额定值，时间稍长，必将烧毁线圈。

(2) 交流接触器线圈额定电压和电源电压不相符。这是一个不该发生但又时有发生的问题。接触器铭牌所标的额定电压、额定电流是指主触头的额定参数，线圈额定电压往往标注在说明书或线圈本体上。若误将线圈按接触器的额定电压接入电源，致使线圈的额定电压和电源电压不相符，便会烧毁线圈。

当所加电压高于线圈额定电压时，主磁通增加，结果不仅使线圈中电流增加，铁损也将增加，导致铁心发热，很容易烧毁线圈。

另外，若所加电压低于线圈额定电压，也有可能烧毁接触器线圈。这是因为电压降低后，磁路中磁通 Φ 也减小，则电磁力也将减小，有可能导致线圈通电后动铁心不能吸合或吸合不好。根据前面分析，这种情况下励磁电流将剧增，时间稍长，也有可能烧毁线圈。

其他如操作频率过高、铁心极面不平且长期运行等也可能烧毁线圈。

8.7 怎样正确选择家用自动空气断路器

自动空气断路器也叫自动空气开关，是一种常用的低压保护电器，可实现短路、过载等保护功能。

自动空气断路器可在家庭供电中作总电源保护开关或分支线保护开关用。当住宅线路或家用电器发生短路或过载时，它能自动跳闸，切断电源，从而有效的保护这些设备免受损坏或防止事故扩大。家庭一般用二极（2P）断路器作总电源保护，用单极断路器（1P）作分支保护。

自动空气断路器的额定电流如果选择的偏小，则自动空气断路器易频繁跳闸，引起不必要的停电，如选择过大，则达不到预期的保护效果，因此家庭安装自动空气断路器时，正确选择其额定电流大小很重要。

一般小型自动空气断路器规格主要以额定电流区分，如6、10、16、20、25、32、40、50、63、80、100A 等。那么一般家庭用电是如何选择或验算总负荷电流值的呢？

（1）计算各分支线上的电流值。

1）电阻性负载。如灯泡、电热器等可用注明功率直接除以电压来求得。其计算公式为 $I=$ 功率值/220V。例如 20W 的灯泡，其分支电流 $I=20W/220V=0.09A$。

电热吹风器、电熨斗、电热毯、电热水器、电暖器、电饭锅、电炒锅等为阻性负载。

2）电感性负载。如荧光灯、电冰箱、电视机、洗衣机等皆为电感性负载，其计算稍微复杂，具体计算还要考虑功率因数等，为便于估算，这里给出一个简单的计算方法，即一般感性负载，可根据其注明负载计算出来的功率再翻一倍即可，例如注明 20W 的日光灯的分支电流 $I=20W/220V=0.09A$，翻倍后为 $0.09A×2=0.18A$（比精确计算值 0.15A，多 0.03A）。

（2）计算总负荷电流值。总负荷电流值即为各分支电流之和。知道了分支电流和总电流，就可以选择分支自动空气断路器及总闸自动空气断路器的规格，或者验算已设计的空气断路器的规格是否符合安全要求。

(3) 按用电设备功率计算电流值的方法。按用电设备功率计算电流值的经验公式为：1kW＝4.5A。

例如：某家庭装有 40W 日光灯 3 只、11W 节能灯 15 只、1.5kW 空调 3 台、3kW 空调 1 台、550W 洗衣机 1 台、1.2kW 微波炉 1 台、1.5kW 取暖器 2 台、1.2kW 电饭煲 1 台、2.5kW 电烤炉 1 台、2kW 电视电脑吸尘器 1 台。则总功率为

$$P = 0.04 \times 3 + 0.011 \times 15 + 1.5 \times 3 + 3 \times 1 + 0.55 \times 1$$
$$+ 1.2 \times 1 + 1.5 \times 2 + 1.2 \times 1 + 2.5 \times 1 + 2 \times 1$$
$$= 18.24W$$

总电流 $I = 18.24W \times 4.5A = 82.1A$

以上所有设备一般不会同时使用，所以要考虑同时使用系数 j，家庭用电同时系数一般取 0.7。

则总电流可按 82.1A×0.7＝57.5A 考虑。

为了确保安全可靠，电气元件的额定工作电流一般应大于 2 倍所需的最大负荷电流。此外，在设计、选择电气开关设备时，还要考虑到以后用电负荷增加的可能性，为以后需求留有一定余量。

自动空气断路器有两项重要的技术参数，即脱扣电流（I_m）和额定电流（I_N）。脱扣电流是最大断开电流，即当配电线路中出现过载或短路后，自动空气断路器发生脱扣（即跳闸）保护动作时的电流。额定电流是指自动空气断路器能长期通过的电流，只要电路中的实际电流不超过这一电流值，就允许设备长期工作。

在实际应用中，为了保护供电线路，所用自动空气断路

器的脱扣电流必须小于或等于供电线路允许通过的最大电流，同时其额定电流要等于或稍大于配电线路最大的正常工作电流。

当家庭电路中新添置大功率用电器时，应首先考虑供电线路的承受能力，如果实际工作电流超出了供电线路允许通过的最大电流，则不能盲目更换额定电流更大的自动空气断路器。确需使用该用电器时，应当进行线路改造，如更换负载电流更大的输电导线和电能表，或者给大功率用电器另接专线等，然后根据新铺设的供电线路，并结合实际工作电流，选用合适的自动空气断路器。

8.8　怎样安全使用家用电器

电视机、电冰箱、电风扇已经进入广大农村家庭，电脑、空调、微波炉、洗衣机、电热器、电饭锅等多种家用电器也在农村和城镇居民中应用。若不重视安全使用，很容易造成设备损坏或人身伤害事故。现将安全使用家用电器的有关问题简述如下。

1　**供电方式的选择**

常见低压配电的供电方式有以下几种：

（1）三相三线制供电。因无中性线 N，只有 380V 的线电压，没有 220V 的相电压，因此它不适用于有单相设备的用电场所，只能用于电压为 380V 的三相动力设备，使用范围有限。

（2）三相四线制供电。我国城乡的配电变压器多数为 Yyn0 联结，有工作中性线 N 引出。它既有 380V 的线电压，又有 220V 的相电压。既能供 380V 的动力设备用电，又能供 220V 的单相设备用电，因此它得到比较广泛的应用。

（3）三相五线制供电。它是在三相四线制供电方式的基础上，引出了 PE 保护用接地线，用于与家用电器金属外壳的直接连接，这样为单相家电设备的三头插销提供了方便。三孔插座的上端接 PE 线，左侧接工作中性线 N，右侧接相线。这样，家电外壳漏电电流在 30mA 以内，对人身是无危险的，漏电电流在 120mA 以下，对设备是安全的。三相五线制供电方式下，三相动力设备及单相用电设备都能适用，又有保护接地线，因此为最理想的供电方式。

（4）单相供电制。它分为单相二线制和单相三线制。单相二线制供出的是相线和中性线，一般可供照明装置使用，相线接开关及灯具芯线，中性线接灯具的外部接点。单相三线制是在单相二线制的基础上又增设了 PE 保护接地，适用于空调、洗衣机、电热器、电饭锅、电烤箱、电热壶等多种家用电器。

总之，家用电器多种多样，用途不同，性能各异，安全要求不尽相同。为此，可依据家电的性能、安全要求，选择最安全的供电方式。

2 完善过电压保护装置

完善过电压保护装置，主要是完善防雷保护装置。低压配线上的直击雷、高压线上落雷的串击以及反击雷害，对家用电器的破坏是最为严重的。供电部门和用户都必须完善避雷装置，在高压侧装设避雷器的同时还应在低压侧装设 MOA 氧化锌或 FS-0.38 型低压避雷器。其接地电阻、接地装置用材、施工方法及测试周期等应符合有关规程的要求。完善过电压保护装置，对延长设备使用寿命，降低设备故障率，提高设备运行的安全性和可靠性，在技术上是十分必要的，在经济上效益是明显的，且不可忽视。

3　合理装设剩余电流动作保护装置

剩余电流动作保护装置应选择多功能的，既要有漏电保护功能，又要有过载保护功能。大量的实践证明，多功能剩余电流动作保护装置，对漏电造成的人身伤害是十分灵敏的，对于过载保护动作也是正确可靠的。当一级保护不够灵敏和完善时，应装设多级漏电保护装置。

8.9　使用低压熔断器的注意事项

低压熔断器被广泛地应用于低压配电电网之中，起短路保护作用。在配电线路中，当流过熔断器熔体的电流小于熔体的额定电流时，它将作为线路的一部分，保持线路的畅通和有关用电设备的正常运行。当线路或用电设备发生短路故障时，很大的短路电流流过熔体，由于电流的热效应使熔体熔断，线路也就断开，从而达到保护线路和用电设备的目的。

1　熔断器的选择

要根据被保护对象和使用场所的不同选择不同类型的熔断器。

（1）根据保护对象选择。如要保护半导体器件，必须选用快速熔断器；要保护线路时，熔断器及其熔体的额定电流应按该线路的最大负载电流选择，同时熔断器的分断能力必须大于线路中可能出现的最大短路电流；保护电动机时，应根据不同类型电动机及电动机起动时间的长短来选择不同类型的熔断器，使得熔断器能够躲开电动机的起动电流而不致熔断。

（2）根据使用场所选择。在有火灾爆炸危险场所，不可选用熔体熔断时所产生的电弧可能与外界接触的熔断器，如瓷插式熔断器和螺旋式熔断器等。若使用于电网中，应根据电路不同电压等级确定熔断器的额定电压，还要考虑到上、下级熔断器之间的配合问题，避免熔断器越级动作。也就是说，上一级熔断器的额定电流必须大于下级熔断器的额定电流。具体如何配合可参阅产品的技术条件说明。

2 安装

安装时必须保证导线与熔断器底座之间、熔体与底座之间的良好接触，避免因接触不良影响熔断器的使用寿命及发生熔体误熔断现象。特别是安装螺旋式熔断器时，为了运行维护的安全，一定要注意不能把进、出线位置接反。

3 熔体的更换

更换熔断器的熔体时，应选择与原来同规格、型号的熔体，不得随意改用其他型号的熔体。为了保证更换后的熔体与底座之间的良好接触，应将底座上导电部分的烟尘或锈迹清除掉，清除不掉的应更换底座。若是在三相线路中两相熔断器熔断，此时应将未熔断的第三相熔体也同时更换，因为该相熔体已同时受到了损伤。更换熔体时必须注意安全，应尽可能在停电的情况下进行。不得已需要带电更换时，应戴上绝缘手套，站在绝缘垫上，并戴上护目眼镜之后才可操作，还应使用专用工具拨出或插入熔体。

4 检查

要经常检查，以便及时发现熔断器有无断相运行。若发现熔断器的瓷底座有沥青流出，则说明运行中的熔断器存在接触不良和温升过高现象，应及时查明原因。若发现熔断器周围的环境温度高出很多，为了避免由于这种温差而导致熔体误熔断，应对熔断器周围加强通风，降低环境温度。

8.10　怎样正确选择安装使用闸刀开关

闸刀开关虽然是一种最原始的开关电器，但因其构造简单，制造容易，性能可靠，便宜，而被广泛应用在农村的电气设备控制上，作为生活照明、电动抽水、脱粒、饲料粉碎、木工机械等较小容量电动机的控制电器。

闸刀开关分 HK1 和 HK2 两大系列，有二极和三极式。由瓷手柄、触刀刀片（动触头）、触刀口座（静触头）、进线座、出线座、熔丝、瓷底板、上下胶盖和紧固螺母等零件装配而成。内部装有熔丝，当被其控制电路发生短路时，借助熔丝的熔断，切断故障。如果使用不当，会引发电气事故，如：在没有胶壳的情况下，因电动机短路，熔丝熔断，会引起闪络；因接线端接触不良会造成接触电阻过大而打火，烧毁接线座，甚至使陶瓷底座突然炸裂。

要避免事故的发生，确保人身和电气设备的安全，就应正确选择、安装和使用闸刀开关。

1　**闸刀开关的选择**

闸刀开关的额定电流是指在环境温度为 40℃ 下允许长期通过的工作电流。通常闸刀开关的额定电流有 10、15、30、60A 四种。选用闸刀开关时，其额定电流大小，应根据负载的性质和负载电流的大小确定。对一般照明，可按其额定电流等于所控制的各个负载额定电流之和来选用相应的闸刀。对于动力负载，由于电动机的额定电流大一些，一般可按电动机额定电流的 3 倍选择。如果电动机不需要经常起动，其额定电流可为电动机额定电流的 2 倍左右。HK1、HK2 系列闸刀开关的技术数据见表 8-1。

表 8-1   HK1、HK2 系列闸刀开关的技术数据

型　号	额定电流 (A)	极　数	额定电压 (V)	控制相应电动机功率 (kW)	熔体规格	
					熔体材料	熔体线径 (mm)
HK1	15	2	220	1.5	含铅 98%	1.45~1.59
	30	2	220	3.0		2.3~2.52
	60	2	220	4.5		3.36~4
	15	3	380	2.2		1.45~1.59
	30	3	380	4.0		2.3~2.25
	60	3	380	5.5		3.36~4
HK2	10	2	250	1.1	含铜量不小于 99.9%	0.25
	15	2	250	1.5		0.41
	30	2	250	3.0		0.56
	10	3	380	2.2		0.45
	15	3	380	4.0		0.71
	30	3	380	5.5		1.12

2 闸刀开关的安装

（1）安装位置的选定。闸刀开关应安装在干燥、无灰尘、无振动、不易被风吹雨淋、便于操作的地方，安装高度距地面一般为 1.5m。闸刀开关只能垂直安装，合闸后手柄应向上，分闸后手柄应向下，不允许倒装和水平安装。如果倒装，当分闸后，手柄受到某种振动或外力，易使手柄自动落下，使所控设备重新带电。闸刀开关安装示意图如图 8-4 所示。

（2）闸刀开关的固定。在木质的配电盘上固定时，底面应平整，选用的木螺钉规格要合适，过小不牢固，长期拉合易造成松动甚至滑落或使接线连接处折断。用铁质配电盘固定时，必须使用弹簧垫片，紧固程度要适当，防止将瓷质底

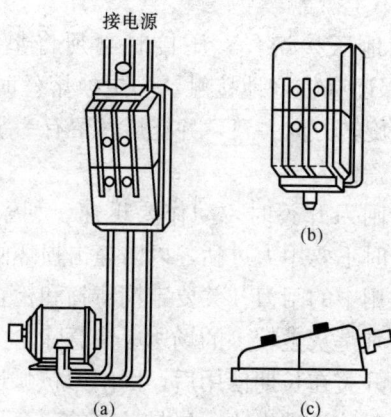

图 8-4 闸刀开关安装示意图

(a) 安装正确；(b) 倒装不正确；(c) 平装不正确

座紧破。

(3) 闸刀开关进出线的连接。电源的进线应接在闸刀（刀口）静触头端，引出线应接在（刀片）动触头端。当使用橡套电缆作引出线时，电缆头端部应固定，对闸刀开关不应有作用力，使连接处造成接触不良。使用硬线作进出线时，应根据闸刀开关进出线的孔径剥切引线头，若过长，则易露出，拉合闸刀时会造成触电；过短，绝缘外皮进入孔内而造成接触不良。为防止接触不良，使用硬线时，可将裸线头折 2~3 道；使用软线时，线头缠绕在硬线上再压接，能有较好地接触。

3 闸刀开关的使用

(1) 使用中的闸刀开关，必须装有胶壳盒盖，严禁在无胶盖的情况下操作和运行。

(2) 选用的熔丝必须与实际相符，熔丝或铝制熔片不得用铁丝和铜线代替。

（3）正确地压接熔丝，压接时必须将垫片压在熔丝（片）上，以保证有较好地接触。当更换熔丝时，两端压接方向应与螺钉旋转方向一致，并让熔丝留有一定的长度，最后将熔丝压入瓷槽内。

（4）在合闸刀开关时，动作要迅速、利索，要一合到底，临近终点时不要用力过猛，以防撞击损坏闸刀开关。

（5）对使用中的闸刀开关要定期清扫和检查，发现问题及时处理，特别是灰尘较多的场所应注意除尘。

（6）闸刀开关在长期使用后，因闸刀拉弧过大或长期过载发热，会引起胶木盖炭化。炭是导电的，会导致短路。当发生炭化现象时，要及时处理，将烧焦的粉末刮去，如烧焦严重，应更换新件。

8.11　10kV 真空断路器的维护与检查事项

真空断路器是由绝缘强度很高的真空作为灭弧介质的断路器，其触头是在密封的真空腔内分、合电路的，触头切断电流时，仅有金属蒸汽形成的电弧，因为金属蒸汽的扩散及再复合过程非常迅速，从而能快速灭弧，恢复真空度，可经受多次分、合闸而不降低开断能力。真空断路器可作为输配电系统开关、厂用电开关、电炉变压器和频繁操作的高压电动机开关以及电容器组切投开关等。

10kV 真空断路器的维护与检查事项如下：

（1）应经常保持真空断路器的清洁，特别应注意及时清理绝缘子、绝缘杆和其他绝缘件的灰尘；对于真空灭弧绝缘外壳上的灰尘应用洁净的干布擦拭。

（2）凡是活动摩擦的部位，均应保持有干净的润滑油，使操动机构动作灵活，减少机械磨损。

（3）磨损较为严重的零件要及时给予更换。

（4）所有的紧固件均应定期检查，防止松脱。

（5）经常观察真空灭弧室开断电流时的颜色，如有怀疑应进行真空度检查，发现真空度不满足最低工作真空度要求时，应及时更换。

（6）经常观察接触行程量，若与规定值偏差过大，应及时调整。接触行程量的变化就是灭弧室触头的磨损量，因此每次对接触行程调整后必须做好记录，累计达到触头磨损厚度时，应更换灭弧室。灭弧室的更换必须注意要用同型号的灭弧室。

真空断路器运行过程中的全面检查和调整要视使用场合和操作频繁程度而定。对于那些不频繁操作的（具体地说，每年操作次数不超过机械寿命的 1/5 的），在寿命期间内，每年至少进行一次检查。如果操作次数较为频繁，那么在两次检查之间的操作次数不宜超过其机械寿命的 1/5。对于操作极为频繁或机械寿命、电寿命临近终了的开关，检查周期应适当缩短。检查和调整的项目除了真空度检查，开距及接触行程检查，触头压力检查，三相同步性能检查，分、合闸速度检查外，还应对操动机构各部分、外部电气连接、电气绝缘、控制电源辅助触点等进行检查。每次检查与调整一般都不要大拆大卸，并切勿任意改变其相对位置。

8.12　怎样配置熔断器保护

熔断器是一种用作过载和短路保护的电器，虽然它的断流能力较小，选择性差，熔体熔断后更换需要时间，不能迅速恢复供电，但由于它具有结构简单、使用维护方便、体积小、质量轻、价格低等优点，因此得到广泛应用。

熔断器主要由熔体和熔管（或熔座）组成。熔管是熔体的保护外壳，在熔体熔断时兼有灭弧作用。熔体是熔断器的主要部件，常做成片状或丝状，俗称保险丝。制造熔体的金属材料有两种，一种是易熔金属，如铅、锡、锌、镉等，由于熔点低所以对熔断器各部分的温度影响小，但不利于熄弧，分断能力差，一般只在小电流情况下使用；另一种是高熔点材料，如银、铜，它熄弧较容易，分断能力较高，可在大电流情况下使用，但会引起熔断器过热，过载保护作用较差。

1 熔断器在动力线路中一般只用作短路保护

每一种规格的熔体都有额定电流和熔断电流两个参数。通过熔体的电流小于其额定电流时熔体不会熔断，只有在超过额定电流并达到熔断电流时熔体才会产生一定热量而熔断。通过熔体的电流越大，熔体熔断越快。一般规定通过熔体的电流为额定电流的1.3倍时，应在1h以上熔断；通过电流为额定电流的1.6倍时，应在1h以内熔断；通过电流为额定电流的2倍时，应在30~40s后熔断；当电流达到8~10倍的额定电流时，熔体应瞬时熔断。可见熔断器对于过载时的保护很不灵敏，轻度过载熔断时间延迟很长，甚至不能熔断，因此在动力电路中一般只能用作短路保护。

2 熔断器在供电系统中的配置

熔断器在供电系统中的配置应符合选择性保护的原则，要使得故障范围缩小到最低限度。此外，还应考虑到经济性，尽量减少熔断器的使用数量。某放射型线路配置熔断器的合理方案如图 8-5 所示。

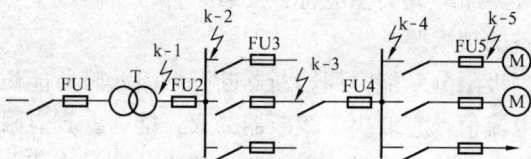

图 8-5　某放射型线路配置熔断器的合理方案

熔断器 FU5 是用来保护电动机及其支线的，当 k-5 处短路时，FU5 熔断切除后面故障线路。FU4 是主要用来保护动力配电箱母线的，当 k-4 短路时，FU4 熔断切除后面故障线路，同理 FU1 是用来保护电力变压器的。为了使故障范围缩小到最低程度，这些熔断器都应是靠近短路点的熔体首先熔断。而且，为了保障前后熔断器之间能选择性动作，一般要求前一级熔断器要为后一级作准备，如果后一级出现短路，因某些原因熔体未熔断时，前一级要承担后一级的保护作用。所以要求前一级熔体额定电流应比后一级熔体的额定电流大 2～3 级，以防越级动作，扩大停电范围。

3　熔断器规格的选择

只有正确地选择熔断器和熔体才能起到它应有的保护作用。一般应首先选择熔体规格，再根据熔体的规格来确定熔断器的规格。熔断器选择时应考虑以下条件：

（1）熔断器的额定电压应不低于线路的额定电压，否则在熔体熔断时有可能发生电弧不能迅速熄灭的危险，延长切断故障线路的时间。

（2）熔断器的额定电流（熔断器长期工作所能承受的电

流）应不小于所装熔体的额定电流（熔体本身长期工作而不致被熔断的最大电流）。

（3）熔断器的类型应符合安装条件（室内或室外）及被保护设备的技术要求。

（4）极限分断能力即熔断器断开网络故障所能切除的最大短路电流值，它取决于熔断器的灭弧能力。具有限流作用的熔断器分断能力很高，在短路电流未达到最大值前就可切断故障线路。

4 熔体规格的选择

（1）保护电力线路的熔体额定电流的选择。熔体额定电流 I_{RN} 应是使熔体在线路正常运行时不致熔断的电流值。熔体最小熔断电流为 I_{30}，则熔体的额定电流 I_{RN} 应满足 $I_{RN} \geqslant I_{30}$ 关系。

对照明、电炉等阻性负载电路的保护，熔体的额定电流应稍大于或等于负载的额定电流，可作短路保护和严重过载保护。

对动力线路，熔体的额定电流 I_{RN} 应躲过线路的尖峰电流 I_{Nmax}，以使熔体在线路出现正常的尖峰电流时也不致熔断。由于尖峰电流（如电动机的起动电流为额定电流的 4～7 倍）为短时间最大电流，而熔体加热熔断需要一定时间，要使电动机起动时熔体不熔断而短路时又能迅速切除故障线路，熔体额定电流应在电动机的额定电流和起动电流之间选择。即

$$I_{RN} \geqslant (1.5 \sim 2.5)I_N \qquad (8\text{-}14)$$

对供单台电动机的线路来说，应根据熔断器的特性和电动机的起动情况决定，起动时间在 3s 以下（轻负载起动），

熔体的额定电流 $I_{RN} \geqslant (1 \sim 2) I_N$，在 $3 \sim 8s$（重负载起动），$I_{RN} \geqslant (1.5 \sim 2.5) I_N$，对超过 8s 或反接制动、频繁起动的，$I_{RN} \geqslant (2 \sim 3.5) I_N$。对多台电动机的短路保护，考虑不可能同时起动的因素，熔体额定电流应大于或等于其中最大容量一台电动机额定电流的 $1.5 \sim 2.5$ 倍，再加上其余电动机额定电流的总和。即

$$I_{RN} \geqslant (1.5 \sim 2.5) I_{max} + \Sigma I_N \tag{8-15}$$

在电动机功率较大而实际负载较小时，熔体额定电流可适当小一些。

（2）保护电力变压器的熔体电流的选择。选择变压器的熔体额定电流时应考虑以下几个因素。

1）熔体电流要躲过变压器允许的正常过负载电流。因变压器在长期负载率较低的情况下，可允许在一定时间内正常过负载 $20\% \sim 30\%$，而在事故情况下运行时允许的过负载更多。

2）熔体电流要躲过来自低压侧的穿越性短路电流以及电动机自起动引起的尖峰电流。

3）熔体电流还要躲过变压器的励磁涌流（又称空载合闸电流）。变压器空载投入时，或者因外部故障切除后突然恢复电压时所产生的电流称为励磁电流，可高达变压器正常一次侧的额定电流的 $8 \sim 10$ 倍。如果选择的熔体额定电流躲不过励磁涌流，就可能在变压器空载投入或突然恢复电压时，使熔断器发生误动作。根据经验，保护变压器的熔体额定电流应满足

$$I_{RN} \geqslant (1.5 \sim 2) I_{1NT} \tag{8-16}$$

式中 I_{1NT}——变压器一次侧的额定电流。

（3）熔断器保护还应与被保护的线路相配合。在过载和短路引起绝缘导线或电缆过热受损甚至失火时，为使熔断器不发生熔体不熔断的事故，还应满足

$$I_{RN} \leqslant K_{aL} I_{aL} \qquad (8\text{-}17)$$

式中　I_{aL}——绝缘导线和电缆的允许载流量；

　　　K_{aL}——绝缘导线和电缆的允许短路过载系数。

如果熔断器只作短路保护时，对电缆和穿管绝缘导线，K_{aL}宜取 2.5；对明敷绝缘导线，K_{aL}宜取 1.5。如果熔断器既作短路保护还作过载保护时，如居民住宅建筑、重要仓库和公共建筑中的照明线路，有可能长时间过载（除裸导线外）的动力线路，以及在可燃建筑物构架上明敷的有延燃性外层的绝缘导线线路上 K_{aL}宜取为 1。如果按电力线路及变压器选择的熔体电流不满足 $I_{RN} \leqslant K_{aL} I_{aL}$ 的配合要求时，应改选熔断器的型号规格或者适当增大导线和电缆的线芯截面积。

8.13　怎样正确理解熔丝的作用

熔丝在电器设备中似乎很简单，几乎人人都会搭接熔丝，可不少人却不会正确地使用熔丝。

熔丝是圆形截面线型的金属熔体，俗称保险丝。它是爱迪生的发明之一，已有一百多年的历史。

熔丝保护（指可以任意更换熔丝的熔体保护方式，RL、RTO 型等一次性熔断保护方式不包括在内）是一种简单而有效的方法，已被广泛用作电网末端的小负载短路和严重过电流保护。越是简单的东西往往越容易被忽视。为此，对与熔丝有关的知识作如下介绍。

（1）究竟哪种金属熔丝好？

有资料认为只有低熔点金属丝如锡铅合金丝、铅丝才能做熔丝，用铜丝做熔丝是错误的。也有资料认为铝、铜和铁丝都可以做熔丝。实验分析证明：

1）熔断电流小于50A时用低熔点金属最好。低熔点金属耐腐蚀、运行温度低、熔断性能稳定。直径约为4mm的熔丝的熔断电流是50A。直径超过4mm的低熔点熔丝热惯性大、灭弧困难、搭接不方便，短路保护性能差。

2）低压50A以上的负载用铜丝较方便，而高压跌落式熔断器只能用铜或铜银丝。铜丝运行温度高、容易氧化、熔断性能不稳定，但机械强度高、熔断时间短，适宜用作较大负载的短路保护。

3）铝、铁丝很容易氧化，熔断性能极不稳定，不宜做熔丝。

（2）熔丝长期通电会逐渐老化而降低熔断电流吗？

在实际中，常常认为熔丝的意外熔断是老化造成的。习惯认为，老化后表面氧化肯定会降低熔断电流。但用0.1～4mm之间多种规格铅丝做实验，证明铅丝长期通电氧化后熔断电流不但不会降低，甚至反而略有增大。例如直径为1mm的铅丝，表面新鲜光洁时熔断电流为9A，长期通电严重氧化发黑后增至9.4A，增大约4%。

表面氧化对熔断电流有两方面影响：氧化层增加了相对辐射散热率，使熔断电流增大；氧化层减小了导电截面积，使熔断电流减小。铅丝受前者的影响超过后者，故熔断电流略有增大。铜丝在略低于熔点的高温下长期运行，氧化层逐渐加厚，导电截面积逐渐减小，这是铜丝熔断电流不稳定的主要原因。

装于 RM 型密闭式熔断器中的低熔点熔丝熔断性能非常稳定，用直径 2mm 铅丝作长期通电运行实验，连续通过90％熔断电流，1 年后其表面仍光洁如初，再实验其熔断电流亦无改变。

(3) 在熔丝中点处夹一个伤痕会降低熔断电流吗？

有的电工把粗熔丝中间用钳子夹一个伤痕，以降低熔断电流代替细熔丝，直观看来似乎有理。但把直径 2mm 铅丝夹一个 1mm 宽、0.5mm 深的伤痕再装入 RC 型 30A 瓷插式熔断器中实验，熔断电流与无伤痕一样都是 29A。这是因为伤痕虽使截面积略有减小，但散热面积却有所增大，两种相反的影响互相抵消。

(4) 铜丝中点焊上一个焊锡球会降低熔断电流吗？

有关资料将此法叫做利用冶金效应降低铜丝的熔断电流。冶金效应的机理是：当温度达到铜丝中点的焊锡球熔点时，焊锡球首先熔化并包围着铜丝，使铜丝表面生成一层电阻率大、熔点低的合金，降低了铜丝熔断电流。

有关实验证明，直径小于 0.3mm 者此效应很显著，熔断电流大约降低 20％以上，而且直径越小熔断电流降低的比例越大；0.3～0.5mm 则不显著；对大于 0.5mm 的铜丝则无明显作用。

(5) 气温升高，熔断电流会降低吗？

实验证明，当气温在－20～＋50℃间变化时熔断电流略有变化：

1) 低熔点熔丝熔断电流略有减小。如直径 1mm 铅丝在气温为 50℃时熔断电流为 20℃时的 97％，主要是气温升高使熔丝温升提高，即气温高时的散热温差减小，导致散热能力减小。

2) 铜丝熔断电流略有增大。如直径 1mm 铜丝 50℃时熔断电流为 20℃时的 105％，主要是气温升高使空气对流散热率增大造成的。而这时，气温升高使熔丝温升减小的影响很小。

如把裸露的熔丝置于速度为 10m/s 的气流中，熔断电流将显著增大，如直径2mm、长500mm铅丝的熔断电流可由 21.4A 增大到 44A。

(6) 同一种熔丝在不同的熔断器中的熔断电流相同吗？

不相同，甚至差别很大。设 $C=$ 熔断器的实际熔断电流/熔丝参考熔断电流，C 在 0.7~1.9 之间。

RM 型密闭式熔断器由于内外空气不能对流，散热率大大减小。竖放时热空气在上部积累，使熔丝在离顶端占全长 1/3 处熔断，而并非在中点熔断（平放时则和其他熔丝一样在中点熔断）。由于上述原因，RM 型密闭式熔断器竖放配低熔点熔丝时 C 常小于 1.0，甚至小至 0.7。

RC 型瓷插式熔断器是防护式熔断器，散热率较 RM 型高，C 平均在 1.3 左右。值得注意的是熔丝紧贴瓷体搭法（正规搭法）比熔丝悬离瓷体搭法熔断电流大，用直径 2mm 铅丝做实验，紧贴搭法熔断电流为 29A（$C=1.35$），悬离搭法熔断电流为 27A（$C=1.2$）。

(7) 什么是熔丝的参考熔断电流？

由上所述，同一种熔丝在不同情况下的熔断电流数值可能相差 10 多倍。那么，究竟以什么情况下的数值为熔丝的参考熔断电流呢？

实验和理论分析证明，应当以下述实验状态下的数值作为熔丝的参考熔断电流。实验状态为：

1) 熔丝长度 $L>200d$，排除纵向传导散热影响。

2）熔丝裸露水平放置在 20℃、正常气压的无风空气中，排除熔断器外壳和空气的影响。

对于直径 0.1～4mm 熔丝，其参考熔断电流 I_f 可近似按以下规则计算：

1）铅丝的 $I_f \approx 9d^{1.25}$。如 $d=2$mm，$I_f=21.4$A（熔断电流标注 30A，是指在熔断器中而言）。

2）锡 55 铅 45 合金丝的 $I_f \approx 8.25d^{1.25}$。如 $d=2$mm，$I_f \approx 19.6$A。

3）铜丝的 $I_f \approx 73.1d^{1.5}$。如 $d=1.6$mm，$I_f \approx 148$A。

（8）熔丝只能用于短路保护不能用于过载保护吗？

如果这种说法专指铜丝或大断流容量的成品熔断器，是对的。对于低熔点熔丝而言，它可以用于电流平衡电器的过载和短路保护，如电阻炉、电热器、白炽灯线路。

8.14　怎样选用避雷器

避雷器作为一种限制过电压设备，用来保护电气设备免受过电压的危害，在农电网络中已经得到极为广泛的应用。因避雷器的种类、规格、型号繁多，工作原理以及应用范围也有所不相同。为了便于农村电工对避雷器的选用，现就农电网络中常用避雷器介绍如下。

1 避雷器的性能与使用范围

在农电网络中使用最普遍的避雷器有阀式避雷器、管式避雷器和氧化锌避雷器三种。而这三种避雷器又各自有不同的保护对象和使用范围，应该采用阀式避雷器保护的电气设备决不应采用管式避雷器进行过电压保护，反之亦然。

（1）阀式避雷器的性能与使用范围。农电网络中最为常用的是普通阀式避雷器（FS 及 FZ 型避雷器）。该类阀式避雷器主要由多个单间隙串联组成的火花间隙，与以金刚砂为主体组成具有良好非线性电阻的阀片进行串联之后，密封在瓷套内而成。火花间隙的主要作用是切断工频电流和在过电压作用下被击穿泄放的雷电流。阀片电阻主要作用，则是消耗过电压能量以限制雷电流下泄形成残压值和限制工频电流的续流值。

在正常运行情况下，阀片电阻值非常大，使工频电流无法通过。当遭受雷电压的袭击时，阀片电阻在过电压的作用下阻值变得非常小，则强大的雷电流被导入大地，保护了电气设备的安全。当雷击过后，阀片电阻值自动恢复为原水平，且火花间隙也自动恢复原状，阻断了工频电流的通过，保证了电路的正常运行。

FZ 型和 FS 型两种阀式避雷器的主要区别是：FZ 型阀式避雷器的通流能力较大，另外它的冲击放电电压及残压值均较 FS 型阀式避雷器低，所以多将这类阀式避雷器用来保护发电机或变电站的电气设备；而 FS 型阀式避雷器的通流能力相对较小，故这种阀式避雷器多用于保护容量较小的配电变压器、柱上油开关等电气设备。

（2）管式避雷器的性能与使用范围。管式避雷器具有较高的灭弧能力。主要用作输、配电线路的防雷保护。

2　避雷器的选用

（1）阀式避雷器的选用。根据避雷器安装地点和系统的电压等级，选用额定电压与系统额定电压相等的阀式避雷器。

选择避雷器的原则主要是：系统在任何运行条件、状况下，被保护电气设备冲击放电电压，必须大于所选用避雷器的冲击放电电压；所选用的避雷器的灭弧电压必须大于安装地点系统在任何运行状况下的最高相电压；所选用的避雷器动作后的残压（应将过电压进行波在传递过程中因反射作用造成的峰值升高倍数考虑进去），必须小于被保护电气设备在通过与雷电流同样大小（5kA）、同样陡度（10/20μs）的电流时能够承受的最大电压值。

（2）管式避雷器的选用。与选用阀式避雷器一样，首先根据避雷器安装地点系统的额定电压，选用额定电压与系统额定电压相同的管式避雷器。另外，因为管式避雷器是采用自产气体灭弧的，而所产生气体的气压与电流大小有直接关系，电流过大将使管内产生的气压过高，有引起管身爆炸的危险；电流过小将使管内产生的气压过低，不足以起到熄灭电弧的作用。所以在选用管式避雷器时，还应根据其安装地点发生短路故障时产生的最大短路电流值及可能出现的最小短路电流值，对所选用的管式避雷器开断电流上、下限值进行校验。要求其短路电流最大值应小于管式避雷器开断电流的上限值，其短路电流的最小值应大于管式避雷器开断电流的下限值。

（3）氧化锌避雷器的选用。氧化锌避雷器是近年来研制出的一种新型避雷器，它具有残压低、通流量大、结构紧凑、保护性能好等优点。在可能的情况下应优先选用该类型避雷器。但因农电网络的高压部分基本上全是采用中性点不接地（或经消弧线圈接地）的 6～35kV 供电系统，在这类中性点对地绝缘的供电系统中，发生单相接地故障时，对不带间隙的氧化锌避雷器的安全运行将带来极为不利的影响。如果故障时发生弧光接地或产生谐振过电压，可使氧化锌避雷器发生爆炸而损坏。所以在农电网络中高压系统必须选用带间隙的氧化锌避雷器。

氧化锌避雷器的选用原则，仍然是根据安装地点系统的额定电压，选用其额定电压与系统额定电压相匹配的氧化锌避雷器。

另外，因为同一额定电压的氧化锌避雷器有多个不同等级的允许通流容量，为了安全可靠，建议在选用氧化锌避雷器时，应根据避雷器安装地点的雷电活动情况适当选用允许通流容量较大的氧化锌避雷器。

8.15 对配电室进行巡视的主要内容

农电工在检查巡视配电室或月底抄表时，除对设备外观进行检查巡视和抄读电能表数字外，还应注意检查巡视以下内容。

1 检查电压表指示是否正常

正常的线电压一般是 380V 左右，但配电室内配电盘上的电压表大多指示在 400V。若超出太多，就属不正常了。配电盘上若有电压转换开关，则应查看三相电压是否平衡或接近平衡。如果实际电压超过允许值，就应进行停电查找。应先拉开配电变压器的跌落式熔断器和低压开关，再检查分接开关的挡位是否正确合适，若挡位不合适，应根据实际情况调到合适挡位，再送上跌落式熔断器，测量低压侧电压是否正常。必须注意，调整变压器分接开关挡位时一定要在高、低压侧全部断开的情况下才能进行，调整变压器挡位并测量其直流电阻符合要求后才可对变压器送电。

2 检查电流表指示情况

从电流表的指示情况查看三相电流是否平衡。若为三相动力负载时，应查看其三相电流是否平衡或接近。若一相无电流则是缺相运行，应马上停电检查处理。若为纯照明用户，应在晚上进行最合适，如三相电流相差太大，则说明三相照明负载分配不匀，应及时对用户负载进行调整。

③ 检查配电盘内开关等元器件

应对母线、断路器及熔断器等设备的状况及颜色等进行观察。如果发现有一相、两相或三相全部发黄、变黑或烧焦异常，则说明负载过大，这可能是照明用户三相负载不平衡，使得该相过载。也可能是设备连接处松脱或接点接触不良，应及时停电处理。

④ 检查计量装置

应对电能表进行外观检查，看其是否有明显的机械损伤、烧坏现象，并观察计量装置是否有人为原因导致的计量装置不良现象。应重点对接线是否正确、表尾铅封是否完好，表尾接线是否良好，计量互感器螺钉有无松动，电压线是否松脱等进行检查。

8.16 跌落式熔断器自行释放后怎样处理

在配电变压器运行过程中，由于种种原因，会引起跌落式熔断器熔管自行释放，造成变压器缺相运行。此时，若强行恢复正常供电是不可行的，应根据不同的情况采取不同的对策。

① 非熔件熔断释放情况

（1）穿过熔件管的高压熔丝，是由熔件焊在编织导线上面制成的。由于焊接的不牢固或编织导线受螺钉紧固时的磨损作用，其本身的机械强度会降低，有时不足以拉紧熔件管上、下部的触头，甚至自行断裂，造成熔管释放。属于此种熔件断裂（并非熔断）而释放的，在更换高压熔丝后，可以立即送电。

（2）如果只有一只熔管释放，用绝缘拉杆取下后，若发现高压熔丝没有熔断，且拉力适中，熔管两端固定良好，则表明熔管释放的原因是由于振动或风力所致，可立即合上恢复变压器的正常运行。但合好后，一定要用绝缘拉杆轻轻地拉一下熔管上的拉环，以验证是否合闸良好。如果熔管被拉后再次释放，说明可能存在熔管长度调节不合适，动、静触头难以吻合，或绝缘子上端静触头上的止挡磨损严重，难以牢固卡住动触头等问题。前者可进行调节，后者则只能更换静触头，甚至整个跌落式熔断器。

（3）当三相熔管均处于释放状态，且高压熔丝又完好无损时，万不可轻易送电。因为该种情况极有可能是有人工作，人为地释放了熔件管。这时一定要查明原因，以防误送电，造成严重的后果。

2 熔件熔断释放情况

（1）熔管中的高压熔丝，对变压器的内部故障起着保护作用。当发现一只熔管释放，且属于熔件熔断所致时，再次送电的方法为：重新换好高压熔丝，把低压侧隔离开关拉开，使变压器处在空载状态，然后试送熔管。将跌落式熔断器动、静触头缓缓接触，观察动、静触头之间所产生的电弧，对于正常的变压器，由于此时只有空载电流，动、静触头之间不会产生大的电弧，说明熔管释放的原因是由于熔件使用过久劣化，难以承受标定的电流所致，因此可将熔管迅速合闸到位。为安全起见，送电后可将拉杆一端搭在变压器箱体上，耳朵贴近拉杆的另一端，仔细听一听送电后变压器

357

声音是否正常，以作进一步验证。

（2）当一只熔管因熔件熔断释放，在变压器空载状态下试送，动、静触头之间弧光很大时，或两只甚至三只熔管均因熔件熔断而同时释放时，都应认为变压器内部有故障，决不可盲目送电，以免造成故障进一步扩大。处理方法应该是：用2500V绝缘电阻表测量变压器的绝缘电阻，必要时用单臂或双臂电桥测试变压器绕组直流电阻，以进行准确判断。直流电阻标准是，相间绕组直流电阻的差别，一般不大于三相平均值的4%。

（3）经仪器检查，即使变压器内部无故障，也要对其油量以及外部接线有无异常变化等多种有碍变压器正常运行的因素进行全面详细地检查，尤其不可忽视故障相的绝缘子接地，当确认无误后，方可试送电。

8.17 怎样正确安装熔丝

熔丝俗称保险丝，是用电器具最简单、最常用的保护装置。若安装、使用不当，不该熔断时它却熔断了，有的加粗熔丝或用铝丝代替，就起不到保护的作用，这样就埋下了事故隐患。

安装熔丝的正确方法是：①固定熔丝应加平垫片；②熔丝端头绕向应与螺钉旋转方向一致，而且熔丝端头绕向不重叠；③固定熔丝的螺钉不要拧得过紧或过松，以接触良好又不损伤熔丝为佳；④当一根熔丝容量不够，需要多根并联使用时，彼此不能绞扭在一起，且应计算好熔丝的大小；⑤不要将熔丝拉得过紧或过于弯曲，以稍松些为好。

8.18　交流接触器的日常维护及
常见故障排除法

1 **交流接触器的日常维护**

(1) 对运行中的交流接触器，应定期对各部件进行检查，要求各转动部件应无卡阻，紧固元件无松脱等现象。若有损坏的零部件应及时维修或更换。

(2) 维修接触器时，必须切断电源，且进线端必须有明显可见的断开点。

(3) 触头表面应经常保持清洁，但不应涂油。当触头磨损后，应及时调整其超行程，当厚度只剩下 1/3 时，应及时更换同规格的触头。交流接触器触头表面的黑色氧化膜接触电阻很小，一般不必锉修。

(4) 应及时清除灭弧罩内碳化物和金属颗粒，以保持良好的灭弧性能，不得去掉灭弧罩带缺陷运行。

2 **交流接触器常见故障的维修法**

运行中的交流接触器常发生以下三种故障。

(1) 不能吸合。其原因一般是合闸线圈烧坏，导致接触器不能吸合，可通过测量线圈直流电阻进行判定，此时其电阻值比正常线圈的电阻值要大一些，这时应更换相同型号的新合闸线圈。

(2) 运行中的交流接触器发出金属碰击声。这种情况多属磁缸故障，可以通过用厚度适中的橡胶垫片垫于磁缸底部、在磁缸表面涂抹导电膏或更换新磁缸的办法进行维修。

(3) 接触器吸合不良。在吸合状态下测试上、下桩头接触电阻若为无穷大，则说明触点接触不良。可拆下触点，用细砂布仔细磨平，再涂上导电膏，若还是吸合不牢，可以在上、下壳体之间垫上厚度适中的垫片，使动、静触点之间距离适当减小，以达到吸合时更加紧密的目的。如触点烧损严重，应更换同型号的新触头。

8.19 低压熔断器在使用中常见的问题及处理方法

1 常见的问题

（1）在农村用电中，有些运行的熔丝（片）与隔离开关、低压熔断器（也称羊角保险）等熔断器具不配套，所用的熔丝（片）非长即短。长（大）的超出原定的丝（片）允许值，短（小）的连接不可靠，致使丝（片）载流量达不到标定熔件载流值。

（2）在熔丝（片）多次熔断后，由于弧光放电烧损，使压接熔件处的接触面凹凸不平，多数则不加修复即重接熔件。

（3）由于熔丝（片）频繁熔断，不查原因，轻易加大熔件规格，或用铜、铝导线代替熔件。

（4）熔丝（片）与熔断器具连接点的压紧垫片下压面积太小，使熔丝（片）与熔断器具的接触面小于标定熔丝（片）的载流面积，致使原定熔丝（片）不能发挥其应有作用。

2 处理办法

（1）合理选择熔断器具，应严格按照有关规程的要求，按设备参数进行计算后选用。

（2）选用熔丝（片）时，不应采用短路与过载兼顾的计算方案选配熔件，而应以短路保护的计算为依据。

（3）选用的熔丝（片）必须和使用的熔断器具配套。因为所有的电器元件都有它标定的参数与使用范围。

（4）对氧化严重或弧光烧损凹凸不平的低压熔断器刀开关、胶盖闸刀开关等保险器具，必须在其与熔丝（片）的接触面修复后，达到平整光滑才能重接熔件。

（5）固定熔丝（片）用的压紧圆垫片，其压紧的下压面积一定要大于或等于熔丝（片）的实际载流面积，以确保不减少熔件的标定载流量。

（6）重新更换的熔丝（片），其载流量应与原来选用的熔件载流量相同。不得随意更换不合格的熔件或用其他铜、铝等导体代替熔件。

（7）熔丝（片）的压紧力度不可过紧或过松，应施以适宜的力度，以使熔体既接触严密而又不受机械损伤。

8.20　怎样正确选择交流接触器

在电力拖动控制和其他控制方面用得最多的是交流接触器。正确选择交流接触器是控制线路安全可靠工作的重要保证。它的使用和选择，主要考虑主触点的额定电流、辅助触点的数量和种类、吸引线圈的电压等级、操作频率等因素。

1　主触点额定电流的选择

主触点的额定电流应大于或等于负载或者电动机的额定电流，也可参照表 8-2 按所控制的电动机容量进行选取。

如果接触器处于以下操作条件时：实际的操作频率超过允许值、反接制动、频繁正转或反转、频繁起动等，为了防止主触点的烧蚀和过早损坏，应降低接触器主触点的额定电流使用。

一般可降低一个电流等级，或将表 8-2 中可控制的容量减半选用。

表 8-2　　CJ10 系列接触器所能控制的电动机的最大容量

型　　号	额定电流（A）	可控制的笼型电动机的最大容量（kW）	
		220V	380V
CJ10-5	5	1.2	2.2
CJ10-10	10	2.2	4.0
CJ10-20	20	5.5	10.0
CJ10-40	40	11	20.0
CJ10-60	60	17	30.0
CJ10-100	100	30	50.0

2　接触器线圈的额定电压

在控制线路比较简单，所用接触器的数量较少的情况下，可直接选用 380V 或 220V。在线路复杂，用电器较多时，为了保证安全，可选用较低的电压值如 110、127V 或 220V 并由控制变压器供电。

3　增加中间继电器

接触器辅助触点的额定电流、种类和数量，只是为辅助触点的正常使用提供了一些限制条件，并不是选择接触器的主要依据。当辅助触点的有关参数不足时，可用增加中间继电器等方法解决。

8.21　怎样安装和维护低压配电屏

1　安装

（1）为方便检查和维修，配电屏前后、左右应留有通道，屏前为 1.5m，屏后、屏侧为 1.0m，通道上不准堆放杂物。

（2）安装要牢固，屏架与地面垂直，操作时不应有明显晃动。

（3）各电气连接点应紧固，连接螺栓应采用镀锌标准件，并加装弹簧垫圈，保证可靠连接。

（4）配电屏所用电器应按所控制的设备容量和负载情况合理选择，并使用合格产品，严禁使用伪劣低压电器。

（5）如果配电屏的引入、引出线采用的是铝芯绝缘导线，应使用铜铝过渡线夹，保证接触良好。

（6）配电屏的金属框架应可靠接地。

2　维护

（1）配电屏上的指示仪表和信号灯应保持完好，指示正确，损坏后应按原规格、型号及时更换。

（2）检查配电屏主电路的主控设备（如刀开关、接触器等）的操动机构是否灵活可靠，三相分合闸是否同期，灭弧装置是否完好，触头有无烧蚀现象。应及时更换损坏的电器设备，防止配电屏带病工作。

（3）检查配电屏的电气连接部位有无松动、过热变色和烧坏现象，如有需查明原因并及时处理。

（4）观察配电屏指示仪表，看三相电压是否相同，三相负载是否平衡，如果三相负载的不平衡度超过 20%，应做好调载工作。

（5）熔断器的熔体，应与实际负载相匹配，经常检查熔丝有无烧损情况，及时更换烧损的熔丝。

（6）负载高峰期应加强巡视，检查的重点是变压器是否过载，各连接点是否发热严重，必要时须停用部分设备。

（7）线路和设备发生事故后，应重点检查熔断器和其他保护设备的动作情况，查明事故范围内的设备有无烧伤和损坏情况。

（8）雷雨季节检查配电室有无漏水现象，电线电缆沟是否进水，瓷绝缘有无闪络放电现象。

（9）检查配电屏二次回路导线的绝缘是否破损，二次回路工作是否正常。

（10）每年至少摇测绝缘电阻两次，母线间绝缘电阻不应低于 100MΩ，断路器、隔离开关、接触器、互感器的绝缘电阻不应低于 10MΩ，二次回路的对地绝缘电阻不应低于 2MΩ。

（11）对装有剩余电流动作保护装置的低压配电屏，应坚持每天对剩余电流动作保护装置试跳一次，若发现失灵，应及时处理，以确保人身安全。

（12）定期清扫配电屏上的灰尘，保持配电室内外卫生。

8.22 怎样根据熔丝熔断情况判断故障性质

熔丝是电器设备及家庭用电的安全保护元件，一旦线路发生故障便自行熔断，可有效地保护设备和线路的安全。经验表明，根据熔丝熔断的情况，可迅速判断故障的性质。

（1）熔丝的中部产生较小的断口。这是因为流过熔丝的电流在较长时间内超过了其额定值，熔丝两端的热量可经压接螺钉散发掉，而中间部位热量聚集不散以致熔断。因此这样的故障现象是线路过载。此时应查明过载原因，并核实熔丝选择是否正确，重新压接新的熔丝。

（2）熔丝外露部分全部熔爆，仅有螺钉压接部分残存。

这是因为中间部位导体截面积小，不能承受强大的瞬时电流冲击，因而在此部位烧断。由此可以认为线路或用电器发生了短路故障。此时，应彻底查明故障点，不可盲目地加大熔丝，以免造成更大地危害。

（3）断口在压接螺钉附近，且断口较小。这种状态往往可以看到螺钉变色，产生氧化现象。这是由于压接不紧或螺钉松动所致。此时应清理（或更换）螺钉，重新压接相同容量的熔丝即可。

8.23　怎样绘制识读控制电路原理图

根据国家标准，绘制、识读控制电路原理图应遵循下述原则：

（1）电气原理图一般分为电源电路、主电路、控制电路、信号电路及照明电路等部分。

电源电路在图的上部水平画出，电源开关也要水平画出。直流电源正端在上，负端在下画出，三相交流电源按相序 L1、L2、L3 由上而下依次排列画出，中性线 N 和保护地线 PE 画在相线下面。主电路是指受电的动力装置和保护电路，它通过工作电流。主电路垂直于电源电路，需在图纸的左侧。

控制电路是指控制主电路工作状态的电路。信号电路是指显示主电路工作状态的电路。照明电路是指实现设备局部照明的电路。这几种电路通过的电流较小。在原理图中垂直于电源电路，依次画在主电路右侧。电路中的耗能元件，例如接触器的线圈、继电器的线圈、信号灯、照明灯等，要画在电路的下方，电器触头一般都画在耗能元件的上方。

（2）控制电路原理图中，各电器的触头位置都按未通电或电器未受外力作用时的常态位置画出。

（3）控制电路原理图中，各电器元件均采用国家规定的统一图形符号画出。

（4）控制电路原理图中，同一电器的各元件按其在电路中所起的作用分别画在不同的电路中。但它们的动作相互关联，并标注相同的文字符号。若图中相同的电器不止一个时，要在电器文字符号后面加上序数以示区别。

（5）控制电路原理图中，对有直接电联系的交叉导线连接点，用小黑圆表示。

8.24 引起农村移动式用电设备触电事故的原因

农村移动式用电设备种类较多，例如电夯、振动机、升板机、脱粒机、剥皮机、面粉机、电焊机等。这些电动设备多属于移动式，使用时人体与设备直接接触，很容易出现设备带电触电事故。其原因分析如下。

（1）农村移动电气设备使用人员未经专门的安全技术培训，谁用谁操作，缺乏电气安全技术常识，防范能力差。

（2）移动电气设备在操作人员的直接接触下运行，因而人体与设备之间的接触电阻很小，一旦这些设备外壳带电，通过人体的电流很大，会成触电事故。同时，人体一旦触电，由于肌肉的收缩又难以摆脱带电设备，更容易造成严重的伤亡事故。

（3）移动电气设备的电线极易受到拉扯摩擦损伤，连接处极易松脱，会造成人为的金属外壳带电。

（4）移动电气设备在工作时，本身振动大，大多在室外露天或恶劣条件下运行，所以设备容易受损或绝缘破坏而产生漏电。

（5）移动电气设备无专人维修保管，使用后不检查，不清理，不入库，随意堆放，使设备寿命缩短，质量下降。

（6）使用移动电气设备前，不认真检查，随意接电使用。

8.25　电气工程中是怎样使用颜色标志的

电气工程中使用的各种颜色标志是向运行或检修人员发出的各种不同信息，供人们迅速、准确地判断自己所处的环境，达到安全生产的目的。因此，电工必须掌握各种颜色在不同场合的应用。

红色。用来表示禁止、停止和消防。如标示牌"禁止合闸，线路有人工作"用红底白字；"禁止合闸，有人工作"用白底红字；"止步，高压危险"用白底红边黑字，且标有红色箭头。变电站控制柜上的信号灯，红灯即表示电路处于通电状态。这种红色信号均属提醒人们提高警惕，禁止触动。

黄色。用来表示注意危险。如标示牌"当心触电"、"注意安全"等都用黄色作为底色。提醒人们不要草率行动。

蓝色。用来表示强制执行。如"必须戴安全帽"、"必须戴安全手套"、"必须穿绝缘鞋（靴）"等。

绿色。用来表示安全无事的环境。如标示牌"已接地"、"在此工作"、"由此上下"等都用绿色作为底色。告诉人们生产场所十分安全或已经采取安全措施了。

黑色。用来绘制警告标示牌的各种几何图形，书写警告文字，达到一目了然的目的。如标示牌"在此工作"、"由此上下"采用绿底黑字；"止步，高压危险"、"禁止攀登、高压危险"采用白底红边黑字。

此外，电工色在电网中还有其他用途。

如 L1、L2、L3 三相的相别分别用黄、绿、红色表示等。

在断路器或刀开关的合闸位置上，应有清楚的红底白字的"合"字；分闸位置上，应有清楚的绿底白字的"分"字。

家用电器中的接地线，用黄、绿双色线表示，这种色标已为国际所采用，比过去接地线用黑色更有安全感。

8.26　预防三相四线制中性线断线的措施

（1）平衡三相负载。努力平衡三相负载，使中性线电流尽量减少，据 DL/T 572—2010 规定：Yyn0 接线的配电变压器中性线电流不得大于变压器额定电流的25%。

（2）加大中性线导线截面积。DL/T 499—2001 规定，三相四线制中性线可选用较相线截面积小的导线，但不宜小于相线截面积的 50%。但实际运行中，中性线电流有时可能出现与相线电流相等的情况，应尽量采用与相线截面积相同的导线，这样既可防止断线，又可降低线损，减少压降，同时便于施工备料与维护。

（3）消除铜铝线接头。在三相四线制电网中，电气设备为铜线，而连接导线多为铝线，铜铝接头随时可见。在长期运行中产生铜铝电化腐蚀，造成接触不良，接头过热而烧断。为此，要采用铜铝过渡线夹，消除铜铝接头。

（4）加强配电网设计施工管理和更新改造。对于新建线路应加强设计施工管理，施工应符合规程标准和设计要求，防止偷工减料。对于陈旧线路，线径过细或常年失修者，要加强更新改造，以防中性线断线事故的发生。

（5）配电线路要做好重复接地。变压器及主干线、主要分支线、接户线入口处均应做好重复接地。

（6）加强配电网络运行管理，提高运行维护人员的专业技术水平，定期测量配电变压器负载，发现问题及时处理，尽量将负载分配均匀。

8.27　农村电网电压质量差的原因及改善措施

1　低压线路供电半径超出规定范围

（1）原因。有关规定指出，低压供电半径不得超过0.5km，但有的农村电工只考虑了供电半径没有超出规定范围，而忽视了导线截面积和实际用电负载的问题，也会致使电压低。按照 DL/T 499—2001 规定，配电变压器二次输出电压应满足两个要求：①对三相 380V 供电电压允许偏差为额定电压的±7%（即最高电压不应超过 407V，最低电压不应低于 353V）；②220V 单相供电电压允许偏差为+5%（即最高电压不得超过 231V）、−10%（即最低电压不得低于198V）。

（2）应采取的措施。在低压电网的建设和改造中必须合理选择导线的截面积。用电负载的大小，输送电能的距离远近以及保证规定的电压损失等，取决于导线截面积的大小和材质。计算导线截面积和电压损失有两个简单经验公式。

1）根据电压损失，校验现已使用的导线截面积是否符合要求，其公式为

$$\Delta U(\%) = \frac{M}{CS} \times 100\% \tag{8-18}$$

式中　ΔU（%）——实测的电压损失百分数；

　　　　M——负荷矩，kW·m；

　　　　S——导线截面积，mm²；

　　　　C——电压损失计算常数，对三相四线制
　　　　　　380/220V 时，铜导线取 83、铝导线
　　　　　　取 50，单相 220V 时，铜导线取 14、
　　　　　　铝导线取 8.3。

2）根据电压损失选择导线截面积的公式为

$$S = \frac{M}{C \Delta U} \tag{8-19}$$

根据式（8-18）和式（8-19），计算出所使用的导线截面积、电压损失、负载以及输电距离，看看究竟是哪个方面的原因造成电压低，就可对症采取整改措施。

2　及时调整配电变压器箱盖上的分接开关挡位

一般配电变压器有三个调压位置，即Ⅰ—Ⅱ—Ⅲ。Ⅰ的位置+5%挡，表示一次侧可接至比额定电压高5%的电源上，而保持二次输出电压为额定值；Ⅱ是额定电压挡，即一次侧是额定电压，二次输出电压也是额定电压；Ⅲ是-5%挡，表示一次侧比额定电压低5%时，二次侧仍可输出额定电压。农用变压器的分接开关多采用无励磁的调压方式，所以必须停电后方能进行调压，应先做好安全措施再调节分接开关，调整完后应用电桥或万用表对各相直流电阻值进行测

量，各相差值不能超过 2%。

3　克服"卡脖子线"造成的低压系统中局部电压低的现象

所谓局部是指某分路、干线、分支以及迂回线等。造成分路、干线、分支线电压低的原因是，当用电大量增加后，而仍使用原来的导线，显然导线的截面积太小。另外，照明用电采取就近接线，房串房、户串户，致使末端用户电压很低，尤其是线路中的"卡脖线"影响最明显。所谓"卡脖线"就是线路中间线径小，而首端和末端线径参差不等。这种线路应进行改造，通过改造把大截面导线放在首端、中间，而小截面导线安装在末端。

4　三相负载严重不平衡造成某相电压过低

一般造成三相电压严重不平衡的原因主要是：单相用电负载不均衡，如家用潜水泵、单相电焊机、电炉、单相空调等，集中接在某一相上；再则因某相接头接触不良等也会造成电压过低，应查明具体原因及时处理。

5　用电时间过于集中、负载骤然增加导致电压下降

这种情况一般均属配电变压器量太小，由于实际用电量大大超出变压器的实际容量。因而使配电变压器严重超负载，致使二次输出电压降低。应采取的措施：①按分路定时（限时）供电；②工副业用电尽量避开高峰时间用电，保证农户生活照明用电；③最好调换大容量变压器。

6　对低压电网进行合理的无功补偿

（1）对配电变压器进行无功补偿（随器补偿）。根据农村低压电网的负载特点，应对配电变压器进行无功补偿，将电容器并接在低压母线上，并装设自动投切装置，它可以根据无功的大小自动投入或退出电容器的容量，以免出现过补

偿，向系统倒送无功，产生过电压威胁用电设备和电容器的安全。

（2）对配电线路进行无功补偿。在配电线路上选择最佳容量和最佳补偿点，安装适当的无功补偿电容器进行补偿。

（3）对电动机进行无功补偿（随机补偿）。对电动机随机补偿能够就地平衡无功负载，有效地抑制动态无功，从而使安装点以上的配电线路输送的无功减少，补偿效果最佳。其补偿容量不宜过大，电容器放电电流以不大于电动机的空载电流为宜。

8.28 跌落式熔断器常见故障及防范措施

1 跌落式熔断器的常见故障

（1）烧坏熔管。跌落式熔断器烧坏熔管的故障一般都发生在熔丝熔断后，由于熔丝熔断后熔管不能自动跌落，这时电弧在管子内未被切断形成了连续电弧而将管子烧坏。熔管常因上下转动轴安装不正、转轴部分粗糙转动不灵活、被杂物阻塞、阻力过大等原因，以致当熔丝熔断时，熔管仍短时保持原状态不能及时跌落，灭弧时间延长而造成烧坏。

（2）熔管误跌落。熔管不能正常跌落的主要原因是有些熔管尺寸与跌落式熔断器固定接触部分尺寸匹配不合适而松动，一旦遇到大风就会被吹落，有时由于操作后未进行检查，稍一振动便自行跌落。再者，熔断器上部触头的弹簧压力过小，且在鸭嘴（跌落式熔断器上盖）内的直角凸起处被烧伤或磨损，不能挡住熔管也是造成跌落式熔断器误跌落的原因。还有，跌落式熔断器安装角度（即跌落式熔断器轴线与垂直线之间的夹角）不合适时，也会影响熔管跌落的时间。另外，有时由于熔丝附件太粗，熔管孔太细，即使熔丝熔断，熔丝元件也不易从管中脱出使熔管不能迅速跌落。

（3）熔丝误断。①跌落式熔断器额定熔断容量小，其下限值小于被保护系统的三相短路容量，造成熔丝误熔断。如果重复发生，常常是因为熔丝选择的过小或与下一级熔丝容量配合不当，发生越级误熔断。这类事故，可能是因为换用大容量的变压器后，未随之更换大容量的熔丝所致。②熔丝质量差，其焊接处受到温度及机械力的作用后脱开，也会发生误断。③锡合金焊接的和带丝弦或弹簧的老式熔丝，因受到温度影响后会改变性能，且易氧化生锈，易发生误熔断。

2　防止跌落式熔断器故障的主要措施

（1）合理选择跌落式熔断器。10kV跌落式熔断器适用于空气中无导电粉尘、无腐蚀性气体及无易燃、易爆等危险性的环境。其选择应按照额定电压和额定电流两项参数进行，也就是熔断器的额定电压必须与被保护设备（线路）的额定电压相符。熔断器的额定电流应大于或等于熔体的额定电流。而熔体的额定电流可选为额定负载电流的1.5~2倍。此外，应按被保护系统三相短路容量，对所选定的熔断器进行校核。保证被保护系统三相短路容量小于熔断器额定断开容量的上限，但必须大于额定断开容量的下限。若熔断器的额定断开容量（一般是指其上限）过大，很可能使被保护系统三相短路容量小于熔断器额定断开容量的下限，造成在熔体熔断时难以灭弧，最终引起熔管烧毁、爆炸等事故。

（2）正确安装跌落式熔断器。

1）10kV跌落式熔断器安装在户外时，相间距离应大于350mm。并应牢固可靠地安装在离地面垂直距离不小于4m的横担（构架）上。若安装在配电变压器上方，应与配电变压器的最外轮廓边界保持 0.5m 以上的水平距离，以防熔管掉落引发其他事故。

2）安装时应将熔体适当拉紧，否则容易引起触头发热，所使用的熔体必须是正规厂家的标准产品，并具有一定的机械强度。

3）熔管应有向下 25°～30° 的倾角，熔管的长度应调整适中，要求合闸后鸭嘴舌头能扣住触头长度的 2/3 以上，以免在运行中发生自行跌落的误动作。但熔管不可顶死鸭嘴，以防止熔体熔断后熔管不能及时跌落。

（3）正确操作跌落式熔断器。

1）在拉闸操作时，一般规定为先拉开中间相，再拉开背风相，最后拉开迎风相。这是因为配电变压器由三相运行改为两相运行，拉开中间相时所产生的电弧火花最小，不致造成相间短路。其次是拉开背风相，因为中间相已被拉开，背风相与迎风相的距离增加了一倍，即使有过电压产生，造成相间短路的可能性也很小。最后拉开迎风相时，仅有对地的电容电流，产生的电火花则已很轻微。

2）合闸时操作顺序与拉闸时相反，即先合迎风相，再合背风相，最后合上中间相。

3）拉、合闸操作时要用力适度，合好后，要仔细检查鸭嘴舌头能紧紧扣住舌头长度的 2/3 以上，可用拉闸杆钩住上鸭嘴向下压几下，再轻轻试拉，检查是否合好。

（4）加强跌落式熔断器的运行维护。为使跌落式熔断器能安全、可靠的运行，除按规程要求严格地选择正规厂家生产的合格产品及配件（包括熔件等）外，在运行维护管理中应特别注意以下事项。

1）熔断器的额定电流与熔体及负载电流值匹配是否合

适，若匹配不当必须进行调整。

2）每次操作熔断器都必须仔细认真，不可粗心大意，特别是合闸操作，必须使动、静触头接触良好。应注意检查熔断器转动部位是否灵活，是否有锈蚀、零部件损坏、弹簧锈蚀等异常。

3）必须使用标准的合格熔体，禁止用铜丝、铝丝等代替熔体，严禁用铜丝、铝丝及铁丝将触头绑扎住使用。

4）对新安装或更换的熔断器，要严格实行验收手续，必须满足规程质量要求，熔管安装角度要达到25°左右的倾斜角要求。

5）熔体熔断后应更换新的同规格熔体，不可将熔断后的熔体连接起来再装入熔管继续使用。

6）应定期对熔断器进行巡视，同时，每月不少于一次夜间巡视，查看有无放电火花和接触不良现象，若有放电，并伴有"嘶嘶"的响声，要及时安排处理。

8.29 引起交流接触器电磁系统噪声大的原因及处理方法

交流接触器的电磁系统在运行中发出轻微的"嗡嗡"声是正常的，若声音过大或异常，可判定电磁系统发生故障，主要有以下几个方面。

（1）衔铁与铁心的接触面接触不良或衔铁歪斜。

衔铁与铁心经多次吸和碰撞后，使接触面磨损或变形，或接触面上有锈垢、油污、灰尘等，都会造成接触面接触不良，导致吸合时产生振动和噪声，使铁心加速损坏，同时会使线圈过热，严重时甚至会烧毁线圈。

如果振动是由铁心端面上的油垢引起，可拆下后进行清洗。如果是由端面变形或磨损引起，可用细砂布平铺在平板上，来回推动铁心将端面修平整。对 E 形铁心，维修中应注意铁心中柱接触面间要留有 0.1～0.2mm 的防剩磁间隙。

（2）短路环损坏。交流接触器在运行过程中，铁心经多次吸和碰撞后，嵌装在铁心端面内的短路环有可能断裂或脱落，此时铁心会产生强烈的振动，发出较大噪声。短路环断裂多发生在槽外的转角和槽口部分，维修时可将断裂处焊牢或照原样重新更换一个，并用环氧树脂加固。

（3）机械方面的原因。如果触头压力过大或因活动部分受到卡阻，使衔铁和铁心不能完全吸合，都会产生较强的振动和噪声，出现这种情况应及时调整和修理，避免事故扩大。

8.30 引起交流接触器触头过热的原因及处理方法

1 原因

交流接触器动、静触头之间存在着接触电阻，有电流通过时便会发热，正常情况下触头的温升不会超过允许值。但当动、静触头之间的接触电阻过大或通过的电流过大时，触头便会发热严重，使触头温度超过允许值，造成触头特性变坏，甚至产生触头熔焊。

2 处理方法

（1）通过动、静触头之间的电流过大。交流接触器在运行过程中，触头通过的电流必须小于其额定电流，否则会造成触头过热。触头电流过大的原因主要有系统电压过高或过低、用电设备超负载运行、触头容量选择不当和故障运行。在选择交流接触器时，必须满足其触头允许通过的电流大于或等于最大负载电流的要求；运行中要尽量避免电压过高或过低及用电设备超负载运行的不良现象的发生。

（2）动、静触头间接触电阻过大。接触电阻是触头的一个重要参数，其大小关系到触头的发热程度。造成触头间接触电阻增大的原因有：①触头压力不足。不同规格和结构形式的接触器，其触头压力的值是不同的。对同一规格的接触器而言，一般是触头压力越大，接触电阻越小。触头压力弹簧受到机械损伤或电弧高温的影响而失去弹性，触头长期磨损变薄等都会导致触头压力减小，接触电阻增大。遇此情况，首先应调整压力弹簧，若经调整后压力仍达不到标准要求，则应更换新触头。②触头表面接触不良。造成触头表面接触不良的原因主要有：油污和灰尘在触头表面形成一层电阻层；铜质触头表面氧化；触头表面被电弧灼伤、烧毛，使接触面积减小等。对触头表面的油污，可用煤油或四氯化碳清洗；铜质触头表面的氧化膜可用小刀轻轻刮去。但对银或银基合金表面的氧化层可不作处理，因为银氧化膜的导电性能与纯银相差不大，不影响触头的接触性能。对电弧灼伤的触头，应用刮刀或细锉修整。对于通过较大电流的接触器触头表面，不要求修整的过分光滑，过分光滑会使接触面减小，接触电阻反而增大。

维修人员在修整触头时，不应刮削或锉削太严重，以免影响触头的使用寿命。更不允许用纱布或砂轮修磨，因为在修磨触头时纱布或砂轮会使砂粒嵌在触头表面，反而导致接触电阻增大。

8.31 电力电容器的运行管理

（1）电容器组应采用适当的保护措施，如采用平衡或差动继电保护或采用瞬时作用过电流继电保护，对于 3.15kV 及以上的电容器，必须在每个电容器上装置单独的熔断器，熔断器的额定电流应按熔丝的特性和接通时的涌流来选定，一般以 1.5 倍电容器的额定电流为宜，以防止电容器油箱爆炸。

（2）除上述常用的保护形式外，在必要时还应采用下面的几种保护。

1）如果电网电压经常升高且时间较长，则需采取措施使电压升高值不超过 1.1 倍的额定电压。

2）采用合适的过电流自动开关进行保护，使电流升高值不超过 1.3 倍的额定电流。

3）在架空电力线路上连接的电力电容器，可采用合适的避雷器来进行大气过电压保护。

4）在高电压网络中，短路电流超过 20A 时，并且短路电流的保护装置或熔丝不能可靠地保护对地短路时，则应采用单相短路保护装置。

（3）电力电容器的保护应符合以下几项要求。

1）保护装置应有足够的灵敏度，不论电容器组中单台电容器内部发生故障，还是部分元件损坏，保护装置都能可靠地动作。

2）能够有选择地切除故障电容器，在电容器组电源全部断开后，便于检查出已损坏的电容器。

3）在电容器停送电过程中及电力系统发生接地或其他

故障时，保护装置不能有误动作。

　　4）保护装置应便于进行安装、调整、试验和运行维护。

　　5）消耗电量要少，运行费用要低。

　　(4) 电容器不允许装设自动重合闸装置，相反应装设无压释放自动跳闸装置。这是因为电容器放电需要一定时间，当电容器组的开关跳闸后，如果马上重合闸，电容器是来不及放电的，在电容器中就可能残存着与重合闸电压极性相反的电荷，这将使合闸瞬间产生很大的冲击电流，从而造成电容器外壳膨胀、喷油甚至爆炸。

8.32　运行中电容器的维护和保养

　　(1) 电容器室应有值班人员，应做好设备运行情况记录。

　　(2) 对运行的电容器组的外观巡视检查，应按规程规定每天进行一次，如发现箱壳膨胀应停止使用，以免发生故障。

　　(3) 检查电容器组每相负载时可用安培表进行。

　　(4) 电容器组投入时环境温度不能低于−40℃，运行中环境温度 1h 内平均不超过 +40℃；2h 内平均不得超过 +30℃；一年内平均不得超过 +20℃。如达不到此要求时，应采用人工冷却（安装风扇）或将电容器组与电网断开的办法。

　　(5) 安装地点的温度检查和电容器外壳上最热点温度的检查可以通过水银温度计等进行，并应做好温度测试记录。

　　(6) 电容器的工作电压和电流，在运行中不得超过 1.1 倍的额定电压和 1.3 倍的额定电流。

（7）电容器投入后，将引起电网电压升高，特别是负荷较轻时更为明显，在此种情况下，应将部分电容器或全部电容器从电网中退出。

（8）电容器套管和支持绝缘子表面应清洁、无破损、无放电痕迹，电容器外壳应清洁、不变形、无渗油，电容器和铁架子上应保持清洁。

（9）必须高度注意电容器组的通电汇流排、接地线、断路器、熔断器、开关等处的连接可靠性。因为在线路上若有一个连接处连接不良，甚至螺母旋得不紧，都可能使电容器早期损坏和使整个设备发生事故。

（10）如果电容器在运行一段时间后，需要进行耐压试验，则应按规定值进行试验。

（11）对电容器电容和熔丝的检查，每个月不得少于一次。在一年内要测电容器的介质损耗角 $\tan\delta$ 2～3 次，目的是检查电容器的可靠情况，每次测量都应在额定电压下或近似于额定值的条件下进行。

（12）若由于继电器动作而使电容器组的断路器跳闸，此时在未找出跳闸原因之前，不得重新合闸。

（13）在运行或运输过程中如发现电容器外壳漏油，可以用锡铅焊料钎焊的方法修理。

8.33　电力电容器的操作及注意事项

1 电力电容器的接通和断开

（1）电力电容器组在接通前应用绝缘电阻表检查放电网络是否良好。

（2）接通和断开电容器组时，必须考虑以下几点。

1）当汇流排（母线）上的电压超过 1.1 倍的额定电压最大允许值时，禁止将电容器组接入电网。

2）在电容器组自电网断开后 1min 内不得重新接入，但自动重复接入的电容器组除外。

3）控制电容器组的断路器应选用不能产生危险过电压的断路器，并且断路器的额定电流不应低于 1.3 倍电容器组的额定电流。

2　电力电容器的操作

（1）在正常情况下，全部停电操作时，应先断开电容器组断路器后，再断开各路出线断路器。恢复送电时应与此顺序相反。

（2）事故情况下，全所无电后，必须将电容器组的断路器断开。

（3）电容器组断路器跳闸后不准强送电。保护熔丝熔断后，未经查明原因之前，不准更换熔丝送电。

（4）电容器组禁止带电荷合闸。电容器组再次合闸时，必须在断路器断开 3min 之后才可进行。

3　电力电容器的放电

（1）电力电容器每次从电网中断开后，应该自动进行放电。使其端电压迅速降低，不论电容器额定电压是多少，在电容器从电网上断开 30s 后，其端电压应不超过 65V。

（2）为了保护电容器组，自动放电装置应装在电容器断路器的负荷侧，并常与电容器直接并联（中间不准装设断路器、隔离开关和熔断器等）。具有非专用放电装置的电容器组，例如：对于高压电容器用的电压互感器，对于低压电容器用的白炽灯泡，以及与电动机直接连接的电容器组，可以不另装放电装置。使用灯泡作放电装置时，为了延长灯泡的使用寿命,应适当增加灯泡串联数量。

(3)在接触自电网断开的电容器的导电部分前,即使电容器已经自动放电,还必须用绝缘的接地金属杆,短接电容器的出线端,进行单独放电。

8.34 电容器的故障处理与注意事项

1 电容器的故障处理

(1)当电容器喷油、爆炸着火时,应立即断开电源,并用砂子或干式灭火器灭火。此类事故多是由于系统内、外过电压,电容器内部严重故障所引起的。为了防止此类事故发生,要求单台熔断器熔丝规格必须匹配,熔断器熔丝熔断后要认真查找原因,电容器组不得使用重合闸,跳闸后不得强送电,以免造成更大事故。

(2)若电容器的断路器跳闸,而分路熔断器熔丝未熔断。应对电容器放电 3min 后,再检查断路器、电流互感器、电力电缆及电容器外部等情况。若未发现异常,则可能是由于外部故障或母线电压波动所致,经检查正常后,可以试投,否则应进一步对其保护装置做全面的通电试验。通过以上的检查、试验,若仍找不出原因,则应拆开电容器组,逐台进行检查试验。在未查明原因之前,不得试投运。

(3)当电容器的熔断器熔丝熔断时,应向值班调度员汇报,待取得同意后,再断开电容器的断路器。在切断电源并对电容器放电后,先进行外部检查,如套管的外部有无闪络痕迹、外壳是否变形、漏油及接地装置有无短路等,然后用绝缘电阻表摇测极间及极对地的绝缘电阻值。如未发现故障迹象,可更换合格熔断器熔丝后继续投入运行。如经送电后熔断器的熔丝仍熔断，则应退出故障电容器，并恢复对其余部分电容器送电运行。

2 **处理故障电容器时应注意的安全事项**

处理故障电容器应在断开电容器的断路器，拉开断路器两侧的隔离开关，并在电容器组经放电电阻放电后进行。电容器组经放电电阻（放电变压器或放电电压互感器）放电以后，由于部分残存电荷一时放不尽，仍应进行一次人工放电。放电时先将接地线接地端接好，再用接地棒多次对电容器放电，直至无放电火花及放电声为止，然后将接地端固定好。由于故障电容器可能发生引线接触不良、内部断线或熔丝熔断等，因此会有部分电荷未放尽，所以检修人员在接触故障电容器之前，还应戴上绝缘手套，先用短路线将故障电容器两极短接，然后方可动手拆卸和更换。

对于双星形接线的电容器组的中性线以及多个电容器的串接线上，还应单独进行放电。

电容器在变电站各种设备中属于可靠性比较薄弱的电器，它比同级电压的其他设备的绝缘较为薄弱，内部元件发热较多，而散热情况又欠佳，内部故障机会较多，制造电力电容器内部材料的可燃物成分又大，所以运行中极易着火。因此，对电力电容器的运行应尽可能地创造良好的低温和通风条件。

8.35　熔丝熔断原因判断及处理方法

在电气设备的高、低压侧经常采用熔丝（片）进行保护，运行中熔丝（片）的熔断也是经常发生的，若不认真分析原因即换上新的熔丝（片），误将有故障的电气设备重新投运，其结果则是进一步扩大事故范围，甚至造成大面积停电、重大财产损失和人员伤亡。因此，判明熔丝（片）熔断的原因，正确地加以处理，是保证电气设备安全运行的重要措施。

1 熔断器的安秒特性

熔断器的动作是靠熔体的熔断来实现的，当电流较大时，熔体熔断所需的时间就较短。而电流较小时，熔体熔断所需用的时间就较长，甚至不会熔断。因此对熔体来说，其动作电流和动作时间特性即熔断器的安秒特性为反时限特性。

每一熔体都有一最小熔化电流，相应于不同的温度，最小熔化电流也不同。虽然该电流会受外界环境的影响，但在实际应用中可以忽略。一般定义熔体的最小熔断电流与熔体的额定电流之比为最小熔化系数，常用熔体的熔化系数一般大于 1.25。也就是说若额定电流为 10A 的熔体在电流 12.5A 以下时不应熔断。

从熔断器的安秒特性来说，熔断器只能起到短路保护作用，不能起过载保护作用。

2 熔丝熔断的原因及处理方法

熔丝（片）熔断一般有以下几种情况。

（1）误熔断。出现这种情况，熔丝（片）常常是在压接处或其他受伤部位熔断，一般没有严重烧伤痕迹，这是因为熔丝（片）选用过小、质量不佳或机械强度低；安装时熔丝（片）带有伤痕；熔断器瓷托不固定或固定不牢；熔丝（片）压接不紧密；熔丝（片）运行时间过长接触电阻增大等造成。凡属上述原因的，可根据实际情况适当处理并更换上合适的熔丝（片）后即可重新投入运行。

（2）过负荷熔断。这种情况多发生在熔丝（片）中间位置，很少有电弧烧伤痕迹。遇此情况，要查明过负荷原因，防止过负荷现象的再次发生。

（3）短路熔断。熔丝（片）上有严重烧伤，熔断器瓷托上还会留有电弧烧伤痕迹。这可能是中性线与相线或相线与相线之间发生短路故障引起。对于这类熔断情况，应对熔断器以后的所有设备和线路进行认真仔细的检查，查出故障点并排除后，方可更换新熔丝（片）重新投入运行。但在较长的低压线路末端短路时，因导线阻抗大，短路电流可能不大，也可能会出现熔丝（片）烧伤不太严重的现象。

（4）过电压熔断。这种情况与短路熔断基本相似，一般熔丝（片）上有严重烧伤，主要是雷击过电压以及高电压串入低侧所致，这种情况必须在查明原因处理后，方可更换新的熔丝（片）。

8.36　如何正确使用隔离开关

1　概述

隔离开关是一种没有灭弧装置的开关设备，主要用来断开没有负载电流的电路，起隔离电源的作用，在分闸状态时有明显的断开点，以保证其他电气设备的安全检修。在合闸状态时能可靠地通过正常负载电流及短路故障电流。因它没有专门的灭弧装置，不能切断负载电流及短路电流。因此，隔离开关只能在电路已被断路器断开的情况下才能进行操作，严禁带负载操作，以免造成严重的设备和人身事故。

高压隔离开关一般可分为户外式和户内式两种。

户外式高压隔离开关运行中，经常受到风雨、冰雪、灰尘的影响，工作环境较差。因此，对户外式隔离开关的要求较高，应具有防冰能力和较高的机械强度。在不同电压等级的系统中，均需使用隔离开关，所以隔离开关也有相应的电压等级。35kV 及以上电压等级采用的隔离开关，一般均为三相联动型，操作方式可分为手动操作、电动操作、压缩空气操作和液压操作。隔离开关还可以用来作接地开关用。

10kV 户外式隔离开关分为手动三相联动型和单相直接操作型。

户内式隔离开关，一般为三相联动型，手动操作，在成套配电装置内，装于断路器的母线侧和负载侧或作为接地开关用。

2 应用与操作

（1）当隔离开关与断路器、接地开关配合使用时，或隔离开关本身具有接地功能时，应有机械连锁或电气连锁来保证正确的操作程序。

（2）合闸操作。必须在确认断路器等开关设备处于分闸位置上，才能合上隔离开关，合闸动作快要结束时，用力不宜太大，避免发生冲击。

若为单极隔离开关，合闸时应先合两边相，后合中间相；分闸时应先拉中间相，后拉两边相，操作时必须使用绝缘棒来操作。

（3）分闸操作。先确认断路器等开关设备处于分闸位置上，操作开始时应缓慢操作，待主刀开关离开静触点时迅速拉开。操作完毕后，应保证隔离开关处于断开位置，并保持操动机构锁牢。

（4）用隔离开关来切断变压器空载电流、架空线路和电缆的充电电流、环路电流和小负载电流时，应迅速进行分闸操作，以达到快速有效的灭弧。

（5）送电时，应先合电源侧的隔离开关，后合负载侧的隔离开关；断电时，顺序相反。

（6）隔离开关允许直接操作的项目。

1）开、合电压互感器和避雷器回路。

2）开、合电压为 35kV，长度为 10km 以内的无负载运行的架空线路。

3）开、合电压为 10kV，长度为 5km 以内的无负载运行的电缆线路。

4）开、合电压为 10kV 以下，其容量不超过 320kVA 无负载运行的变压器。

5）开、合电压为 35kV 以下，其容量不超过 1000kVA 无负载运行的变压器。

6）开、合母线和直接接在母线上的设备的电容电流。

7）开、合变压器中性点的接地线，当中性点上接有消弧线圈时，只能在系统未发生短路故障时才允许操作。

8）与断路器并联的旁路隔离开关，断路器处于合闸位置时，才能操作。

9）开、合励磁电流不超过 2A 的空载变压器和电容电流不超过 5A 的无负载线路，电压为 20kV 及以上时，必须使用三相联动隔离开关。

10）用室外三相联动隔离开关，开、合电压为 10kV 及以下，电流为 15A 以下的负载电流和不超过 70A 的环路均衡电流。

11）严禁使用室内型三相联动隔离开关拉、合系统环路电流。

（7）若错误操作隔离开关，造成带负载拉、合隔离开关，应按下列规定处理。

1）当发生错拉隔离开关，在切口发现电弧时应急速合上；若已拉开，不允许再合上，如果是单极隔离开关，操作一相后发现错拉，而其他两相不应继续操作，并将情况及时上报有关部门。

2）当发生错合隔离开关时，无论是否造成事故，都不允许再拉开，因带负载拉开隔离开关，将会引起三相弧光短路，并迅速报告有关部门，以便采取必要措施。

3 运行与维护

（1）运行。

1）隔离开关应与配电装置同时进行正常巡视。

2）检查隔离开关接触部分的温度是否过热。

3）检查绝缘子有无破损、裂纹及放电痕迹，绝缘子在胶合处有无脱落迹象。

4）检查10kV架空线路用单相隔离开关刀片锁紧装置是否完好。

（2）维护项目。

1）清扫瓷件表面的尘土，检查瓷件表面是否掉釉、破损，有无裂纹和闪络痕迹，绝缘子的铁、瓷结合部位是否牢固。若破损严重，应进行更换。

2）用汽油擦净刀片、触点或触指上的油污，检查接触表面是否清洁，有无机械损伤、氧化和过热痕迹及扭曲、变形等现象。

3）检查触点或刀片上的附件是否齐全，有无损坏。

4）检查连接隔离开关和母线、断路器的引线是否牢固，有无过热现象。

5）检查软连接部件有无折损、断股等现象。

6）检查并清扫操动机构和传动部分，并加入适量的润滑油脂。

7）检查传动部分与带电部分的距离是否符合要求；定位器和制动装置是否牢固，动作是否正确。

8）检查隔离开关的底座是否良好，接地是否可靠。

（3）防止隔离开关错误操作。

1）在隔离开关和断路器之间应装设机械联锁，通常采用连杆机构来保证在断路器处于合闸位置时，使隔离开关无法分闸。

2）利用油断路器操动机构上的辅助触点来控制电磁锁，使电磁锁能锁住隔离开关的操作把手，保证断路器未断开之前，隔离开关的操作把手不能操作。

3）在隔离开关与断路器距离较远而采用机械连锁有困难时，可将隔离开关的锁用钥匙，存放在断路器处或在该断路器的控制开关操作把手上，只能在断路器分闸后，才能将钥匙取出打开与之相应的隔离开关，避免带负荷拉闸。

4）在隔离开关操动机构处加装接地线的机械连锁装置，在接地线末拆除前，隔离开关无法进行合闸操作。

5）检修时应仔细检查带有接地刀的隔离开关，确保主刀片与接地刀的机械连锁装置良好，在主刀片闭合时接地刀应先打开。

8.37　电流互感器二次接线注意事项及二次开路故障的查处

1　**电流互感器二次接线的几点注意事项**

（1）电流互感器二次绕组的准确级别和变比的选择应符

合设计要求，不得弄错。其极性标志方法是：一次绕组的首端标以 S1、末端标以 S2，二次绕组的首端标以 P1、末端标以 P2；当二次绕组带有中间抽头时，首端标以 P1，自第一个抽头起电流互感器标以 P2、P3…对于具有多个二次绕组的电流互感器，则分别在各个二次绕组的出线端的标志"P"前加注序号，如 1P1、1P2、…，2P1、2P2、…。

（2）为了防止电流互感器二次侧开路，电流互感器二次侧不得装熔断器，二次回路导线连接应正确可靠。

（3）电流互感器二次绕组应可靠接地，且只允许有一个接地点。对于差动保护回路一般在保护盘经端子排接地。

（4）暂时不用的电流互感器二次绕组应短路后接地。

2 电流互感器二次开路故障的查处

我们知道，电流互感器一次绕组匝数少，使用时一次绕组串联在被测电路里，二次绕组匝数多，与测量仪表和继电器等电流线圈串联使用，测量仪表和继电器等电流线圈阻抗很小，所以，正常运行时电流互感器为接近短路状态的。电流互感器二次电流的大小由一次电流决定，二次电流产生的磁动势，是平衡一次电流的磁动势的。若二次开路，其阻抗则无限大，二次电流等于零，其磁动势也等于零，就不能去平衡一次电流产生的磁动势，那么一次电流将全部作用于励磁，使铁心严重饱和。磁饱和则使铁损增大，电流互感器发热，电流互感器绕组的绝缘也会因过热而被烧坏，还会在铁心上产生剩磁，增大互感器误差。最严重的是由于磁饱和，交变磁通的正弦波变为梯形波，在磁通迅速变化的瞬间，二次绕组上将感应出很高的电压，其峰值可达几千伏，如此高的电压作用在二次绕组和二次回路上，对人身和设备都存在着严重的威胁。所以电流互感器在任何时候都是不允许二次侧开路运行的。

（1）那么，我们怎样检查发现电流互感器的二次开路故障呢？一般可从以下现象进行检查判断。

1）回路仪表指示异常，一般是降低或为零。用于测量表计的电流回路开路，会使三相电流表指示不一致、功率表指示降低、计量表计转速缓慢或不转。如表计指示时有时无，则可能处于半开路状态（接触不良）。

2）电流互感器本体有噪声、振动不均匀、严重发热、冒烟等现象，但是这些现象在负载较小时表现并不明显。

3）电流互感器二次回路端子、元件线头有放电、打火现象。

4）继电保护装置发生误动或拒动，这种情况可在误跳闸或越级跳闸时发现。

5）电能表、继电器等冒烟烧坏。当无功功率表及电能表、远动装置的变送器、保护装置的继电器烧坏时，不仅会使电流互感器二次开路，还会使电压互感器二次短路。

以上是检查电流互感器二次开路的一些基本线索，实际上在正常运行中，若一次负荷不大，且不是测量用电流回路开路时，电流互感器的二次开路故障是不容易发现的，还需要具备一定的实践经验。

（2）检查处理电流互感器二次开路故障时，要尽量减小一次负荷电流，以降低二次回路的电压。操作时必须注意安全，应站在绝缘垫上，戴好绝缘手套，使用绝缘良好的工具。

1）若发现电流互感器二次开路，要先分清是哪一组电流回路故障、开路的相别、对保护有无影响，应汇报调度，解除有可能误动的保护。

2）尽量减小一次负荷电流。若电流互感器严重损伤，应转移负荷，停电处理。

3）尽快设法在就近的试验端子上用良好的短接线按设计安装图纸将电流互感器二次侧短路，然后再检查处理开路点。

4）若短接时发现有火花，那么短接应该是有效的，故障点应该就在短接点以下的回路中，可进一步查找。若短接时没有火花，则可能短接无效，故障点可能在短接点以前的回路中，可逐点向前变换短接点，以缩小检查范围。

5）在故障范围内，应检查容易发生故障的端子和元件。对检查出的故障，能自行处理的，如接线端子等外部元件松动、接触不良等，应立即处理后投入所退出的保护设备。若开路点在电流互感器本体的接线端子上，则应停电处理。若不能自行处理的（如继电器内部）或不能自行查明故障的，应先将电流互感器二次短路后汇报相关上级部门。

8.38 安装室外配电台架应
注意的几个安全问题

室外配电台架相对室内配电台架来说，安全系数较低，发生人身和设备事故的概率相对要大一些；由于群众缺乏安全用电知识，特别是少年儿童，自我保护意识较差，容易发生人身伤害事故。因此，设计和安装室外配电台架时，应根据农村具体特点，重点注意以下几个安全问题。

（1）安装方式的选择。安装室外配电台架时，一般应布置为两层，配电箱在下层，配电变压器在上层；配电箱宜设计为卧式，最低端对地距离应在1.2m以上，高、低压引线应为绝缘线，配电箱内应装设可靠的配电保护装置。

（2）配电台架位置的选择。配电台架应设在负荷中心或重要负荷附近，同时要尽量避开行人较多的公共场所，不宜安装在以下几种电杆上：①转角杆、分支杆；②已有高压接户线和高压电缆的电杆；③已有线路开关设备的电杆；④交叉路口处的电杆。

（3）接地装置的设计和安装。根据 DL/T 499—2001 规定，不同用途、不同电压的电力设备，除另有规定者外，可共用一个接地网，接地电阻应符合最小值要求。由于室外配电台架结构紧凑，可采用"三点式"接地方式，即配电变压器中性点、变压器外壳、避雷器三个接地体共用一个接地网。其接地电阻值应满足配电变压器容量不大于 100kVA 时不大于 10Ω，配电变压器容量大于 100kVA 时不大于 4Ω 的要求。

（4）其他安全措施。应加大安全宣传力度，提高农民群众尤其是少年儿童的自我保护意识，应在安装配电台架的电杆上悬挂"禁止攀登"、"高压危险"警示标志等安全警告措施。